高职高专机电类专业系列教材

数控铣床编程与操作

主　编　王　颖　张亚萍

副主编　刘卫东　唐　娟

参　编　马彬彬　羊国琴　丁　俊

主　审　周明虎

机械工业出版社

本书分7个项目，项目1介绍了数控铣床编程与操作基础知识、安全操作规程、日常维护和保养，重点讲解了FANUC 0i系统、HAAS系统和华中系统数控铣床面板功能及操作方法与步骤、铣床常用刀具及对刀方法等。项目2~项目7以任务引领，先案例体验，再理论学习，最后进行任务实施的体验式、交互式和立体式学习，具体介绍了各种常见平面槽加工、轮廓加工、孔加工、凹槽加工、配合件加工、综合零件加工的工艺分析、数控编程和加工操作要领，以及数控铣工（中级）的基本要求。

本书可作为高职高专院校数控技术、机电一体化技术、模具设计与制造、工业机器人技术等有关专业的教材，也可供从事数控加工的工程技术人员学习参考。

本书配有教案、电子课件等相关教学文件，凡使用本书作教材的教师可登录机械工业出版社教育服务网（http://www.cmpedu.com），注册后免费下载。咨询电话：010-88379375。

图书在版编目（CIP）数据

数控铣床编程与操作/王颖，张亚萍主编. —北京：机械工业出版社，2018.8（2024.2重印）
高职高专机电类专业系列教材
ISBN 978-7-111-60532-4

Ⅰ.①数… Ⅱ.①王… ②张… Ⅲ.①数控机床-铣床-程序设计-高等职业教育-教材②数控机床-铣床-操作-高等职业教育-教材 Ⅳ.①TG547

中国版本图书馆CIP数据核字（2018）第163143号

机械工业出版社（北京市百万庄大街22号 邮政编码100037）
策划编辑：王英杰 责任编辑：王英杰 杨作良 责任校对：王 延
封面设计：路恩中 责任印制：单爱军
北京虎彩文化传播有限公司印刷
2024年2月第1版第3次印刷
184mm×260mm · 13.75印张 · 335千字
标准书号：ISBN 978-7-111-60532-4
定价：45.00元

电话服务
客服电话：010-88361066
010-88379833
010-68326294

网络服务
机 工 官 网：www.cmpbook.com
机 工 官 博：weibo.com/cmp1952
金 书 网：www.golden-book.com
机工教育服务网：www.cmpedu.com

前　言

本书从生产实际对数控加工操作与编程人员的要求出发，依据高职高专培养“高素质技能型”人才的原则编写，介绍了数控加工操作与编程的基本知识，突出理论与实践的联系，强化技能培训。本书围绕“项目化”教学的思想，在组织材料和案例运用上把握理论与实践的契合点，内容由浅入深，使读者能较好地掌握数控加工操作与编程的基本理论与基本技能。

本书以日本 FANUC 0i 系统数控铣床为例进行介绍，同时补充介绍美国 HAAS 数控系统和华中数控系统铣床。全书分 7 个项目，零件编程与加工项目都配有项目任务和案例体验。项目任务围绕能力和技能进行选择，以国家劳动部门中级工和高级工的考核要求为依据，并参考全国数控大赛的试题。书中自始至终贯穿着案例体验→理论学习→任务实施的体验式、交互式和立体式学习的模式，以及理论指导实训、实训验证理论的思想，在满足“项目化”教学要求的同时，使理论学习与实践学习真正有机地结合在一起。

本书由泰州职业技术学院王颖、张亚萍、唐娟、马彬彬，泰州市智远数控机床有限公司刘卫东，江苏省泰州市技师学院羊国琴，泰州市姜堰中等专业学校丁俊编写。全书由王颖、张亚萍主编并由王颖负责统稿和定稿，由南京工程学院周明虎主审。

在本书编写过程中，编者参考了相关文献，在此对各位相关作者表示衷心感谢！

由于编者水平有限，书中错误和不妥之处在所难免，恳请读者批评指正。编者邮箱：wangying@ tzpc.edu.cn。

编　者

目　录

前　言
项目 1　数控铣床基本操作 …… 1
任务 1.1　数控铣床安全操作及日常维护保养 …… 2
学习目标 …… 2
任务布置 …… 2
任务分析 …… 2
相关知识 …… 2
1.1.1　数控机床安全操作规程 …… 2
1.1.2　数控铣床的日常维护和保养 …… 3
任务实施 …… 5
补充知识 …… 5
1.1.3　数控铣床的结构及组成 …… 5
1.1.4　数控铣床的分类 …… 6
1.1.5　数控编程的分类 …… 7
1.1.6　数控铣床编程与加工的特点 …… 8
任务拓展 …… 9
任务 1.2　熟悉数控铣床基本操作 …… 9
学习目标 …… 9
任务布置 …… 9
任务分析 …… 9
相关知识 …… 10
1.2.1　机床坐标系与运动方向 …… 10
1.2.2　参考坐标系 …… 12
1.2.3　FANUC 0i 系统数控铣床控制面板功能介绍 …… 12
1.2.4　FANUC 0i 系统数控铣床基本操作 …… 21
任务实施 …… 30
补充知识 …… 31
1.2.5　HAAS 系统数控铣床的控制面板及功能介绍 …… 31
1.2.6　HAAS TM-1 数控铣床基本操作 …… 37
1.2.7　HAAS TM-1 数控铣床的操作步骤 …… 53
1.2.8　华中世纪星 HNC-21M 数控铣床面板及操作功能简介 …… 54
项目 2　平面槽板数控铣削的编程与加工 …… 60
任务 2.1　设置工件坐标系原点 …… 61
学习目标 …… 61
任务布置 …… 61
任务分析 …… 61
相关知识 …… 62
2.1.1　工件坐标系的概念 …… 62
2.1.2　工件坐标系的设定 …… 62
2.1.3　坐标系设定 G 指令 …… 63
2.1.4　数控铣床的对刀 …… 65
任务实施 …… 67
补充知识 …… 67
2.1.5　铣削的工艺特点及应用范围 …… 67
2.1.6　常用铣刀的类型和用途 …… 67
2.1.7　铣刀的几何角度 …… 68
2.1.8　铣刀材料要求及常用材料 …… 70
2.1.9　铣削的切削用量 …… 71
2.1.10　铣削方式 …… 72
2.1.11　数控铣刀的类型和尺寸选择 …… 74
2.1.12　数控铣刀刀柄 …… 75
2.1.13　HAAS TM-1 数控铣床对刀操作及参数设置步骤 …… 75
任务 2.2　五角星槽板数控铣削的编程与加工 …… 76
学习目标 …… 76
任务布置 …… 77
任务分析 …… 77

案例体验 …… 78
相关知识 …… 80
2.2.1 编程内容与步骤 …… 80
2.2.2 程序结构与格式 …… 81
2.2.3 程序字的功能类别 …… 82
2.2.4 坐标平面选择指令 G17/G18/G19 …… 87
2.2.5 刀具长度补偿指令 G43/G44/G49 …… 87
2.2.6 绝对值/增量值编程指令 G90/G91 …… 89
2.2.7 尺寸单位选择指令 G20/G21/G22 …… 89
2.2.8 快速点定位指令 G00 …… 89
2.2.9 直线插补指令 G01 …… 90
2.2.10 自动回机床参考点指令 …… 91
2.2.11 刀具功能、主轴转速功能、进给功能 …… 92
2.2.12 常用辅助功能 …… 94
任务实施 …… 95
补充知识 …… 95
2.2.13 HAAS TM-1 系统数控铣床刀具长度补偿参数设置 …… 95
2.2.14 加工的中断控制及恢复 …… 96
任务 2.3 平面复合槽板数控铣削的编程与加工 …… 97
学习目标 …… 97
任务布置 …… 97
任务分析 …… 97
案例体验 …… 98
相关知识 …… 99
2.3.1 圆弧插补指令 G02/G03 …… 99
任务实施 …… 101
补充知识 …… 101
2.3.2 G02/G03 螺纹铣削 …… 101
项目 3 平面轮廓及型腔数控铣削的编程与加工 …… 103
任务 3.1 平面轮廓数控铣削的编程与加工 …… 104
学习目标 …… 104
任务布置 …… 104
任务分析 …… 104
案例体验 …… 104
相关知识 …… 111
3.1.1 刀具半径补偿指令 G41/G42/G40 …… 111
3.1.2 加工质量的控制 …… 116
任务实施 …… 117
任务 3.2 平面型腔数控铣削的编程与加工 …… 117
学习目标 …… 117
任务布置 …… 117
任务分析 …… 117
案例体验 …… 118
相关知识 …… 121
3.2.1 型腔加工中的进刀方式 …… 121
3.2.2 矩形型腔加工中的刀具路径 … 122
3.2.3 铣刀的选择 …… 122
3.2.4 型腔加工中的子程序 …… 123
任务实施 …… 124
补充知识 …… 125
3.2.5 键槽铣削加工 …… 125
3.2.6 圆腔铣削 …… 127
3.2.7 HAAS 系统中的几个专用指令 …… 127
任务拓展 …… 133
项目 4 数控铣床上钻孔、镗孔的编程与加工 …… 136
任务 4.1 数控铣床上钻孔的编程与加工 …… 137
学习目标 …… 137
任务布置 …… 137
任务分析 …… 137
案例体验 …… 138
相关知识 …… 140
4.1.1 孔的种类及常用的加工方法 …… 140
4.1.2 孔加工刀具 …… 141
4.1.3 钻孔、扩孔加工的工艺特点 …… 142
4.1.4 孔加工固定循环指令 …… 143
4.1.5 铰孔加工 …… 147
任务实施 …… 148
补充知识 …… 149
4.1.6 螺旋铣孔 …… 149
任务拓展 …… 151

任务 4.2 数控铣床上镗孔的编程与加工 …… 152
学习目标 …… 152
任务布置 …… 152
任务分析 …… 152
案例体验 …… 152
相关知识 …… 155
4.2.1 镗削加工 …… 155
4.2.2 镗刀尺寸控制方法 …… 157
4.2.3 镗孔固定循环 …… 157
任务实施 …… 159
补充知识 …… 159
4.2.4 攻螺纹的方式 …… 159
4.2.5 丝锥的种类和应用 …… 159
4.2.6 攻螺纹指令 …… 160
任务拓展 …… 162
项目 5 简单曲面数控铣削的编程与加工 …… 164
学习目标 …… 165
任务布置 …… 165
任务分析 …… 165
案例体验 …… 165
相关知识 …… 169
5.1 宏程序 …… 169
5.2 球头立铣刀 …… 174
任务实施 …… 176
补充知识 …… 176
5.3 可编程数据输入指令 G10 …… 176
任务拓展 …… 178
项目 6 配合件数控铣削的编程与加工 …… 180
学习目标 …… 181
任务布置 …… 181
任务分析 …… 181
案例体验 …… 181
任务实施 …… 187
任务拓展 …… 188
项目 7 模板数控铣削的编程与加工 …… 189
学习目标 …… 190
任务布置 …… 190
任务分析 …… 190
案例体验 …… 191
相关知识 …… 194
任务实施 …… 199
补充知识 …… 199
任务拓展 …… 207
附录 …… 210
附录 A HAAS 系统数控铣床控制面板按键功能总览 …… 211
附录 B 数控加工工序卡 …… 212
附录 C 数控加工刀具卡 …… 212
附录 D 数控加工程序单 …… 213
参考文献 …… 214

项目1

数控铣床基本操作

任务 1.1　数控铣床安全操作及日常维护保养

学习目标

熟悉并掌握数控铣床安全操作规程，掌握数控铣床维护保养的内容及方法。通过实训，培养并形成良好的安全操作和维护保养数控机床的职业素养。

任务布置

1. 熟悉数控机床安全操作的规程和要点。
2. 针对实训车间的数控铣床进行日常维护保养。

任务分析

学生在学习本课程之前已进行过金工实习，具有一定的钳工和车工经验，但是没有使用过数控机床。在进行数控铣床的编程与加工操作之前，必须进行数控机床安全操作规程及数控铣床维护保养知识和技能的培训，养成重视生产安全、爱护设备的观念和良好习惯。

相关知识

1.1.1　数控机床安全操作规程

数控机床操作者要努力掌握好数控机床的性能，精心操作，管好、用好和维护好数控机床。要养成文明生产的良好工作习惯和严谨的工作作风，做到安全第一，严格遵守数控机床的安全操作规程。

1）操作数控机床时，一定要遵守劳动保护制度，正确着装，即穿收袖束腰的工作服，戴工作帽，禁穿高跟鞋、拖鞋上岗，禁止戴手套操作数控机床，长发必须盘起收于工作帽内。

2）数控机床的编程人员、操作人员、维修人员必须经过专门的技术培训，熟悉所用数控机床的使用环境、条件和工作参数等，严格按机床和系统的使用说明书要求正确、合理地操作机床。

3）工作前要检查电压、气压、油压是否正常，有手动润滑的部位先要进行手动润滑。

4）主轴起动开始切削之前一定要关好防护罩门，程序正常运行中严禁开启防护罩门。

5）各坐标轴手动回零（回机械原点）时，若某轴在回零前已在零位，必须先将该轴移动到离零点一段距离后，再进行手动回零。

6）主轴起动开始切削之后，一定要密切关注加工过程，严格禁止擅自离岗。

7）数控机床在正常运行中不允许打开电气柜门。

8）在每次接通电源后，必须先完成各轴的返回参考点操作，然后再开始其他运行方式，以确保各轴坐标的正确性。

9）手动对刀时，应注意选择合适的进给速度，一般将进给速度修调旋钮调到较小的档位。手动换刀时，刀架距工件要有足够的转位距离。严格禁止刀具与工件或工作台发生碰撞。

10）加工程序必须经过严格校验方可进行操作运行。

11）加工过程中，如出现异常情况，可按下“急停”按钮，以确保设备的安全。如出现危急情况，应立即切断电源，以确保人身的安全。

12）机床发生事故，操作者要注意保护现场，并如实汇报事故发生前后的情况，以利于查找事故原因。

13）数控机床的使用一定要有专人负责，严禁其他人员随意动用数控设备。

14）不得随意更改数控系统内部由制造厂设定的参数，对原始参数要及时做好备份。

15）要认真填写数控机床的工作日志，做好交接工作，消除事故隐患。

16）要经常润滑机床导轨，防止导轨生锈，并做好机床的清洁保养工作。

17）操作人员离开数控设备之前，必须按说明书的要求关机并切断电源。

18）机床运行过程中发现的不正常情况须认真做好记录，以便出现故障后查找原因，为维修人员提供第一手资料。

1.1.2 数控铣床的日常维护和保养

数控铣床的使用寿命和效率不仅取决于铣床本身的精度和性能，很大程度上也取决于对它的正确使用及维护。正确的使用能防止设备非正常磨损，避免突发故障；精心的维护可使设备保持良好的技术状态，延迟老化进程，及时发现和消灭故障，防患于未然，防止恶性事故发生，从而保障安全运行。也就是说，使用者对数控铣床日常的正确维护保养、及时排除故障和及时修理，是充分发挥机床性能的基本保证。

数控铣床日常维护和保养的主要内容如下：

（1）保持环境整洁　数控机床对使用环境有一定的要求，其环境必须保持干净整洁，避免太潮湿，避免粉尘太多，特别要避免腐蚀性气体。整洁的环境对减轻机床导轨面的磨损及腐蚀，防止电气元器件的损坏，延长机床无故障运行时间都有明显的作用。

（2）保持机床清洁　对于数控机床操作人员来讲，随时做好机床清洁工作，也是岗位职责中很重要的一部分。要坚持对主要部位（如工作台、裸露的导轨、操作面板等）每班擦一次。尤其是导轨面，在下班前必须用软棉纱擦拭干净，涂上润滑油，防止导轨面的腐蚀。每周对整机进行一次彻底的清扫与擦拭，如电气柜冷却装置的防尘网、压缩空气系统的过滤器、切削液箱中的切屑等，都要清理干净。另外，机床使用说明书对特定的机床还有一些其他的清洁要求，应参照执行。

（3）定期对机床各部位进行检查　数控机床的液压系统、润滑系统、冷却系统、急停按钮、行程限位开关等与设备安全相关的部位需经常进行检查，以便及时发现问题，消除隐患。

对于传动带的磨损及松紧情况，液压油、润滑油及切削液的洁净程度，电动机及测速发电机电刷的磨损情况以及断路器、接触器、继电器、单相灭弧器、三相灭弧器等均须定期进行检查。

数控系统和电气柜的散热通风装置必须定时检查，一旦这些装置不能正常工作，便会导致电气元器件的工作环境恶化，造成设备运行故障。

（4）杜绝机床带故障运行　设备一旦出现故障，尤其是机械部分的故障，应立即停止加工，分析故障原因并消除故障后，才能继续运行。禁止机床在有故障的情况下运行，否则可能造成设备的严重损坏。

（5）及时调整　长期工作后的机床会出现丝杠的反向间隙增大，从而导致机床的定位精度、重复定位精度变差；导轨与镶条间也会产生较大的间隙，影响机床的加工精度。出现这些问题时，应及时调整。

（6）及时更换易损件　传动带、轴承等配件出现损坏后，应及时更换，防止造成设备和人身事故。

（7）经常注意电网电压　数控装置通常允许电网电压在10%的范围内波动，若超出此范围会造成系统不能正常工作，甚至会损坏系统。如果电网电压波动较大，最好不要起动数控机床，采取稳压措施后（如安装稳压电源等）方可使用数控机床。另外，机床接地要可靠，以保证操作人员和设备的安全。

（8）定期更换存储器电池　绝大部分数控系统都装有电池，在系统断电期间作为存储器（RAM）保存数据的电源。一般电池电压不足时，系统会有报警提示，此时应及时更换电池，以防止断电期间系统数据丢失。更换电池应在系统通电的状态下进行并注意安全。

（9）尽可能提高机床的开动率　新购置的数控机床在使用初期故障率相对来说往往大一些，用户应在保修期内充分利用机床，使其薄弱环节尽早暴露出来，以便在保修期内得到解决。在缺少生产任务时，也不能空闲不用，要定期通电，每次空运行1小时左右，以利用机床运行时的发热量来去除或降低机床内的湿度。

对数控铣床的维护保养要求，在相应的机床说明书上都有具体规定。例如HAAS VR-11系列加工中心日常维护保养内容见表1-1-1。

表1-1-1　HAAS VR-11系列加工中心日常维护保养一览表

序号	检查周期	检查部位	维护要求
1	每天	切削液箱	每8小时轮班换班时检查一次切削液高度（尤其是在大负荷TSC主轴内冷使用时）
2		导轨润滑油箱	检查油标、油量，及时添加润滑油，润滑油泵应能定时起动及停止
3		*X/Y/Z* 轴向导轨面	清除切屑及赃物，检查润滑是否充分，导轨面有无划伤损坏
4		压缩空气气源压力	检查气动控制系统压力，使其保持在正常值
5		主轴锥孔	用清洁的抹布擦拭主轴锥孔，并涂上轻质油
6	每周	切削液（TSC）过滤器	检查工作是否正常，如有需要，清洁或更换元件
7		过滤调压阀上的自动排液管	检查工作是否正常
8		TSC可选件——机床的切削液箱上的切屑筐	清理切屑。对于未配备TSC可选件的机床，每月清理一次
9		空气压力表	显示是否为85psi①
10		主轴空气压力表	显示是否为20psi
11		刀具V形外缘	配备TSC可选件的机床，涂少量油脂；未配备TSC可选件的机床，每月涂一次
12		机床外表面	用柔和的清洁剂清洁外表面，不要使用溶剂
13		液压平衡装置	检查平衡压力指示是否正常，快速移动时平衡阀工作正常

（续）

序号	检查周期	检查部位	维护要求
14	每月	变速箱的油位	检查油位高度是否正常
15		导轨盖	检查导轨盖是否能正常使用，如有必要，用轻质油润滑
16		刀具交换装置导轨	在刀具交换装置导轨的外边缘放少量油脂，运行经过所有刀具
17	6个月	切削液箱	更换切削液，彻底清洁切削液箱
18		所有软管和润滑剂管道	检查工作是否正常，检查有无破裂
19		A轴	检查润滑是否正常
20	每年	变速箱	更换变速箱油
21		滤油器	检查滤油器，清除滤油器底部的沉淀
22	每两年	空气过滤器	每两年更换一次控制箱上的空气过滤器
23	不定期	切削液箱	检查液面高度，切削液太脏时需要更换并清洗切削液箱底部，经常清洗过滤器
24		排屑器	经常清理切屑，检查有无卡阻现象
25		清理废油池	及时取走废油池中的废油，以免外溢

① psi（磅力每平方英寸）不是法定计量单位。1psi = 6.895kPa。

任务实施

1. 任务实施内容

1）学习维护保养的内容及方法。

2）针对实训车间的数控铣床进行日常维护保养。

2. 上机实训时间

每组2h。

3. 实训报告要求

1）写出数控铣床安全操作规程。

2）写出数控铣床日常维护保养的内容。

补充知识

1.1.3 数控铣床的结构及组成

数控铣床一般由数控装置、主传动系统、进给伺服系统、冷却润滑系统等几大部分组成。图1-1-1所示为数控铣床的主要结构组成。

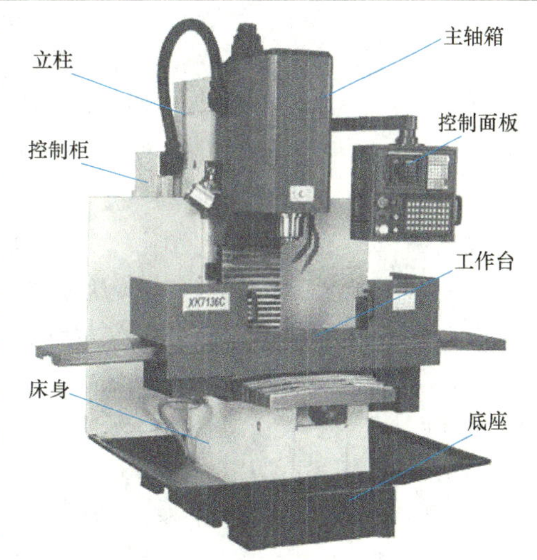

图1-1-1 数控铣床的主要结构组成

（1）主传动系统 由主轴箱、主轴电动机、主轴和主轴轴承等零部件组成。

主轴的起动、停止等动作和转速均由数控系统控制，并通过装在主轴上的刀具进行切削。主轴具有刀具自动锁紧和松开机构，用于固定主轴和刀具的连接，由碟形弹簧、拉杆和气缸或液压缸组成。主轴具有吹气功能，在刀具松开后，向主轴锥孔吹气，达到清洁锥孔的目的。

（2）进给伺服系统 由伺服电动机和进给执行机构组成，按照程序设定的进给速度实现刀具和工件之间的相对运动，包括直线进给运动和旋转运动。

进给驱动装置是指将伺服电动机的旋转运动变为工作台直线运动的整个机械传动链，主要包括减速装置、丝杠副及导向元件等。

（3）数控装置　数控铣床运动控制的中心，执行数控加工程序，控制机床进行加工。

（4）辅助装置　如液压、气动、润滑、冷却系统和排屑、防护等装置。

（5）机床基础件　通常是指底座、立柱、横梁等，它是整个机床的基础和框架。

1.1.4 数控铣床的分类

1. 按主轴布置形式分类

按机床主轴的布置形式及机床的布局特点分类，数控铣床可分为数控立式铣床、数控卧式铣床和数控龙门铣床等。

（1）数控立式铣床　一般可进行三坐标联动加工，目前三坐标联动数控立式铣床应用较多。如图 1-1-2 所示，数控立式铣床主轴与机床工作台面垂直，工件装夹方便，加工时便于观察，但不便于排屑。一般采用固定式立柱结构，工作台不升降。主轴箱做上下运动，并通过立柱内的重锤平衡主轴箱的重量。为保证机床的刚性，主轴中心线距立柱导轨面的距离不能太大，因此，这种结构主要用于中小尺寸的数控铣床。

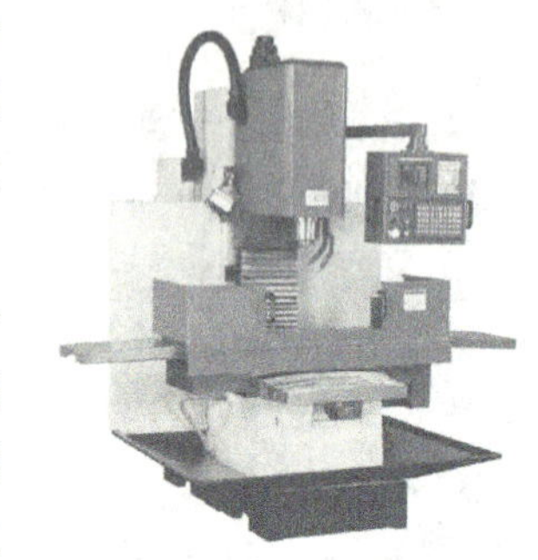

图 1-1-2　数控立式铣床

此外，还有的机床其主轴可以绕 X、Y、Z 坐标轴中的一个或两个轴做数控回转进给运动，即四坐标和五坐标数控立式铣床。通常，机床控制的坐标轴越多，尤其是要求联动的坐标轴越多，机床的功能、加工范围及可选择的加工对象也越多，但随之而来的就是机床结构更加复杂，对数控系统的要求更高，编程难度更大，设备的价格也更高。

数控立式铣床也可以采取附加数控转盘、使用自动交换台、增加靠模装置等措施来扩大它的功能及加工范围，进一步提高生产效率。

（2）数控卧式铣床　数控卧式铣床与通用卧式铣床相同，其主轴轴线平行于水平面。如图 1-1-3 所示，数控卧式铣床的主轴与机床工作台面平行，加工时不便于观察，但排屑顺畅。为了扩大加工范围和扩充功能，数控卧式铣床一般配有数控回转工作台或万能数控转盘来实现四坐标、五坐标加工，这样不但工件侧面上的连续轮廓可以加工出来，而且可以实现在一次安装中，通过转盘改变工位，进行“四面加工”。尤其是万能数控转盘可以把工件上各种不同空间角度的加工面摆成水平位置来加工，这样可以省去很多专用夹具或具有专用角度的成形铣刀。虽然数控卧式铣床在增加了数控转盘后很容易做到对工件进行“四面加工”，使其加工范围更加广泛，但从制造成本上考虑，单纯的数控卧式铣床现在已比较少，而多是在配备自动换刀装置（ATC）后成为卧式加工中心。

（3）数控龙门铣床　对于大尺寸的数控铣床，一般采用对称的双立柱结构，以保证机床的整体刚性，这就是数控龙门铣床，如图 1-1-4 所示。数控龙门铣床有工作台移动和龙门架移动两种形式，主要用于大、中等尺寸，大、中等重量的各种基础大件，如板件、盘类件、壳体件和模具等多品种零件的加工。工件一次装夹后可自动、高精度地连续完成铣、钻、镗和铰等多种工序的加工，适用于航空、重型机械、机车、造船、机床、印刷、纺织和模具等行业的加工制造。

图 1-1-3　数控卧式铣床

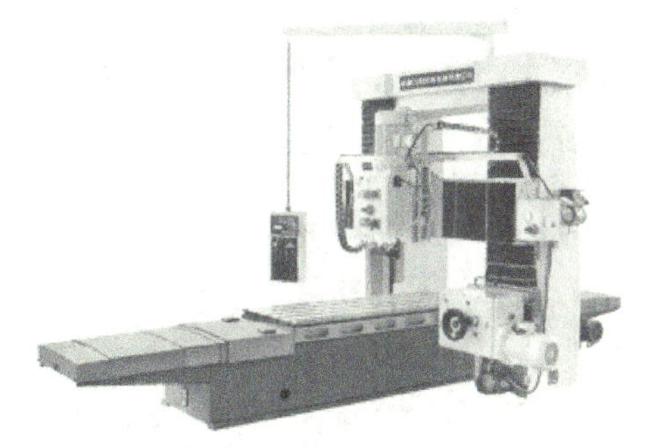
图 1-1-4　数控龙门铣床

2. 按数控系统的功能分类

按数控系统的功能分类，数控铣床可分为经济型数控铣床、全功能数控铣床和高速数控铣床等。

（1）经济型数控铣床（图 1-1-5a）　经济型数控铣床一般采用经济型数控系统，如 SEMENS 802S 等，采用开环控制，可以实现三坐标联动。这种数控铣床成本较低，功能简单，加工精度不高，适用于一般复杂零件的加工，一般有工作台升降式和床身式两种类型。

（2）全功能数控铣床（图 1-1-5b）　全功能数控铣床采用半闭环控制或闭环控制，其数控系统功能丰富，一般可以实现四坐标以上的联动，加工适应性强，应用最广泛。

a) 经济型数控铣床

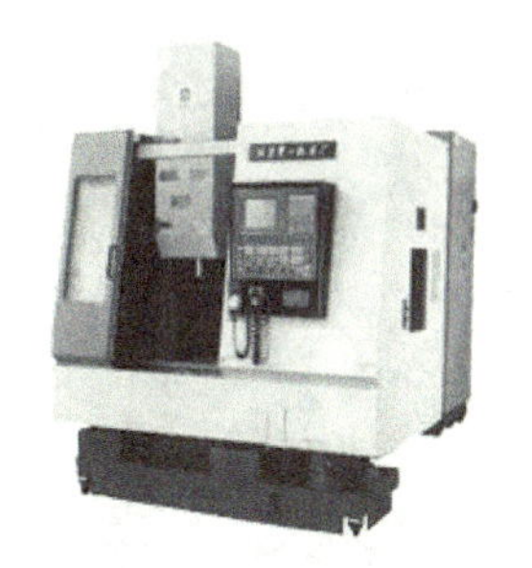
b) 全功能数控铣床

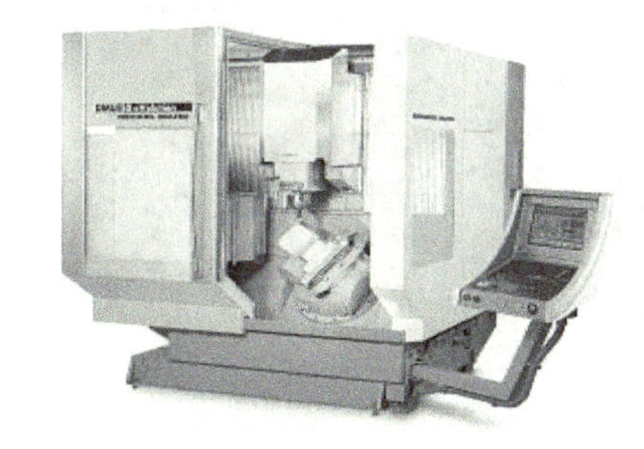
c) 高速数控铣床

图 1-1-5　数控铣床按数控系统功能分类

（3）高速数控铣床（图 1-1-5c）　高速铣削是数控加工的一个发展方向，技术已经比较成熟，已逐渐得到广泛应用。这种数控铣床采用全新的机床结构、功能部件和功能强大的数控系统，并配以加工性能优越的刀具系统，加工时主轴转速一般为 8000~40000r/min，进给速度可达 10~30m/min，可以对大面积的曲面进行高效率、高质量的加工。但目前这种机床价格昂贵，使用成本比较高。

1.1.5　数控编程的分类

数控编程一般分为手工编程和自动编程两种。

1. 手工编程

手工编程就是从分析零件图样、确定加工工艺过程、数值计算、编写零件加工程序、程序输入到程序校验都由人工完成。对于形状简单、计算量小，程序不多的零件，采用手工编程较容易，而且经济、及时。因此，在点位加工或由直线与圆弧组成的轮廓加工中，手工编程仍广泛应用。对于形状复杂的零件，特别是具有非圆曲线、列表曲线及曲面组成的零件，用手工编程就有一定困难，出错的概率增大，有时甚至无法编出合格的程序，必须采用自动编程的方法编制程序。

2. 自动编程

自动编程是借助计算机及其外围设备自动完成从零件构造、零件加工程序编制到程序输入等工作的一种编程方法。目前，除工艺处理仍主要依靠人工进行外，编程中的数学处理、编写程序、程序输入、程序校验等各项工作均已达到了较高的计算机自动处理的程度。

与手工编程相比，自动编程解决了手工编程难以处理的复杂零件的编程问题，既减轻劳动强度、缩短编程时间，又可减少差错，使编程工作简便。

1.1.6 数控铣床编程与加工的特点

数控铣床可通过两轴联动加工零件的平面轮廓，通过两轴半控制、三轴或多轴联动来加工空间曲面零件，分别如图 1-1-6 所示的平面轮廓铣削、图 1-1-7 所示的两轴半行切加工、图 1-1-8 所示的变斜角面的加工。

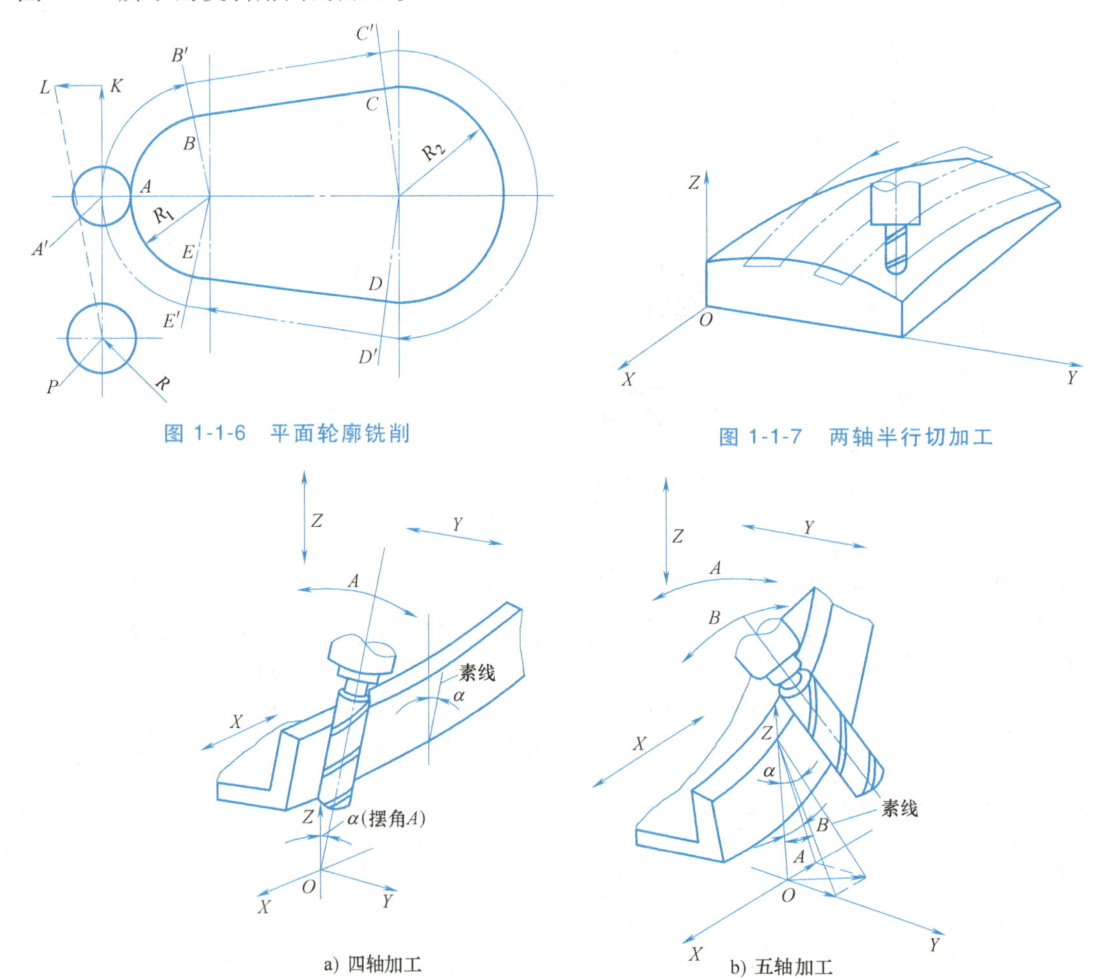

图 1-1-6 平面轮廓铣削

图 1-1-7 两轴半行切加工

a) 四轴加工 b) 五轴加工

图 1-1-8 变斜角面的加工

数控铣床是在普通铣床的基础上发展起来的，两者的加工工艺基本相同，结构也有些相似，但数控铣床是靠程序控制的自动加工机床，所以其结构也与普通铣床有很大区别。数控铣削加工除了具有普通铣床加工的特点外，还有如下特点：

1）加工精度高、加工质量稳定可靠。

2）生产自动化程度高，大大减轻操作者的劳动强度，有利于生产管理自动化。

3）数控铣床生产率高。

4）零件加工的适应性强、灵活性好，能加工轮廓形状特别复杂或难以控制尺寸的零件，如模具类零件、壳体类零件等。

5）能加工普通机床无法加工或很难加工的零件，如用数学模型描述的复杂曲线零件以及三维空间曲面零件。

6）能在一次装夹定位后，进行多道工序的加工。

任务拓展

1. 通过参观企业认识各种数控机床。

2. 介绍实训所使用的数控铣床的结构组成、种类、数控系统等。

任务1.2　熟悉数控铣床基本操作

学习目标

认识并熟悉FANUC 0i系统数控铣床控制面板；掌握数控铣床的基本操作步骤和方法。

任务布置

1. 认识典型数控铣床控制面板与按键功能。

2. 认识典型数控铣床显示界面。

3. 熟悉数控铣床基本操作方法：

1）机床开机、关机。

2）机床回零。

3）手轮和增量移动各轴到指定的位置。

4）手工起、停主轴。

5）手工装卸刀具。

任务分析

本任务要求学生认识典型数控铣床的控制面板，掌握数控铣床的基本操作步骤和方法，为学生熟练操作数控铣床进行零件加工打下基础。

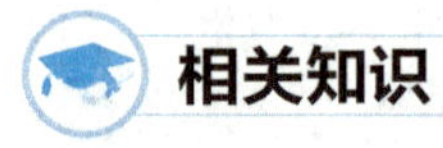

相关知识

1.2.1 机床坐标系与运动方向

为了准确地描述机床运动，简化程序的编制，并使所编程序具有互换性，数控机床的坐标及运动的方向均已标准化。

（1）刀具相对于静止的工件坐标而运动的原则　机床在加工零件时是刀具移向工件，还是工件移向刀具？为了根据图样确定机床的加工过程，特规定：永远假定刀具相对于静止的工件坐标而运动。

（2）标准坐标（机床坐标）系的规定　为了确定刀具或工件的运动方向、移动距离，要在机床上建立一个坐标系，这个坐标系就是标准坐标系，也叫机床坐标系。它是调整机床的基础，也是设置工件坐标系的基础，一般不允许随意变动。在编制程序时，以该坐标系来规定运动的方向和距离。

国家标准中规定机床坐标系中三个直角坐标轴 X、Y、Z 之间的关系及其正方向采用右手笛卡儿法则确定。如图 1-2-1 所示，右手拇指的指向为 X 轴的正方向，示指（食指）指向为 Y 轴的正方向，中指指向为 Z 轴的正方向。围绕 X、Y、Z 轴旋转的三个旋转坐标 A、B、C 的正方向根据右手螺旋方法确定。这个坐标系的各个坐标轴与机床的主要导轨相平行。图 1-2-2 所示为数控立式铣床的机床坐标系。

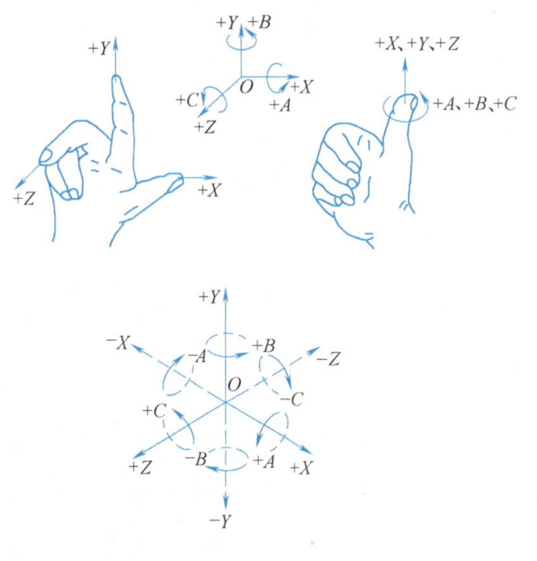

图 1-2-1　右手笛卡儿坐标系

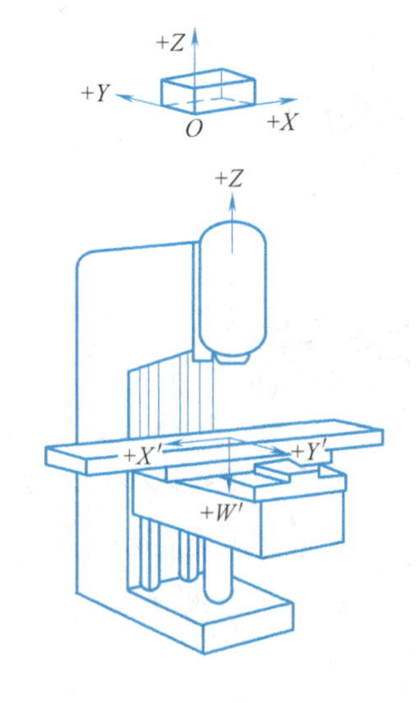

图 1-2-2　数控立式铣床的坐标系

（3）运动方向的确定　规定数控机床某一部件运动的正方向，是增大工件和刀具之间距离的方向。

1）Z 坐标的运动。Z 坐标的位置由传递切削力的主轴决定：与主轴轴线平行的坐标轴即为 Z 轴。数控铣床的 Z 轴为刀具的旋转轴线，其正方向为增大工件与刀具之间距离的方向。

2）X 坐标的运动。X 轴为水平的且平行于工件的装夹面，这是在刀具或工件定位平面内沿其运动的主要坐标轴。对于刀具旋转的机床（如数控铣床、镗床和钻床等），如 *Z* 轴是铅垂的，从刀具主轴向立柱看，*X* 轴的正方向指向右，如图 1-2-3a 所示；如 *Z* 轴是水平的，则从主要刀具主轴向工件看，*X* 轴的正方向指向右方，如图 1-2-3b 所示。图 1-2-4 所示为数控卧式镗铣床。对于龙门式机床，是从主要主轴向左侧看，*X* 轴的正方向指向右方，如图 1-2-5 所示。

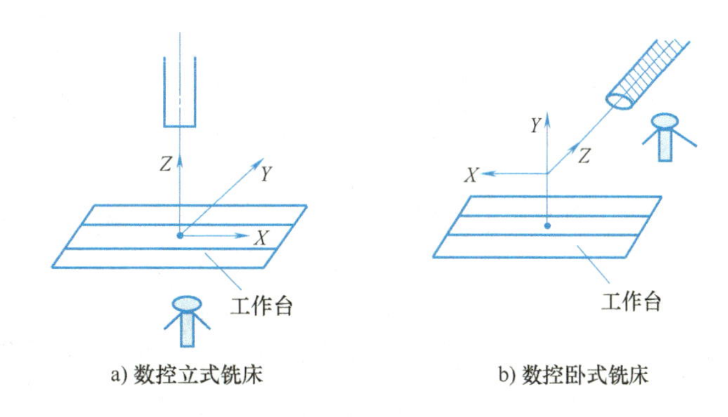

图 1-2-3 数控铣床的坐标轴及其运动方向

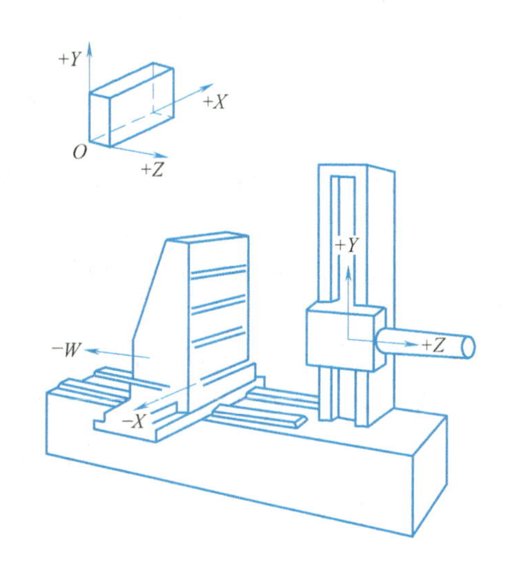

图 1-2-4 数控卧式镗铣床

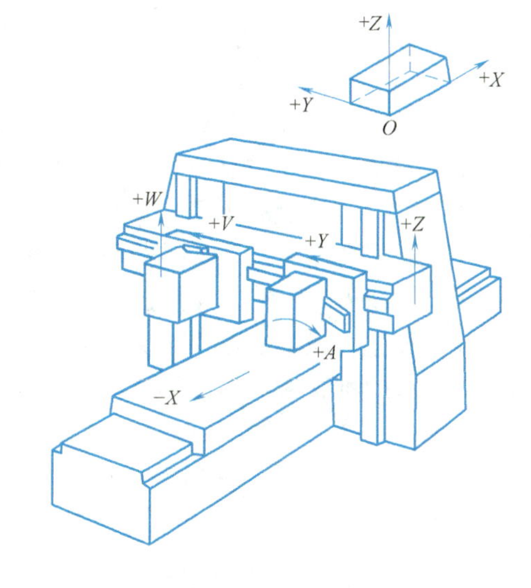

图 1-2-5 数控龙门铣床

3）*Y* 坐标的运动。*Y* 坐标轴垂直于 *X*、*Z* 坐标轴，*Y* 轴运动的正方向根据 *X* 和 *Z* 坐标的正方向，按照右手笛卡儿坐标系来确定。

4）*A*、*B* 和 *C* 坐标的运动。这三个坐标表示其轴线平行于 *X*、*Y* 和 *Z* 轴的旋转运动。*A*、*B* 和 *C* 运动的正方向，相应地表示在 *X*、*Y* 和 *Z* 坐标正方向上，按照右旋螺纹前进方向来确定。图 1-2-6 所示为多轴数控机床坐标系示例。

5）附加坐标。为了编程和加工的方便，有时还要设置附加坐标。对于直线运动，如沿 *X*、*Y*、*Z* 主要坐标轴运动之外另有第二组平行于它们的坐标轴，可分别指定为 *U*、*V* 和 *W*；如还有第三组运动，则分别指定为 *P*、*Q* 和 *R*；如果主要直线运动之外存在沿不平行于 *X*、*Y* 或 *Z* 坐标轴的直线运动，也可相应地指定为 *U*、*V*、*W* 或 *P*、*Q*、*R*。对于旋转运动，如在第一组旋转运动 *A*、*B* 和 *C* 之外还有平行或不平行于 *A*、*B* 和 *C* 轴线的第二组旋转运动，可指定为 *D*、*E* 和 *F*。

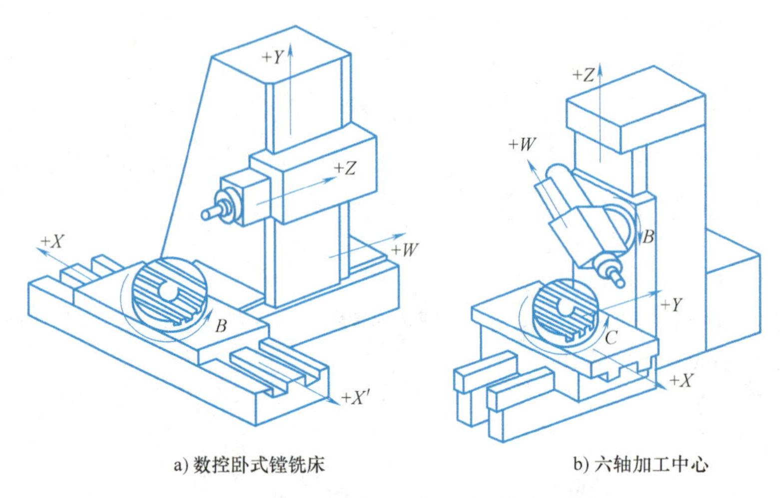

a) 数控卧式镗铣床　　b) 六轴加工中心

图 1-2-6　多轴数控机床坐标系示例

1.2.2 参考坐标系

参考坐标系是以参考点为原点，坐标方向与机床坐标方向相同而建立的坐标系。所谓参考点就是机床上的一个固定点，该点的位置是由机床制造厂家在每个进给轴上用限位开关精确调整好的，其坐标值已输入数控系统中，因此参考点对机床坐标系原点的坐标值是一个已知数。图 1-2-7 所示点 O 即为数控立式铣床的机床坐标系原点。

大多数数控机床上机床坐标系原点和机床参考点是重合的，如果不重合，则机床开机回参考点后显示的机床坐标值即为系统参数中设定的距离值。

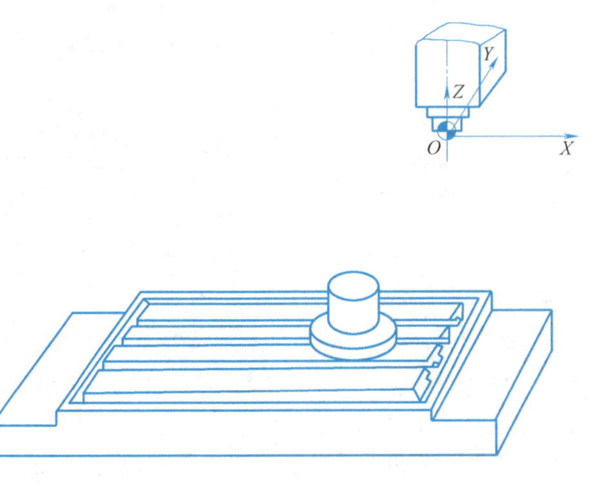

图 1-2-7　机床原点

1.2.3 FANUC 0i 系统数控铣床控制面板功能介绍

FANUC 0i 系统数控铣床控制面板由数控系统面板（LCD/MDI 面板）和铣床操作面板

组成。

1. 数控系统面板

数控系统面板除了横向放置的 MDI（手工数据输入）键盘外，还有竖向放置的 MDI 键盘，如图 1-2-8 所示。

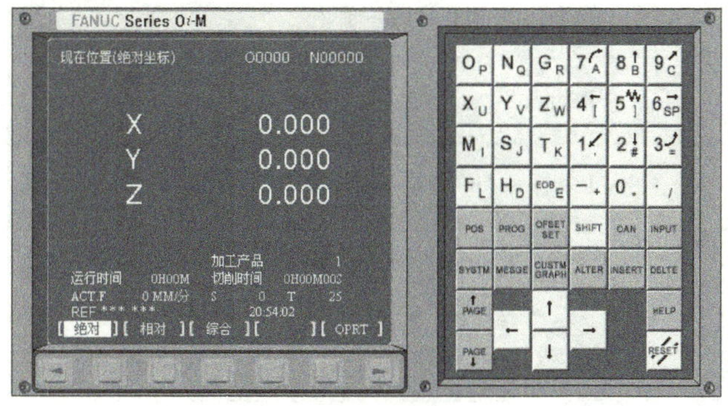

a) 横向MDI键盘

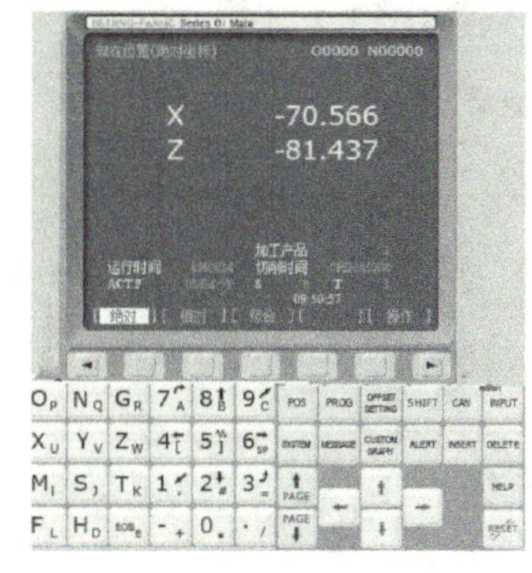

b)竖向MDI键盘

图 1-2-8　FANUC 0i 数控系统面板

现以图 1-2-8a 所示横向 MDI 键盘的数控系统面板为例，对其各按键功能做详细说明，见表 1-2-1。

表 1-2-1　数控面板上的键的名称和功能

键	名　称	功　能
O N G 7 8 9 / X Y Z 4 5 6 / M S T 1 2 3 / F H EOB − 0 .	数字/字母键	输入数字、字母、字符；其中 EOB 是符号“;”键，用于程序段结束符
POS	坐标键	坐标显示有三种方式，用按键选择
PROG	程序键	在编辑方式下，显示机床内存中的信息和程序；在 MDI 方式下，显示输入的信息
OFSET SET	刀具补偿等参数输入键	坐标系设置、刀具补偿等参数界面；进入不同的界面以后，用按钮切换
SHIFT	上档键	上档功能
CAN	取消键	消除输入区内的数据
INPUT	输入键	把输入区内的数据输入参数界面
SYSTM	系统参数键	显示系统参数界面

（续）

键	名　称	功　能
MESGE	信息键	显示信息界面，如“报警”
CUSTM GRAPH	图形显示、参数设置键	图形显示、参数设置界面
ALTER	替换键	用输入的数据替换光标所在的数据
INSERT	插入键	把输入区之中的数据插入到当前光标之后的位置
DELTE	删除键	删除光标所在处的数据；或者删除一个程序或者删除全部程序
↑PAGE　PAGE↓	翻页键（PAGE）	向上翻页；向下翻页
↑ ← → ↓	光标移动（CURSOR）键	向上移动光标；向左移动光标 向下移动光标；向右移动光标
RESET	复位键	按下此键，复位数控系统
HELP	系统帮助键	系统帮助页面

2. 数控系统工作界面

数控系统的工作状态不同，数控系统显示的界面也不同，一般数控系统面板上都设置工作界面切换按钮。工作界面包括加工界面、程序编辑界面、参数设定界面以及诊断界面、通信界面等。特别注意：有时只有选择特定的工作方式，并进入相应的工作界面，才能完成相应的操作。

（1）加工界面　用于显示在手动、自动、回参考点等方式时机床的运行状态，包括各进给轴的坐标、主轴转速、进给转速、运行的程序段等，如图 1-2-9 所示。

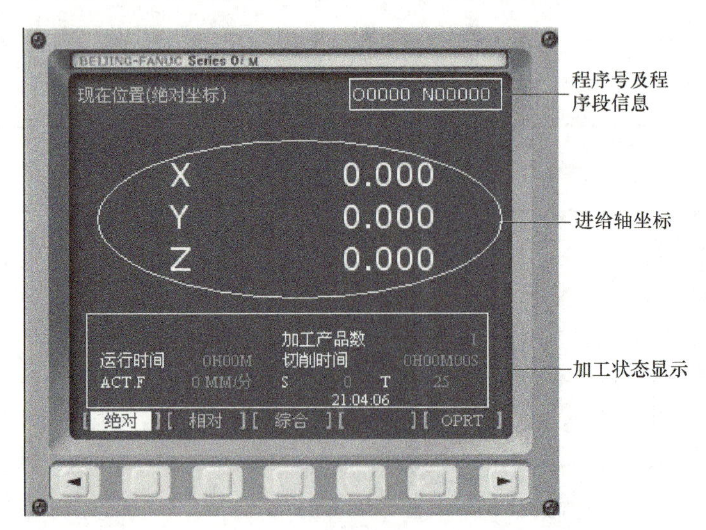

图 1-2-9　FANUC 0i 系统数控铣床加工界面

(2) 程序编辑界面 用于编辑数控程序并对数控程序文件进行相应的文件管理，包括编辑、保存、打开等功能，如图 1-2-10 所示。

(3) 参数设定界面 用于完成对机床各种参数的设置，包括刀具参数、机床参数、用户数据、显示参数、工件坐标系设定等，如图 1-2-11 所示。

3. 数控铣床操作面板

FANUC 0i 系统数控铣床操作面板如图 1-2-12 所示，其位于窗口的下侧，主要用于控制机床运行，由模式选择键、运行控制开关等多个部分组成，常用的键和开关的详细说明见表 1-2-2。

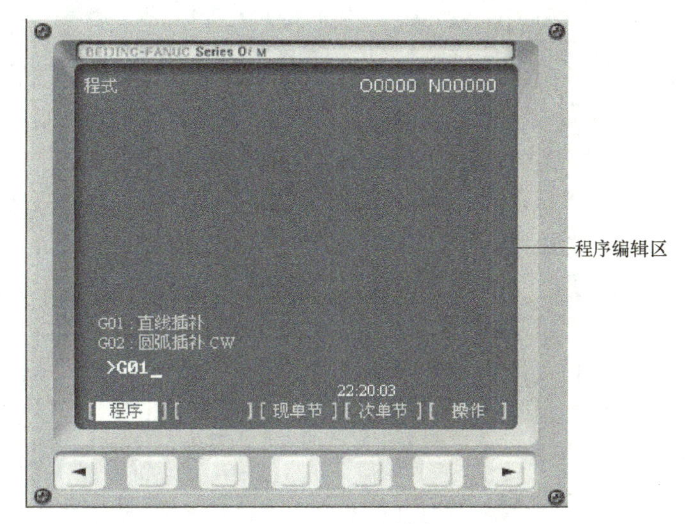

图 1-2-10 FANUC 0i 系统数控铣床程序编辑界面

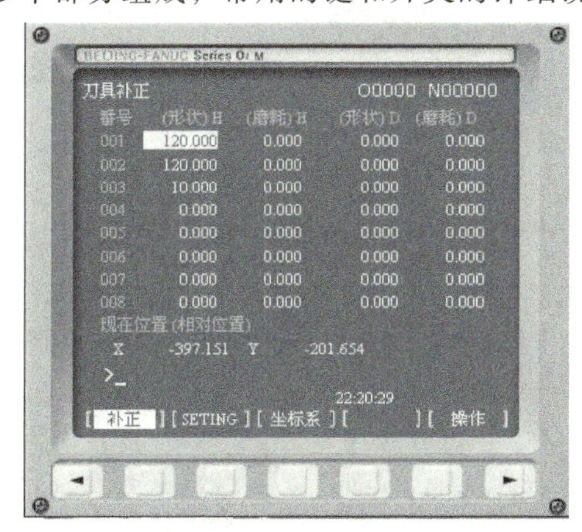

a) 刀具补偿参数设置

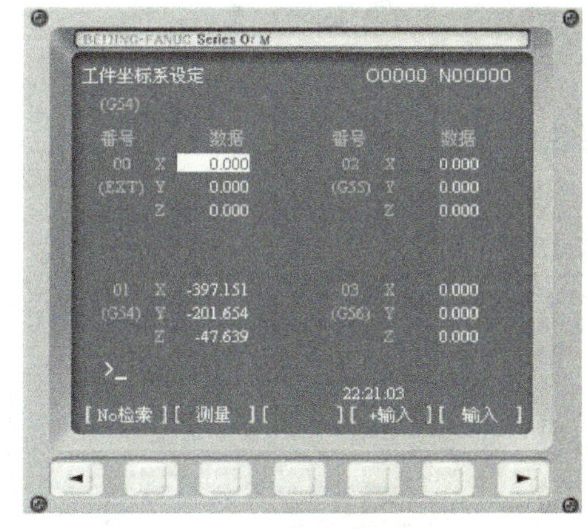

b) 工件坐标系设定

图 1-2-11 FANUC 0i 系统数控铣床参数设定界面

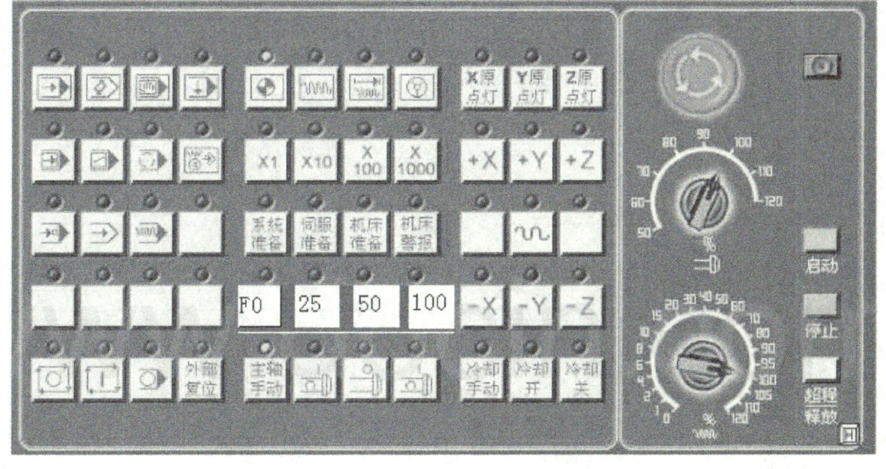

图 1-2-12 FANUC 0i 系统数控铣床操作面板（一）

表 1-2-2 数控铣床操作面板上的键、开关的名称和功能

键、开关图标	名 称	功 能
	自动加工模式	执行已在内存里的程序
	程序编辑模式	用于检索、检查、编辑与新建加工程序
	手动输入	输入程序并可以执行，程序为一次性
	计算机直接运行	用 RS-232 电缆线连接 PC 机和数控机床，选择程序传输加工
	回参考点	回机床参考点
	手动模式	手动连续移动机床
	增量（点动）进给	移动一个指定的距离
	手轮模式	根据手轮的坐标、方向、进给量进行移动
	单步执行	每按一次此键，执行一条程序指令
	程序段跳读	在自动方式下按此键，跳过程序开头带有“/”符号的程序
	选择性停止	在自动方式下，遇有 M01 指令则程序停止
	手动示教	
	程序重新启动	由于机床外部的种种原因程序自动停止，可以从指定的程序段重新启动程序
	机床锁定	机床各轴会被锁住，只能运行程序
	机床空运行	各轴以固定的速度运动
	程序循环启动	在“AUTO”和“MDI”模式时才有效，其余时间无效
	进给暂停	在程序运行中，按下此键机床进给停止，主轴仍然在转
	程序停止	在自动方式下，遇有 M00 命令程序停止

（续）

键、开关图标	名　　称	功　　能
	主轴手动控制	手动主轴正转
		手动主轴停止
		手动主轴反转
X	手动移动各轴	手动移动 X 轴
Y		手动移动 Y 轴
Z		手动移动 Z 轴
+		手动正方向移动
		在选择移动坐标轴后同时按下此键，坐标轴以机床指定的速度快速移动
−		手动反方向移动
	进给倍率调节	调节程序运行中的进给速度，调节范围为 0～120%。例如，程序中指定的进给速度是 100mm/min，当进给倍率选定为 20%时，刀具实际的进给速度是 20mm/min。常用于改变程序中指定的进给速度，进行试切削，检查程序
	主轴倍率调节	调节主轴转速，调节范围为 50%～120%。例如，程序中指定的主轴转速是 1000r/min，当主轴倍率选定为 50%时，主轴实际的转速是 500r/min。常用于调整主轴转速，进行试切削，检查程序
启动	机床启动	启动机床控制系统
停止	机床停止	停止机床控制系统
超程释放	超程释放	当某轴出现超程，要退出超程状态，在手动状态下按住超程释放键，同时按下该坐标轴运动方向键，向相反方向退出超程状态
	紧急停止	发生意外紧急情况时的处理

各机床制造厂在制造机床操作面板时会有一些差别，其键的排列顺序与数控铣床型号有关，但实现的主要功能都差不多。图 1-2-13 所示为南通机床厂制造的 FANUC 0i 系统数控铣床（数控铣削加工中心）的机床操作面板，大家可以比较一下异同点。其各旋钮或键的名称和功能见表 1-2-3。

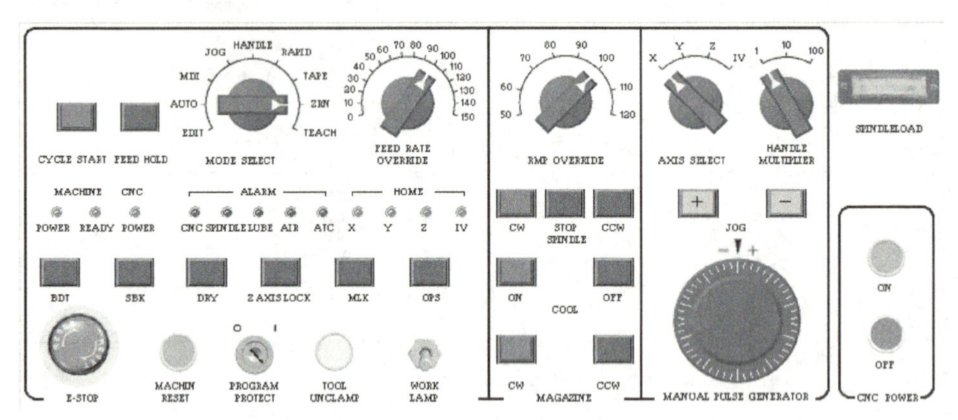

图 1-2-13　FANUC 0i 系统数控铣床的机床面板（二）

表 1-2-3　数控铣床操作面板上的旋钮、键的名称和功能

旋钮或键	名　称	功　能
CYCLE START	循环启动键	在自动操作方式，选择要执行的程序后，按下此键自动操作开始执行；在 MDI 方式，数据输入后，按下此键开始执行 MDI 指令
FEED HOLD	循环停止键	机床在执行自动操作期间，按下此键，进给立即停止，但辅助动作仍然在进行
JOG HANDLE RAPID MDI TAPE AUTO ZRN EDIT TEACH MODE SELECT	方式选择旋钮	EDIT（编辑）/AUTO（循环执行）/MDI（手动数据输入）/JOG（点动）/HANDLE（手轮）/RAPID（快速移动）/TAPE（纸带传输）/ZRN（返回参考点）/TEACH（示教）
0 10 20 30 40 50 60 70 80 90 100 110 120 130 140 150 FEED RATE OVERRIDE	进给倍率修调旋钮	当机床按 F 指令的进给量进给时，可以用此旋钮进行修调，范围是 0~150%；当用点动进给时，用此旋钮修调进给的速度
MACHINE CNC POWER READY POWER	CNC 指示灯	机床电源接通/机床准备完成/CNC 电源指示灯
ALARM CNC SPINDLE LUBE AIR ATC	报警指示灯	CNC/主轴/润滑油/气压/刀库报警指示灯

（续）

旋钮或键	名　称	功　能
HOME X Y Z IV	参考点指示灯	X/Y/Z/第四轴参考点返回完成指示灯
BDT	程序段跳步键	在自动操作方式，按下此键将跳过程序中有“/”的程序段
SBK	单段运行键	在自动操作方式，按下此键后，每按下循环启动键，只运行一个程序段
DRY	空运行键	在自动操作方式或 MDI 方式，按下此键，机床为空运行方式
Z AXIS LOCK	Z 轴锁定键	在自动操作方式、MDI 方式或点动方式下，按下此键，Z 轴的进给停止
MLK	机床锁定键	在自动操作方式、MDI 方式或点动方式下，按下此键，机床的进给停止，但辅助动作仍然在进行
OPS	选择停止键	在自动操作方式下，按下此键，执行程序中 M01 时，暂停执行程序
E-STOP	急停按钮	当出现紧急情况时，按下此键，机床进给和主轴立即停止
MACHIN RESET	机床复位键	当机床刚通电自检完毕释放急停按钮后，需按下此键，进行强电复位；另外，当 X、Y、Z 轴超程时，按住此键，手动操作机床直至退出限位开关（选择 X、Y、Z 轴的负方向）
O I PROGRAM PROTECT	程序保护开关（锁）	需要进行程序编辑、输入参数时，需用钥匙打开此锁
TOOL UNCLAMP	气动松刀键	当需要换刀时，手动操作按下此键进行松刀和紧刀
WORK LAMP	工作照明灯开关	工作照明开/关

（续）

旋钮或键	名　称	功　能
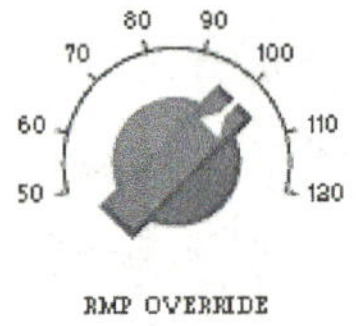50 60 70 80 90 100 110 120 RMP OVERRIDE	主轴转速修调旋钮	在自动操作方式和手动操作时，主轴转速用此旋钮进行修调，范围是 0~120%
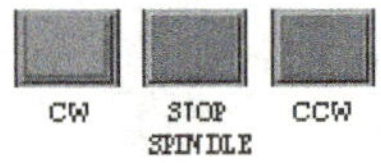CW STOP CCW SPINDLE	主轴正转/停止/反转	在手动操作方式下，主轴正转/停止/反转
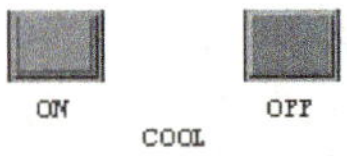ON OFF COOL	切削液开/关	在手动操作方式下控制切削液的开/关
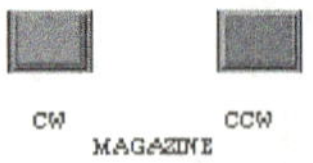CW CCW MAGAZINE	刀库正转/反转	在手动操作方式下控制刀库的正转/反转
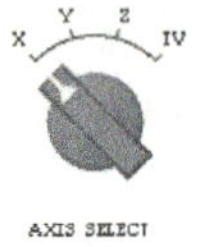X Y Z IV AXIS SELECT	轴选择旋钮	在手动操作方式下，选择要移动的轴
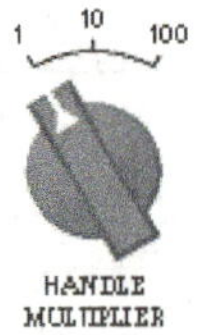1 10 100 HANDLE MULTIPLIER	手轮倍率旋钮	在手轮操作方式下，用于选择手轮的最小脉冲当量（手轮转动一小格，对应轴的移动量分别为：0.001mm、0.01mm、0.1mm）
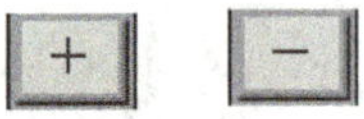+ −	正方向移动/负方向移动键	在手动操作方式下，所选择移动轴正方向移动/负方向移动按钮
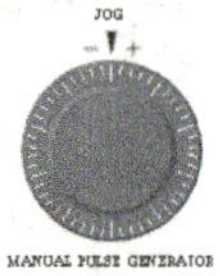JOG MANUAL PULSE GENERATOR	手动脉冲发生器（手脉）	在手轮操作方式下，转动手轮移动轴正方向移动（顺时针）/负方向移动（逆时针）
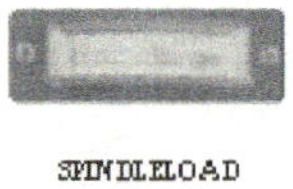SPINDLELOAD	主轴负载表	加工时显示主轴负载
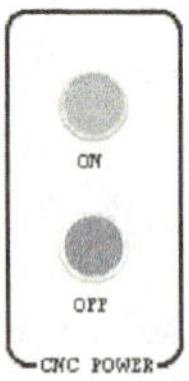ON OFF CNC POWER	CNC 系统电源开关	CNC 系统电源开/关

1.2.4　FANUC 0i系统数控铣床基本操作

1. 操作注意事项

1）每次开机前要检查一下铣床的中央自动润滑系统中的润滑油是否充裕，切削液是否充足等。

2）在手动操作进行X、Y轴移动前，必须注意使Z轴处于抬刀位置，避免刀具和工件、夹具、机床工作台上的附件等发生碰撞。

3）铣床出现报警时，要根据报警信号查找原因，及时解除报警。

4）更换刀具时注意操作安全。

5）注意对数控铣床的日常维护。

2. 数控铣床起动步骤

1）接通外部总电源，起动空气压缩机。

2）接通数控铣床强电控制柜后面的总电源开关 。

3）电源开关打开后，系统将进入自检，显示屏出现“NOT READY”提示。检查急停键有没有释放，如果没有，应将此键沿键上提示方向顺时针旋转释放该键。

4）按下数控铣床操作面板上启动键，启动后操作面板上的机床电动机和伺服控制的指示灯亮 。

3. 数控铣床关机步骤

1）注意观察自动循环按钮的指示灯是否熄灭，检查机床各运动部件是否都已停止运动。

2）将进给倍率旋钮旋至“0”，主轴转速倍率旋钮旋至最低档。

3）按操作面板上的急停键。

4）按操作面板上的停止键，使系统断电。

5）关闭数控铣床强电控制柜后面的总电源开关。

6）关闭空气压缩机，关闭外部总电源。

4. 数控铣床返回参考点

开机后，一般必须进行返回参考点操作，其目的是建立机床坐标系。开机后，必须利用操作面板上的开关和按键，将刀具移动到机床的参考点。操作步骤如下：

1）检查操作面板上回零点指示灯是否亮。若指示灯亮，则已进入回零点模式；若指示灯不亮，则按回零键，转入回零点模式。

2）按下快速移动倍率选择开关F0 25 50 100，可改变快速移动的速度。

3）在回零点模式下，先将Z轴回原点（避免主轴在回零过程中与工作台上机用虎钳或夹具发生干涉碰撞）。按操作面板上的Z轴键 Z，使Z轴方向移动指示灯闪烁，按正方形移动键 +，此时Z轴将回零点，Z轴回零点灯变亮，显示屏上Z坐标变为“0.000”。

4）重复上述②和③的步骤，再分别按X、Y轴方向移动键 X 和 Y，使指示灯闪烁，按正方向移动键 +，使X、Y轴回原点灯和变亮。此时显示屏界面如图1-2-14所示。

操作时应注意：

1）如没有一次完成返回参考点操作，再次进行此操作时，由于工作台离参考点已很近，而坐标轴的起动速度又很快，这样往往会出现超程现象并引起报警。对于超程，通常的处理的办法是在手动方式下按超程坐标轴的负方向键，使轴远离参考点，再按正常的返回参考点操作进行。

2）因紧急情况而按下急停键，然后重新按下机床复位键复位后，在进行空运行或机床锁定运行后，都要重新进行机床返回参考点操作，否则机床操作系统会对机床坐标原点失去记忆而造成事故。

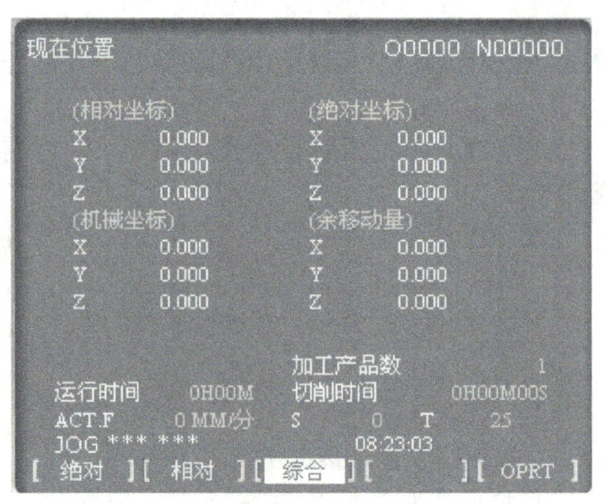

图 1-2-14 返回参考点后的显示屏界面

3）数控铣床返回参考点后，应及时退出参考点，以避免长时间压住行程开关而影响其寿命。

5. 手动操作机床

数控铣床的手动操作功能有：主轴的正、反转及停止操作；坐标轴的手轮操作（手摇脉冲）移动、快速移动及点动操作等。

（1）主轴的起动和停止

1）按下机床操作面板上的手动输入键，其指示灯亮。在数控系统面板上输入“M03S500”，然后按“INSERT”键输入；然后按循环启动键执行“M03S500”指令，此时主轴开始正转。

2）在手动操作模式下，按机床操作面板上的主轴正转键，主轴正转，同时按键内的灯亮。按下主轴反转键，主轴反转，同时按键内的灯亮。按下主轴停止键，主轴停止转动，任何时候只要主轴没有转动，这个按键内的灯就会亮，表示主轴处于停止状态。

（2）坐标轴的手动进给

1）坐标轴手动连续进给。

① 按操作面板上的手动操作键，使其指示灯亮，机床进入手动加工模式。

② 用坐标键 X、Y、Z 选择所需要移动的坐标轴。

③ 按方向移动键 +、−，进行任一轴的正方向或负方向的移动，其移动速度由进给倍率旋钮调节。

2）坐标轴快速移动。

① 在手动操作模式下，把铣床操作面板上的快速移动键按下。

② 在铣床操作面板上的坐标键 X、Y、Z 中选取要移动的坐标轴。

③ 进行任一轴的正方向或负方向的快速移动，其移动速度由系统参数设定。快速移动时，快速移动倍率开关有效。

3）手轮操作（手摇脉冲）方式移动坐标轴。

手摇脉冲发生器又称手轮，在手动/连续加工或对刀等需精确调节机床时，可用手轮操作方式调节机床。操作方法如下：

1）在操作面板上选择操作方式。按下手轮模式键，使其指示灯变亮，进入手轮方式。

2）在操作面板上用坐标键X、Y、Z选择所需要在哪个坐标轴方向移动（每次只能单轴移动）。

3）用手动进给速度X1 X10 X100 X1000键选择合适的进给倍率。通过倍率选择，手轮每旋转一格，轴向移动的位移可以为0.001mm、0.01mm、0.1mm和1mm。

4）旋转手轮，进行任一轴的正或负方向移动，精确控制机床的移动。手轮旋转一圈，坐标轴移动的距离相当于100个刻度的对应值。手轮顺时针（CW）旋转，向坐标轴的“+”坐标方向移动；手轮逆时针（CCW）旋转，向坐标轴的“-”坐标方向移动。

（3）MDI操作　有时加工比较简单的零件或只需要运行几个程序段，往往不编写程序输入到内存中，而采取在MDI方式边输入边加工的操作。

1）按铣床操作面板上的手动输入键，使其灯亮，数控铣床进入MDI（手动数据输入）模式。在数控系统面板上按程序PROG键，进入编辑页面。

2）输入指令数据：在键盘上按数字/字母键以输入指令和数据，也可以做取消、插入、删除等修改操作。

3）键入程序号：键入字母“O”，再键入程序编号，但不可以与已有程序的编号重复。

4）输入程序后，用回车换行键EOB E结束一行的输入后换行。

5）移动光标：按翻页键PAGE↑、PAGE↓上下翻页。按光标移动键↑、↓、←、→移动光标。

6）按取消键CAN消除输入域中的数据；按删除键DELETE删除光标所在处的代码。

7）按插入键INSERT输入所编写的数据指令。

8）输入完整的数据指令后，按循环启动键运行程序。

如果要结束MDI操作，按下数控系统面板上的重置键RESET。

6. 程序的编辑和管理

（1）程序的创建

在数控机床/加工中心上创建程序的方法有：用MDI键盘，通过图形绘画功能编程和自动编程等。

下面讲述用MDI面板手动创建程序。

1）按下程序编辑键，在MDI键盘上按PROG键，进入编辑页面。

2）输入新的程序号，按键盘上INSERT键，则该程序号就自动出现在程序显示区，在其后面输入具体的程序。

3）按翻页键PAGE↑、PAGE↓翻页，按光标移动键↑、↓、←、→移动光标，输入程序后，用回车换行键EOB E结束一行的输入后换行。

4）输入完整的数据指令后，按重置键，使程序复位到起始位置，这样就可以进行自动运行加工了。

在 EDIT 方式中，通过 MDI 面板创建的程序，可以自动插入程序段的顺序号，在参数 NO. 3216 中设置顺序号的增量，每当一段程序输入完成，按下键，会自动按增量值产生新的程序段号，如图 1-2-15 所示。图中设置插入顺序号功能为“1”，说明自动插入顺序号。

输入完整的数据指令后，按重置键，使程序复位到起始位置，这样就可以进行自动运行加工了。

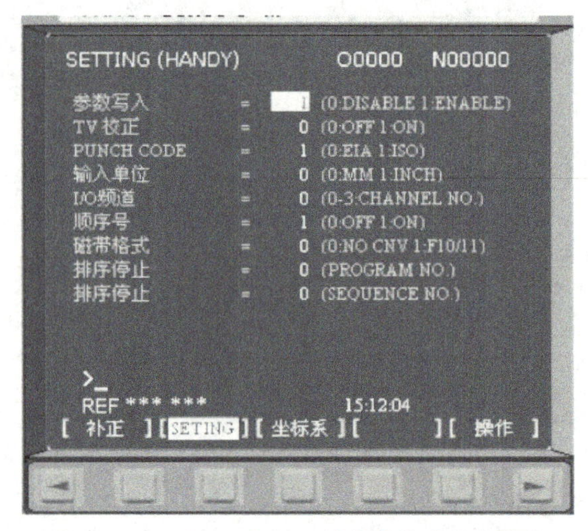

图 1-2-15 FANUC 0i 系统自动生成程序段号

（2）程序的编辑

1）对已有的程序可以进行编辑，包括插入、替换和删除，具体操作如下：将光标移到所需编辑的程序字，输入所编写的数据指令，按键盘上插入键，插入该数据。例如要将“X20”插到“Y10”前面，将光标移动到“Y10”上，然后输入“X20”，按下键，就可以完成。

2）按替换键，替换光标中的数据。例如要将“Y20”改成“Y10”，将光标移动到“Y20”上，然后输入“Y10”，按下键，就可以修改成功。

3）按删除键，删除光标所在处的程序字，例如将“X20”删除，将光标移到“X20”上，再按下键，就可以完成。

（3）程序的检索

1）按程序编辑或自动加工键。

2）按程序键输入字母“O”。

3）按数字键输入需要检索的程序号。

4）按方向键 ↓ 开始搜索；找到后，该程序号显示在屏幕右上角程序号位置，程序显示在屏幕上。

5）也可以输入字母“O”加程序段号，按软键“O 检索”，此时检索程序目录中的程序。

6）还可输入程序段号“N”加程序段号，按软键“N 检索”搜索程序段，如图 1-2-16 所示。

（4）删除程序

1）删除一个程序。

① 按程序编辑键。

图 1-2-16 程序检索

② 按程序键输入字母“O”。

③ 按数字键输入要删除的程序号。

④ 按删除键，程序被删除。

2）删除指定范围内多个程序。

① 按程序编辑键。

② 按程序键输入字母“O*xxxx*，O*yyyy*”*xxxx*代表要删除程序的起始程序号，*yyyy*代表要删除程序的终止程序号。

③ 按删除键，即删除从O*xxxx*到O*yyyy*之间的程序

3）删除全部程序。

① 按程序编辑键。

② 按程序键输入字母“O”

③ 输入“-9999”。

④ 按删除键，全部程序被删除。

7. 刀具补偿参数设置

（1）刀具直径补偿参数　FANUC 0i数控系统的刀具直径补偿包括形状直径补偿和磨耗直径补偿两种。

操作步骤如下：

1）在起始界面下，按数控系统面板上的偏移量设置键，进入补正参数设定界面。

2）利用光标移动键将光标移到对应刀具的“形状（D）”栏，按MDI键盘上的数字/字母键输入，例如“4.000”，按软键“输入”，把输入域中的补偿值输入到所指定的位置，如图1-2-17所示。此时已将选择的刀具半径4.00mm输入。

3）按取消键，可逐字删除输入域中的字符。

注意：直径补偿参数若为4mm，在输入时需输入“4.000”，如果只输入“4”，则系统默认为“0.004”，即0.004mm。

（2）刀具长度补偿参数　铣刀可以根据需要抬高或降低，通过在数控程序中调用长度补偿来实现。长度补偿参数在刀具表中按需要输入。FANUC 0i数控系统的刀具长度补偿包括形状长度补偿和磨耗长度补偿两种。

操作步骤如下：

1）在起始界面下，按数控系统面板上的偏移量设置键，进入补正参数设定界面。

2）用光标移动键、、、选择所需的编号，并确定需要设定的长度补偿是形状补偿还是磨耗补偿，将光标移到相应的区域。按数控系统面板上的数字/字母键，

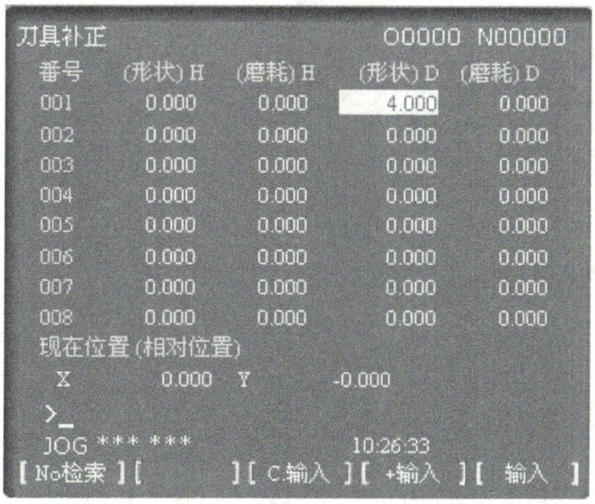

刀具补正　O0000 N00000

番号	(形状) H	(磨耗) H	(形状) D	(磨耗) D
001	0.000	0.000	4.000	0.000
002	0.000	0.000	0.000	0.000
003	0.000	0.000	0.000	0.000
004	0.000	0.000	0.000	0.000
005	0.000	0.000	0.000	0.000
006	0.000	0.000	0.000	0.000
007	0.000	0.000	0.000	0.000
008	0.000	0.000	0.000	0.000

现在位置(相对位置)
X 0.000 Y -0.000
>_
JOG *** *** 10:26:33
[No检索][ ][C.输入][+输入][输入]

图1-2-17　FANUC 0i数控系统的刀具偏置与补偿

输入刀具长度补偿参数。按软键“输入”或按输入键INPUT，参数输入到指定区域。

3）按取消键CAN，可逐字删除输入域中的字符。

8. 坐标系参数设置

数控加工前，必须在工件坐标系设定界面上确定工件坐标系原点相对于机床坐标系原点的偏移量，并将数值存入数控系统中。确定工件坐标系与机床坐标系的关系有两种方法，一种是通过指令 G54～G59 设定，另一种是通过指令 G92 设定。

（1）指令 G54～G59 参数设置　将对刀得到的工件坐标系原点在机床坐标系上的坐标数据（*X*，*Y*，*Z*），输入为 G54 工件坐标原点。

1）按偏移量设置键OFSET SET，选择软键“坐标系”，显示工件坐标系设定界面。

2）按数控系统面板上的数字/字母键，输入“0 *”（01 表示 G54，02 表示 G55，依此类推）；按软键“NO 检索”，光标停留在选定的坐标参数设定区域。也可以用光标移动键↑、↓、←、→选择所需的坐标系和坐标轴。

3）假设通过对刀得到的工件坐标系原点在机床坐标系中的值是（-500，-415，-404），先设 *X* 的坐标值，利用数控系统面板输入“-500.00”，按软键“输入”；则 G54 中 *X* 的坐标值变为-500.00。

4）用光标移动键↓，将光标移至“Y”的位置，输入“-415.00”，按软键“输入”。

5）再将光标移至“Z”的位置，输入“-404.00”，按软键“输入”。至此便完成了 G54 参数的设定，如图 1-2-18 所示。

注意：*X* 坐标值为“-500”，就必须输入“-500.00”，如果输入“-500”，就会显示“-0.500”。

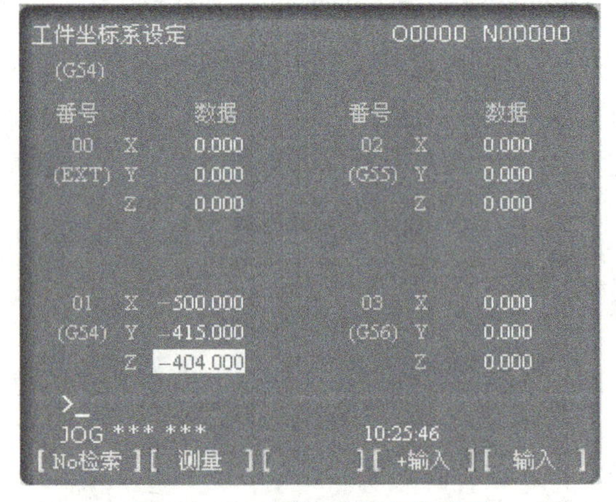

图 1-2-18　G54 坐标参数设定

（2）指令 G92 参数设定　通过对刀得到的 *X*、*Y*、*Z* 值即为工件坐标系 G92 的原点值。如果程序是使用工件坐标 G92，则每次更换工件都要重新对刀，因为 G92 的坐标原点与对刀时的刀位点密切相关，不同的刀位点将会得到具有不同坐标原点的 G92 坐标系。故推荐使用工件坐标系指令 G54～G59。

9. 机床锁定操作

对于已经输入到内存中的程序，其程序格式、内容等是否有问题，可以采用机床锁定运行程序方式来检查。如果程序有问题，系统会给出错误报警，根据提示可以对错误的程序进行修改。

操作步骤如下：

1）调出加工零件的程序。

2）按自动加工键。

3）按机床锁定键。

4）按循环启动键，执行机床锁定操作。

5）在运行中出现报警，则程序有格式问题，根据提示修改程序。

6）运行完毕后，重新执行返回参考点操作。

需要注意的是：机床锁定运行方式只能检查程序的语法错误，检查不出加工数据的错误。

10. 空运行操作

在自动运行加工程序之前，需先对加工程序进行检查。检查可以采用空运行操作。

空运行操作中通过观察刀具的加工路径及其模拟轨迹，发现程序中存在的问题。空运行的进给是快速的，所以空运行操作前要进行刀具长度补偿，即将工件坐标系在 Z 轴方向抬高，才能安全进行空运行操作，否则会以 G00 指令指定的快速进给速度铣削，从而导致撞刀等事故。

操作步骤如下：

1）设置刀具长度补偿。

2）按自动加工键。

3）按空运行键。

4）调整进给倍率为 2%～10%，按循环启动键。当程序执行过了 Z 轴的定位后，可将进给倍率提高到 120%。

5）检查程序。通过观察刀具的加工路径及其模拟轨迹（按图形画面显示键进入“图形显示”界面；按软键“参数”，在该页面中设置图形显示的参数；设置好显示参数后按软键“图形”即可进行加工程序模拟图形显示），检查刀具路径是否正确。如有错误则反复修改、运行，直至程序正确。

11. 自动加工

FANUC 0i 系统数控铣床自动加工操作步骤为：

1）检查机床是否回零，若未回零，先将机床回零。

程序可以直接调用系统内部已有的，也可以从外部导入。直接调用系统内存程序的方法如下：单击，按程序键，输入程序号，单击按钮，然后按键即可调用程序。

2）按铣床操作面板上自动运行键，使其指示灯变亮。

3）按数控系统面板上的程序键，系统显示程序屏幕界面。

4）按地址键，键入程序号的地址，把所需要的零件加工程序调出。

5）在工件找正、夹紧、对刀后，输入工件坐标系原点在机床坐标系中的值，设置好工件坐标系，输入刀具补偿值，装上加工的刀具等。

6）把铣床操作面板上的进给倍率调节旋钮旋至“0”。

7）按铣床操作面板上的循环启动键，使数控铣床进入自动操作状态，同时，循环启动 LED 闪亮。

8）把“进给倍率调节”旋钮逐步调大，调到合适的进给倍率进行切削加工，当自动运行结束时，指示灯熄灭。

数控程序在运行过程中可根据需要暂停、停止、急停和重置，操作如下：

1）数控程序在运行时，按进给暂停键，进给暂停 LED 指示灯亮，运行指示灯熄灭，程序停止执行。再按循环启动键，程序从暂停位置开始执行。

2）如果数控程序在运行时，按程序停止键，程序停止执行。再按循环启动键，程序重新从开头执行。

3）数控程序在运行时，按下急停键，数控程序中断运行。继续运行时，先将急停键松开，再按循环启动键，余下的数控程序从中断行开始作为一个独立的程序执行。

4）程序运行过程中按下重置键RESET，自动运行将被终止，并进入复位状态。

5）在进入自动加工模式后可以检查程序运行轨迹。按程序键PROG，输入“Ox”（x 为程序号），按键查找，找到后，程序显示在显示屏上；按模拟图形键CUSTM GRAPH进入检查运行轨迹模式；按机床操作面板上的循环启动键，就可以观察数控程序的运行轨迹。

6）按程序段跳读键，则程序运行时跳过符号“/”，该行成为注释行，不执行。

7）按选择性停止键，则程序中遇到指令 M01 就停止。

12. 单段运行操作

对于已经输入到内存中的程序进行调试，可以采用单段运行方式。如果程序在加工时有问题，根据加工工艺可以随时对程序进行修改。

单段运行操作如下：

1）检查机床是否回零，如果没有，将其回零。

2）输入或检索一段程序。

3）按铣床操作面板上的单步执行键。

4）按铣床操作面板上循环启动键，程序运行过程中，每按一次此键执行一行程序。

13. 计算机联机自动加工（DNC 运行）

数控系统经 RS-232 接口读入外部的数控程序，同步进行数控加工，称为 DNC 运行。工厂中进行模具加工生产时，程序通常很大，不需存入数控系统的存储器中，广泛采用这种方式。DNC 运行的操作步骤如下：

1）选用一台计算机，安装专用的程序传输软件。根据数控系统对数控程序传输的具体要求，设置传输参数。

2）通过 RS-232 串行接口，将计算机和数控系统连接起来。

3）检查机床是否回零，若未回零，先将机床回零。

4）将操作方式置于 DNC 方式。按计算机直接运行键，选择 DNC 运行方式。

5）在计算机上选择要传输的加工程序。

6）按铣床操作面板上的循环启动键，启动自动运行，同时循环启动指示灯亮。当自动运行结束时，指示灯熄灭。

14. 对刀

在加工程序执行前，调整每把刀的刀位点，使其尽量重合于某一理想基准点，这一过程称为对刀。对刀的目的是通过刀具或对刀工具确定工件坐标系与机床坐标系之间的空间位置关系，并将位置数据输入到相应的存储位置。它是数控加工中最重要的工作内容，其准确性将直接影响零件的加工精度。对刀操作分为 X、Y 向对刀和 Z 向对刀。

（1）对刀方法　根据现有条件和加工精度要求选择对刀方法，可采用试切法、寻边器对刀、机内对刀仪对刀、自动对刀等。其中试切法对刀精度较低，加工中常用寻边器和 Z 向设定器对刀，效率高，能保证对刀精度。

（2）对刀工具

1）寻边器。寻边器主要用于确定工件坐标系原点在机床坐标系中的 X、Y 坐标值，也可以测量工件的简单尺寸。寻边器有偏心式和光电式等类型，如图 1-2-19 所示，其中以偏心式较为常用。偏心式寻边器的测头一般为 10mm 和 4mm 两种的圆柱体，用弹簧拉紧在偏心式寻边器的测杆上。光电式寻边器的测头一般为 10mm 的钢球，用弹簧拉紧在光电式寻边器的测杆上，碰到工件时可以退让，并将电路导通，发出光信号。通过光电式寻边器的指示和机床坐标位置可得到被测表面的坐标位置。

a) 偏心式寻边器　　b) 光电式寻边器

图 1-2-19　寻边器

2）Z 轴设定器。Z 轴设定器主要用于确定工件坐标系原点在机床坐标系中的 Z 坐标，或者说是确定刀具在机床坐标系中的高度。Z 轴设定器有光电式和指针式等类型，如图 1-2-20所示。通过光电指示或指针判断刀具与对刀器是否接触，对刀精度一般可达 0.005mm。Z 轴设定器带有磁性表座，可以牢固地附着在工件或夹具上，其高度一般为 50mm 或 100mm。

a) 光电式　　b) 指针式

图 1-2-20　Z 轴设定器

（3）对刀操作及参数设置　当程序的工件坐标系用 G54 设定时，需要在机床内保证 G54 原点的机械坐标与编程原点重合。

FANUC 0i 系统数控铣床对刀具体操作步骤如下：

1）将工件毛坯装夹到机用虎钳中并夹紧。如果使用寻边器，工件四周都应该留有寻边器的测量位置。

2）进入 MDI（手动数据输入操作）模式，输入“M03 S400”（转速一般 350～400r/min），起动主轴。

3）X 向对刀

① 快速移动工作台和主轴，让刀具或寻边器靠近工件右侧，然后改用手轮移动刀具或寻边器，使刀具移动到工件的右边（“X-”），此时要注意向下移动不能触碰到工件。刀具向下移动至刀尖低于工件表面（“Z-”），向左边（“X+”）移动，使刀具轻碰工件。将刀具

刀尖抬高至工件表面以上（“Z+”）。

② 按数控系统面板上的键“X”，再按“归零”功能键，*X* 坐标归零。

③ 将刀具移动到工件的左边（“X+”），刀具向下移动至刀尖低于工件表面（“Z-”），向右边（“X-”）移动，使刀具轻碰工件。将刀具刀尖抬高至工件表面以上（“Z+”）。记录此时屏幕显示的 *X* 相对坐标，并将该值除以 2。

④ 抬起刀具，调整手轮倍率，将刀具移动到上一步相对坐标 *X* 除以 2 后所指示的 *X* 坐标的中心位置。

⑤ 按 OFF SET 键（参数设定显示键），将光标移动到 G54 的“X”位置，输入“X0”。按软键“MEASURE”（测量功能键），G54 中的“X”值即为工件坐标系原点相对于机床坐标系原点的 *X* 向坐标值。

4）*Y* 向对刀。按编辑面板的“POS”键（位置显示键），设定 *Y* 向工件原点，过程类似于 *X* 向原点的设定。

5）*Z* 向对刀。观察工件表面最高点，将刀具移动到工件最高点的上方，调整手轮倍率，通过手轮移动，使刀具轻碰工件表面。

按 OFFSET 键，再按“坐标系”功能键，将光标移动到 G54 的“Z”位置，输入“Z0”，按软键“MEASURE”（测量功能键），G54 中的“Z”值即为工件坐标系原点相对于机床坐标系原点的 *Z* 向坐标值。最后将刀具向上升至安全高度。

6）注意事项。在对刀操作过程中需注意以下问题：

① 根据加工要求采用正确的对刀工具，控制对刀误差；

② 在对刀过程中，可通过改变微调进给量来提高对刀精度。

③ 对刀时需小心谨慎操作，尤其要注意移动方向，避免发生碰撞。

④ *Z* 向对刀时，微量调节的时候一定要使 *Z* 轴向上移动，避免向下移动时使刀具或刀柄和工件相碰撞，造成刀具损坏，甚至出现危险。

⑤ 对刀数据一定要存入与程序对应的存储地址，防止因调用错误而产生严重后果。

任务实施

1. 任务实施内容

1）认识典型数控铣床控制面板与按键功能。

2）认识典型数控铣床显示界面。

3）熟悉数控铣床基本操作方法。

① 机床开机、关机。

② 机床回零。

③ 手轮和增量移动各轴到指定的位置。

④ 手工起、停主轴。

⑤ 手工装卸刀具。

2. 上机实训时间

每组 4h。

3. 实训报告要求

1）写出所学习的数控铣床控制面板上有哪几大功能区。

2）写出机床开机和关机的步骤。

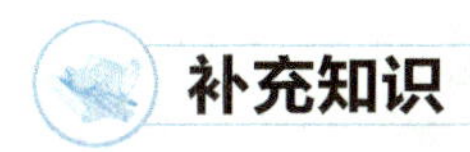

补充知识

1.2.5　HAAS 系统数控铣床的控制面板及功能介绍

HAAS 系统数控铣床与加工中心采用相同的悬挂式控制面板，面板分为按钮区和键盘区，其控制面板总览如图 1-2-21 所示，键盘区各键的详细功能如图 1-2-22 及附录 A 所示。

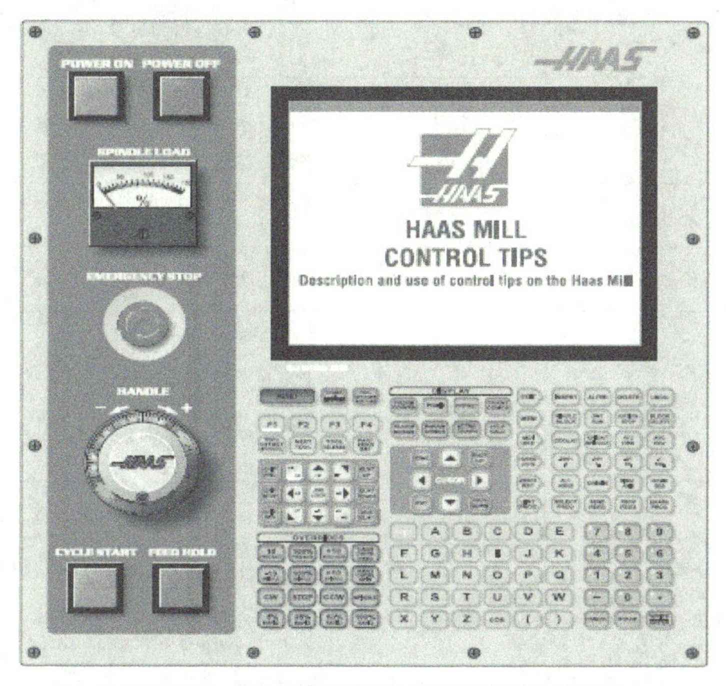

图 1-2-21　HAAS 系统的数控铣床控制面板总览

图 1-2-22　HAAS 系统数控铣床控制面板键盘

数控铣床面板上各按钮及键的功能和详细说明见表1-2-4。

表1-2-4 控制面板上按钮和键的功能

序号	分区名称	功能	按钮/键名称	详细说明	备注
1	按钮	通电	POWER ON	起动机床	
		断电	POWER OFF	关闭机床	
		主轴载荷表	SPINDLE LOAD	显示当前的主轴负载	
		紧急停止	EMERGENCY STOP	停止所有进给轴运动,停止主轴,停止换刀,关闭切削液泵	
		手轮进给	HANDLE	控制所有进给轴,在编辑时还可以在程序代码或菜单选项中选择此控制	
		循环开始	CYCLE START	运行一个程序,此键也可以在图形模式下开始程序	
		进给暂停	FEED HOLD	停止所有进给轴的运动	在切削过程中主轴仍继续转动
2	功能键	复位	RESET	机床停止(进给轴,主轴,切削液泵和换刀装置停止运行)	不推荐此操作,因为它将很难从原来的点继续运行
		加电/重新启动	POWER UP/ RESTART	按下此键,进给轴会恢复到机床零点位置,更换刀具	
		刀库恢复	TOOL CHANGER RESTORE	非正常停止时,帮助操作者恢复刀具交换	
			F1~F4	根据不同的操作模式,这些键有不同的功能。例如:F1~F4在编辑模式(Editing mode)下,在编程模式(Program mode)下,在偏置模式(Offset mode)下会有不同的功能	
		刀具补偿测量	TOOL OFFSET MEASURE	测量并记录刀具长度补偿值	
		下一刀具	NEXT TOOL	加工中心从刀具交换系统(常用在工件设置中)选择下一个刀具	
		刀具松开	TOOL RELEASE	在MDI模式、回归零点模式或手动进给模式下,从主轴上释放刀具	
		工件原点设置	PART ZERO SET	自动测量并设定工件坐标系	
3	进给键	排屑器正转	CHIP FWD	向前转动螺旋式排屑器,使其从机床中清除切屑	
		排屑器停止	CHIP STOP	停止螺旋式排屑器的运动	
		排屑器反转	CHIP REV	将螺旋式排屑器反方向旋转,有利于清除排屑器中的堵塞物和切屑	

（续）

序号	分区名称	功能	按钮/键名称	详细说明	备注
3	进给键	轴键	+X/-X, +Y/-Y, +Z/-Z, +A/-A, +B/-B	操作者通过按单键或者是所需要的轴按钮，应用手轮手动进给轴	
		进给锁定	JOG LOCK	与轴按键同时使用。按下 Jog Lock 和一个轴键，相应的轴将会移动到最大行程或者直到再次按下 Jog Lock 后所到达处	
		冷却管向上	CLNT UP	移动切削液管向上	
		冷却管向下	CLNT DOWN	移动切削液管向下	
		附加冷却	AUX CLNT	在 MDI 模式下，这个键将会开启可选择的主轴冷却系统（TSC），再次按下将会关闭 TSC 系统	
4	优先功能键	速度减慢 10%	-10	将当前的进给/主轴速度减慢 10%	在 G74 和 G84 攻螺纹循环中进给速度倍率功能不起作用。进给倍率功能不改变任何辅助轴的速度 应用 M30 代码和/或按下 RESET 键，倍率功能能够被重新设置成系统默认值
		编程速度	100%	将进给/主轴速度设置为已编程的进给/主轴速度	
		速度加快 10%	10	将当前的进给/主轴速度加快 10%	
		手轮控制进给速度	HAND CNTRL FEED	手轮控制以±1%的增量控制进给速度，从 0%变化到 999%	
		手轮控制主轴	HAND CNTRL SPIN	手轮控制以±1%的增量控制主轴速度，（从 0% 变化到 999%）	
		顺时针方向启动主轴	CW	当按下 Single Block 或者 Feed Hold 键时，在任何时候都可以通过 CW 或 CCW 键起动或停止主轴。若程序以循环开始（Cycle Start）键起动，主轴会以先前设定的速度运行	
		逆时针方向启动主轴	CCW		
		主轴停转	STOP		
		倍率键	5%/25%/50%/100%RAPID	按键上的数字限制机床 G00 快速移动速度。100% RAPID 为允许的最大速度，相当于进给速度为 5200mm/min。在操作过程中，进给速度变化范围为编程设定值的 0 到 999%，通过进给速度+10%，-10%和 100%按钮实现	

（续）

序号	分区名称	功能	按钮/键名称	详细说明	备注
5	显示键	程序显示	PRGRM/CONVRS	显示当前选择的程序	
		位置显示	POSIT	显示机床轴的位置。按下PAGE UP/DOWN键，将滚动出现操作者坐标（operator），机床坐标（machine），工件坐标（work），行程剩余坐标（distance-to-go）	
		补偿显示	OFFSET	显示刀具长度几何形状，半径补偿，磨损补偿和切削液位置。按Offset键两次或PAGE UP键将进入工件偏置界面	
		当前指令显示	CURNT COMDS	显示当前程序细节（例如G，M，H，T代码），主轴负载信息和程序运行时候的机床轴位置。按下PAGE UP/DOWN，查看刀具负载/振动、刀具寿命、保养、宏变量、程序时间和程序代码章节	
		警告/消息显示	ALARM/MESGS	显示警告和消息信息。总共有三种警告屏幕。第一种显示当前操作警告。按向右的箭头可转换到当前警告历史信息屏幕。再按一次向右箭头则转换到查看警告屏幕。该屏幕一次显示一个警告及其说明。默认为警告历史中的最后一次警告	
		参数/诊断显示	PARAM/DGNOS	显示设定的机床操作参数。第二次按Param/Dgnos键将显示诊断数据的第一页	
		设置/图形显示	SETNG/GRAPH	显示和改变用户设置。第二次按下Setng/Graph键进入图形模式	
		帮助/计算	HELP/CALC	显示缩写手册。屏幕上的手册主要介绍了G和M代码，控制系统特征定义，维修故障和保养。再按一次Help/Calc键将显示计算器	
6	光标键	光标前置	HOME	按下这个键将进入主菜单。在编辑程序时，光标将跳到最顶端程序的左边	
		向上/下箭头	UP/DOWN ARROW	可上下选中一个菜单、块或区域	

（续）

序号	分区名称	功能	按钮/键名称	详细说明	备注
6	光标键	向上/下翻页	PAGE UP/DOWN	转换下一个显示屏幕或者是浏览程序的时候转换到下一页	
		向左箭头	LEFT ARROW	当浏览程序的时候选择个别可以编辑的项目；移动光标到最左端。也用来滚动选择设置选项	
		向右箭头	RIGHT ARROW	当浏览程序的时候选择个别可以编辑的项目；移动光标到右端。也用来滚动选择设置选项或在图形模式下移动图像变比窗口到右边	
		光标到尾	END	这个键通常将光标移动到屏幕的最底端。在编辑程序的时候，是最后一个程序块	
7	字母键		26 个字母	字母键供用户输入 26 个字母和一些特殊字符。在输入特殊字符前，按 SHITF 键	
		程序段结束字符	EOB	在屏幕上显示为分号（；），表示程序段的结束	
		括号	（）	用于将 CNC 程序指令与用户注释隔离开来。必须成对输入	
		右斜线	/	用作块删除标记和宏程序表达式。如果该符号出现在块的首位，且允许进行块删除，则在运行时忽视该块。该符号还用于（划）分宏程序表达式	在接收程序时，每当通过 RS-232 端口接收到无效代码行时，用括号将它括住添加到程序中
		方括号	[ ]	用于宏功能	
8	模式键	编辑模式	EDIT	编辑存储器中的程序	
		编辑模式：插入	INSERT	按下此键可在程序中把命令插入到光标后，将剪贴板中的文本插到光标所在处，还可用于复制程序中的代码块	
		编辑模式：替换	ALTER	将选中的命令或文本改变成新键入的命令或文本，将选中的变量变成文本存储在剪贴板中，或移动选中的块到另一个位置	
		编辑模式：删除	DELETE	删除光标所在的项目或选中的程序块	
		编辑模式：撤销	UNDO	撤销最后 9 次编辑修改和删除已选中的块	

（续）

<table>
<tr><th>序号</th><th>分区名称</th><th colspan="2">功能</th><th>按钮/键名称</th><th>详细说明</th><th>备注</th></tr>
<tr><td rowspan="13">8</td><td rowspan="13">模式键</td><td rowspan="5">存储模式</td><td colspan="2">MEM</td><td>运行当前选中程序</td><td></td></tr>
<tr><td>单段</td><td>SINGLE BLOCK</td><td>开启/关闭单步，开启时，当按下“Cycle Start”键时，只执行程序的一个块</td><td></td></tr>
<tr><td>空运行</td><td>DRY RUN</td><td>用于在不切削工件的情况下检查机床的实际运动状态</td><td></td></tr>
<tr><td>可选择停止</td><td>OPTION STOP</td><td>启动/关闭可选择停止</td><td></td></tr>
<tr><td>开启/关闭块删除功能</td><td>BLOCK DELETE</td><td>当激活该选项时，以斜线“/”作为起始的块被忽视（不予执行）。当斜线在一行代码中时，如果这个特征被激活，斜线后面的命令将被忽略。当不执行刀具补偿时，按下 Block Delete 键后，块删除将在选中行 2 行后生效。当执行刀具补偿时，块删除将在选中行 4 行之后才会生效。在高速机械加工过程中，对含有块删除的路径的处理速度将会减慢</td><td></td></tr>
<tr><td rowspan="3">手动数据输入模式</td><td colspan="2">MDI/DNC</td><td>MDI“手动数据输入”模式，程序可以手动写入但不能存储。DNC 是“直接数控”模式，将庞大的程序输入到控制系统，就能被执行</td><td></td></tr>
<tr><td>切削液开关</td><td>COOLNT</td><td>打开或关闭可选切削液</td><td></td></tr>
<tr><td>主轴定向</td><td>ORIENT SPINDLE</td><td>将主轴转至已知位置，然后锁定主轴</td><td></td></tr>
<tr><td rowspan="2">手动轴进给模式</td><td colspan="2">HAND JOG</td><td>进给手轮上的每一刻度为 0.0001in 或 0.1～0.0001in（米制 0.001mm）。空运行为 0.1in/min</td><td></td></tr>
<tr><td>倍率选择</td><td>.0001/.1，.001/1.，.01/10.，.1/100.</td><td>当第一个数字（首数字），在英寸模式时，表示相应的进给量值为手轮每一格所代表的值；在毫米模式时，表示的进给量值变成它的十倍（如：.0001 就表示 0.001mm）。第二个数字（底数字）表示在空转模式下的进给速度和轴运动</td><td></td></tr>
<tr><td rowspan="3">ZERO RET 回零模式</td><td>所有轴</td><td>ALL AXES</td><td>所有坐标轴回机床原点</td><td></td></tr>
<tr><td>归零</td><td>ORIGIN</td><td>手轮模式下操作者坐标归零；计时器归零</td><td></td></tr>
<tr><td>单轴</td><td>SINGL AXIS</td><td>将一根轴返回到机床原点。选择轴字母，按 SINGL AXIS 键。它可以定位原始轴零点</td><td></td></tr>
</table>

（续）

序号	分区名称	功能		按钮/键名称	详细说明	备注
8	模式键	ZERO RET 回零模式	快速回零	HOME G28	所有轴快速回到机床原点。操作员输入一个轴字母，然后按HOME G28键，它也可以在相同的方式下，使一个轴回归到原点	如果Z轴在台面上的部件里面，而X或Y轴回归零点，则会导致冲撞
		程序列表	LIST PROG		显示存储器中存储的程序	
			程序选择	SELECT PROG	使程序列表中的选中程序成为当前程序	当前程序前面以一个“*”表示
			RS232发送	SEND RS232	将程序从RS-232串行端口中传送出去	
			RS232接收	RECV RS232	从RS-232串行端口接收程序	
			程序删除	ERASE PROG	删除记忆模式下选中的程序或MDI模式下的整个程序	
9	数字键	输入字符删除		CANCEL	删除最后一个输入的字符	
		空格键		SPACE	将格式指令放置在程序中或者是消息区域	
		输入键		WRITE/ENTER		
		负号		-		
		小数点		.		

1.2.6 HAAS TM-1数控铣床基本操作

1. 机床的起动和停止

（1）数控铣床起动的注意事项

1）必须严格按照操作步骤进行操作。

2）检查数控铣床的外观是否正常，比如前、后门是否关好。

3）要先开机床，后开与机床用RS-232接口连接的计算机等设备，避免机床在开机过程中的电流的瞬间变化冲击计算机等设备。

（2）数控铣床起动的操作步骤

① 接通机床电源（推上电源开关）。

② 机床通电（合上电箱上的总电源开关）。

③ 起动系统电源。按机床操作面板上的电源绿色开关按钮［POWER ON］。

④ 机床起动后，将显示消息屏幕，或者是警告屏幕。在两种状态下，数控铣床都会出现一个警告（102SERVOS OFF）。按下［RESET］键两次清除警告。如果警告不能清除，则机床需要维修保养。

⑤ 接通气源压力开关。

（3）数控铣床停止前的注意事项

1）检查机床操作面板顶端表示循环启动的绿色指示灯是否为闪烁状态。

2）检查机床的移动部件是否都已经停止。

3）如果有外部的输入/输出设备连接到机床上，请先关掉外部输入/输出设备的电源，避免在数控铣床关机过程中，由于电流的瞬间变化而冲击输入/输出设备。

(4) 数控铣床停止的操作步骤

① 按下 [EMERGENCY STOP] 急停开关。按机床操作面板上的电源红色开关按钮，关掉系统电源。

② 机床断电（拉下电箱上的总电源开关）。

③ 断开机床电源（拉下电源开关）。

④ 断开气源压力开关。

2. 机床回参考点

(1) 机床回参考点的注意事项

1) 不是每次回参考点都能顺利实现，当系统报警显示不能回参考点时，应先解除报警故障，再重新进行回参考点操作。

2) 回参考点前需将参数“51”门控制开关（安全锁）设置为状态“ON”。

3) 为保证安全，应先保证 *Z* 轴先回参考点。

(2) 机床回参考点操作步骤　每次开机后必须首先执行回参考点再进行其他操作！

首先进入机床显示 [SETTNG] 用户设置功能，修改设置“51”为状态“ON”，然后再执行机床回参考点。机床回参考点操作步骤如下。

方法一：

① 在模式键区，按 [ZERO/RET]，进入回零模式。屏幕显示如图 1-2-23 所示。

② 方式一：按 [ALL AXES] 键，自动 *Z* 轴先回参考点，再 *X* 轴、*Y* 轴同时回参考点。

③ 方式二：按字母键区里的 [X]/[Y]/[Z]/[A] 键。按 [SINGL AXIS] 键，则单轴回所选择轴的参考点。

④ 方式三：按 [HOME G28] 键，*X*、*Y*、*Z* 三轴同时回参考点。此种方法必须注意刀具要事先移动到工件上方，否则容易发生撞刀。

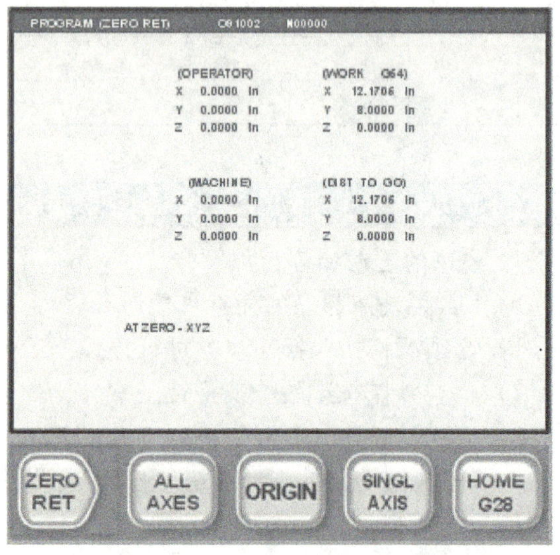

图 1-2-23　机床回参考点时的屏幕显示

方法二（仅可用于加工中心）：

① 按 [RESET] 键。

② 按 [POWER UP/RESTART] 键，带刀库回参考点（此操作与设置“81”有关。当设置“81”置“1”时，如果设置“81”中包含的换刀装置不是当前主轴中的刀具，圆盘传送装置将旋转到 1 号刀库，然后到设置“81”规定的刀具所在的刀库中，执行将规定的刀具装载到主轴中）。

3. 主轴的起动和停止

(1) 主轴起动的注意事项

1) 主轴起动时，旋转的刀具可能造成严重的人身伤害，因此主轴起动前一定确保机床防护门已关闭。禁止在主轴起动后，操作人员身体的任何部位进入机床。

2）手动起动主轴必须事先在主轴转速功能字 S 中写入转速值。

图 1-2-24　MDI 模式键

（2）主轴起动和停止的操作步骤

1）如图 1-2-24 所示，按模式键［MDI］进入手动数字输入模式。

2）键入“M03 S800”后，按面板右下角［WRITE/ENTER］键。

3）在优先功能区，按［CW］键，如图 1-2-25 所示，主轴正转。

4）按［CCW］键，主轴反转。

5）按［10 SPINDLE］键将当前的主轴转速加快 10%，按［-10 SPINDLE］键将当前的主轴转速减慢 10%。

6）按［STOP］键，主轴停转。

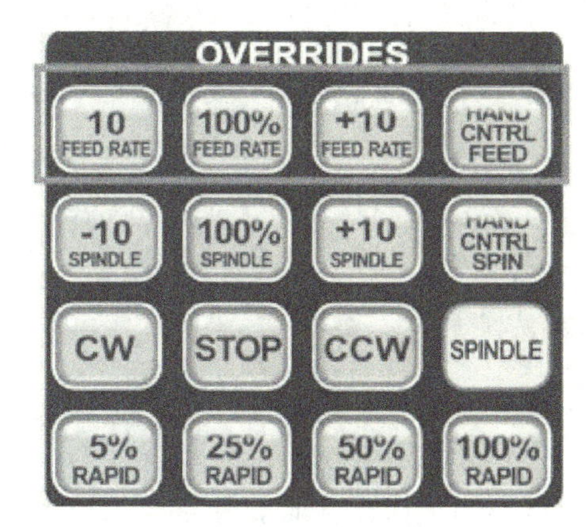

图 1-2-25　倍率键

4. 手动进给

（1）用手轮移动坐标轴　在数控铣床对刀时，一般都用手轮来移动刀具接近工件。切记 Z 向移动刀具主轴时，一定要注意正负方向，避免发生撞刀事故。用手轮移动坐标轴的步骤如下。

1）机床回参考点。

2）按［HAND-JOG］键，进入手动进给模式。

3）在手动进给模式键区，按［.0001/.1］、［.001/1.］、［.01/10.］、［.1/100.］键，如图 1-2-26 所示，选择进给倍率，可控制手轮移动的最小距离。按键中第一个数字（首数字），当铣床在英寸模式时，表示相应的量值为手轮每一格所代表的值；当铣床在毫米模式时，表示的进给量值变成它的十倍（如：.0001 就成了 0.001mm）。第二个数字（底数字）表示在空转模式下的进给速度和轴运动。设置“163”可使［.1］的最高进给速度无效。如果选择了最高的进给速度，将自动选择较低的速度代替。

图 1-2-26　手动进给模式按键

4）在进给键区，按方向按键［+X］、［-X］、［+Y］、［-Y］、［+Z］或［-Z］键，选择进给方向轴，如图 1-2-27 所示。

5）顺时针转动手轮，移动工作台，使刀具主轴相对于工作台沿 X/Y 轴正向移动至中间位置，或主轴沿 Z 轴正向抬高，屏幕显示如图 1-2-28 所示。

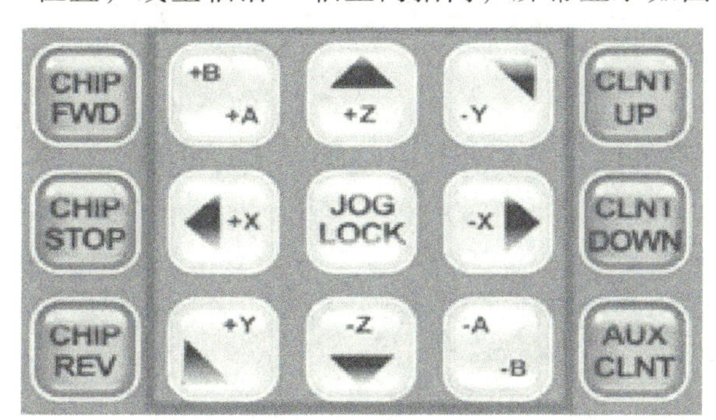

图 1-2-27　进给键

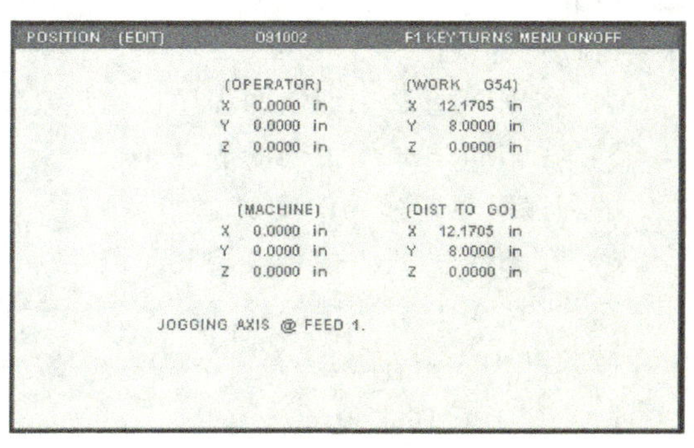

图 1-2-28　手动进给时的屏幕

6）逆时针转动手轮，移动工作台，使刀具主轴相对于工作台沿 X/Y 轴负向移动至中间位置，或主轴沿 Z 轴负向降低。

（2）按键点动

1）步骤同上面手轮移动。按［HAND JOG］键，进入手动进给模式。

2）在手动进给模式键区，按［.0001/.1］、［.001/1.］、［.01/10.］、［.1/100.］键，选择进给倍率。

3）按方向按键［+X］，刀具相对工作台向右沿 X 轴正向移动，即工作台左移。按［-X］键，刀具相对工作台向左沿 X 轴负向移动，即工作台右移。

4）按［+Y］键，刀具相对工作台向后沿 Y 轴正向移动，即工作台外移。按［-Y］键，刀具相对工作台向前沿 Y 轴负向移动，即工作台内移。

5）按［+Z］键，刀具主轴相对工作台向上沿 Z 轴正向移动。按［-Z］键，刀具主轴相对工作台向下沿 Z 轴负向移动。

（3）手动连续进给

1）按［HAND JOG］键，进入手动进给模式。

2）在进给键区，按中间的［JOG LOCK］键，锁住手轮和点动方式。

3）根据所需要的进给方向（同上面点动进给方向选择），在进给键区，直接按方向键［+X］、［-X］、［+Y］、［-Y］、［+Z］或［-Z］，可连续自动移动工作台或主轴。此时必须特别注意 Z 轴的进给方向，否则极易发生撞刀！

5. MDI 操作

（1）MDI 操作说明

1）在 MDI 方式中，编辑的程序格式和通常程序一样。MDI 方式适用于简单的测试操作。

2）在 MDI 方式中编制的程序可以按如下方式被删除：

① 按编辑区［DELETE］键，如图 1-2-29 所示，删除光标所在的字。

② 按程序管理区［ERASE PROG］键，删除 MDI 中程序的全部内容。

图 1-2-29　EDIT 编辑区按键

3）在 MDI 运行停止期间执行了编辑操作后，会从当前的光标位置处重新启动程序运行。当设置“36”置“ON”时，从一个除了起始点外的其他点上重新启动程序。在光标指定的段开始程序之前，控制器将扫描整个程序，确定刀具、补偿值、G 和 M 代码，并确定轴定位设置准确。

4）在 MDI 方式中编制的程序被存储在临时存储器中。

5）在 MDI 方式中编制的程序可以调用指定的子程序（M98）。这就是说，存储到存储器中的程序可以通过 MDI 方式进行调用并被执行。

6）在 MDI 方式中也可以编制、调用并执行宏程序。

7）当在 MDI 方式中编制了一个程序后就会用到临时存储器中的一块空的区域。如果程序存储器已满，则在 MDI 方式中就不能编制任何程序。

（2）MDI 操作步骤

1）按［MDI DNC］按键，进入 MDI 模式，屏幕显示如图 1-2-30 所示。

2）用通常的程序编辑操作编制一个要执行的程序。

3）要完全删除在 MDI 方式中编制的程序，需使用程序管理区的［ERASE PROG］键，如图 1-2-31 所示。

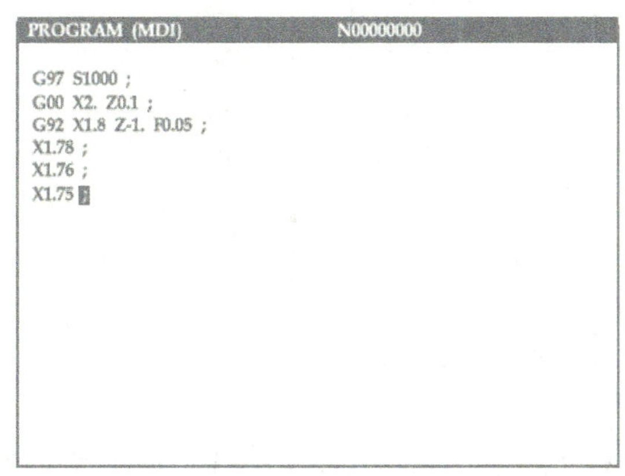

图 1-2-30 MDI 操作时的屏幕

图 1-2-31 程序管理区按键

4）要执行程序，需将光标移动到程序头（也可从中间点启动执行）。按下操作面板上按钮区的［CYCLE START］循环启动按钮，程序启动运行。

5）要在中途停止 MDI 操作，按下操作面板上按钮区的［FEED HOLD］进给保持按钮。机床响应如下：

① 当机床在运动时，进给运动减速并停止。

② 当执行 M、S 或 T 指令时，程序在 M、S 和 T 执行完毕后运行停止。

当再次按下控制面板上的［CYCLE START］循环启动按钮时，机床的运行重新启动。

6）要结束 MDI 操作，按下控制面板上键盘区的［RESET］键，运行结束，并进入复位状态。当在机床运行中执行了复位命令后，运动会减速并停止。

（3）MDI 程序转换成编号程序

1）将光标放到程序的起始端，或者按［HOME］键，如图 1-2-32 所示。

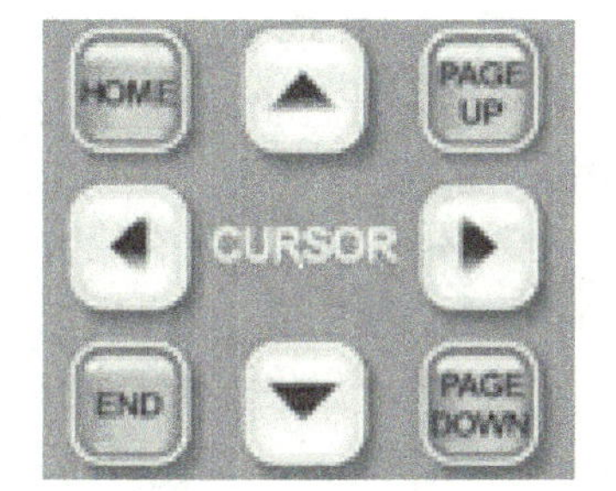

图 1-2-32 光标键

2）输入程序的名字（程序需要以“Onnnnn”格式命名，在字母“O”后面是五位数字，如图 1-2-33 中输入“O12345”）。

3）按下［ALTER］键保存程序，将这个程序放到程序列表中，清除 MDI。再次用到这个程序的时候，按［LIST PROG］键选择它。

6. 程序的编辑和管理

（1）程序的选择 使用系统控制面板选择已有程序的步骤如下：

1）按［LIST PROG］键，进入程序管理模式，如图 1-2-34 所示，屏幕会显示当前存储的程序。

```
PROGRAM (MDI)        O91002    N00000

G01 Z-0.0337 F7. ;
G01 X-0.5687 Y-0.9857 ;
G01 X-0.2275 ;
G01 X0.1314 Y0.2275 ;
G01 X-0.2275 ;
G01 X0.1314 Y0.2275 ;
G01 X-0.7835 ;
G01 X0.1314 Y0.2275 ;
G01 X0.7226 ;
G01 X-0.5687 Y-0.9857 ;
G01 X-0.2275 ;
G01 X0.1314 Y0.2275 ;
G01 X-0.7835 ;
G01 X0.1314 Y0.2275 ;
G01 X0.7835 ;
G01 X0.3058 Y0.5308 ;
G01 X0.2275 ;
G03 X0.2475 Y0.5508 R0.02 ;

O12345
```

图 1-2-33　MDI 程序转换为存储程序

```
PROGRAM (LIST PROG)        O91002    N00000

O00000
O00001  (I.D. Thread Milling)
O00002  (I.D. Thread Milling #2)
O00022  (Program – VQC)
O00123  (Mill HMC2)
O01234  (G150 SUB PGM)
O08888  (Clipboard)
O08999  (DIR LIST)
O09000  (xyz Probe)
O09023  (REN EASYSET)
O09123  (NC PROID)
O09721  (REN X DIAM)
O09722  (REN Y DIAM)
O09723  (REN ACT OFFSET)
O09724  (SETTING)
*O09728  (Bado meas -2t)
80 PROGRAMS 87% FREE (881084 BYTES)
ALL TO SEND, RECV, ERASE F1 TO DUP PROG
F2 DISK WR, F3 DISK RD, F4 DIR RD
```

图 1-2-34　程序列表屏幕

2）左侧带“＊”的为当前被选中的程序，如图 1-2-34 中程序“O09728”。

3）键入要编辑的程序名“Onnnnn”，按［WRITE/ENTER］键或［SELECT PROG］键，该程序名会高亮显示，且“＊”号移到其左侧。程序选择成功。

4）或者移动光标到所需编辑的程序名，方式有：

① 使用 CURSOR 箭头▼或▲，如图 1-2-32 所示，移动光标。

② 转动手轮，移动光标。

③ 按［HOME］键，移动光标到顶端程序。

④ 按［END］键，移动光标到末端程序。

5）需编辑的程序名高亮显示后，按［SELECT PROG］键，移动“＊”到其左侧，表示该程序被选择。

6）按［EDIT］键编辑该程序，屏幕显示如图 1-2-35 所示。

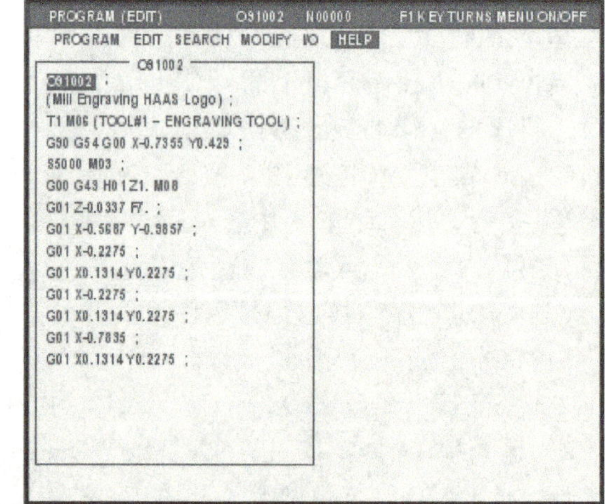

图 1-2-35　编辑程序的屏幕显示

（2）程序的创建　创建一个新程序的步骤如下：

1）同上，按［LIST PROG］键，进入程序列表模式。屏幕显示当前存储的程序。

2）键入需要创建的程序名“Onnnnn”，按［WRITE/ENTER］键或［SELECT PROG］键。新程序会增加进程序列表中，且该程序名会高亮显示，“＊”号移到其左侧。

3）按［EDIT］键，进入新程序的编辑模式。屏幕显示程序名称和程序段结束符号“;”，如图 1-2-36 所示。这时若关掉机床，已创建的程序将被存储。

如果创建的最大程序编码（500）已经存在存储器中，将在屏幕上显示“DIR FULL”信息，不能够创建程序。

（3）程序的编辑　程序编辑区的按键如图 1-2-29 所示，包括插入、修改、删除和字的替换。编辑还包括删除整个程序。扩展程序编辑功能包括括号、移动和合并程序，此外，还包括程序号检索、顺序号检索、字检索、地址检索等，这是在程序编辑之前必要的操作。

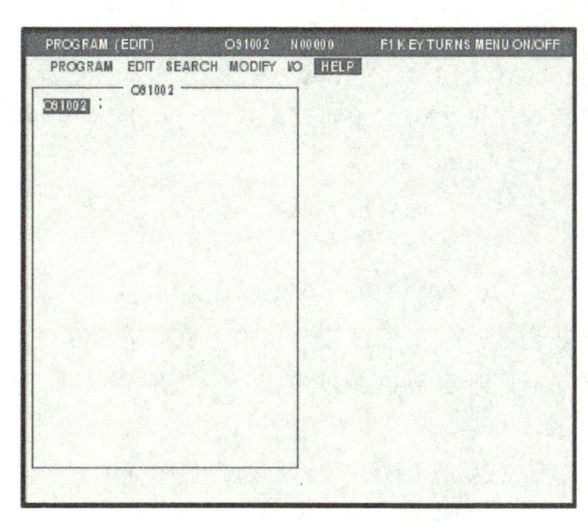

图 1-2-36　编辑新程序的屏幕显示

1）字的插入、替换和删除。对已经输入到内存中的程序进行字的插入、替换和删除的步骤如下：

① 同上程序的选择或创建的操作，选择要进行编辑的程序。

② 按［EDIT］键，进入程序编辑模式。

③ 转动手轮或用 CURSOR 箭头，将光标移动到需要编辑的程序字。

④ 字的插入。键入将要插入的程序字，按下［INSERT］键，将该程序字插入到光标位置的后面，如图 1-2-37 所示。

⑤ 字的替换。键入将要替换的程序字，按下［ALTER］键，将光标位置的程序字替换，如图 1-2-38 所示。

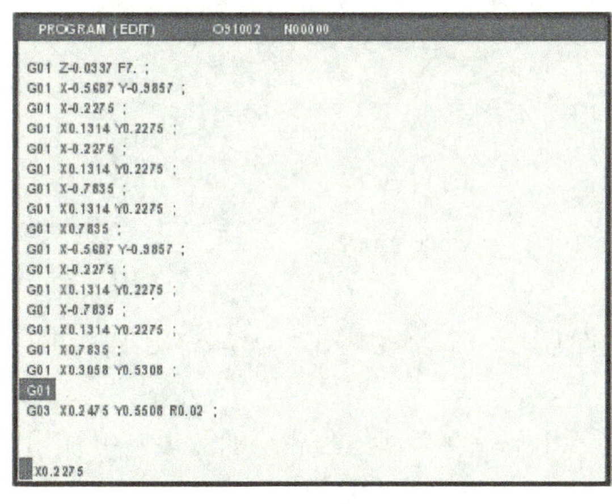

图 1-2-37　插入

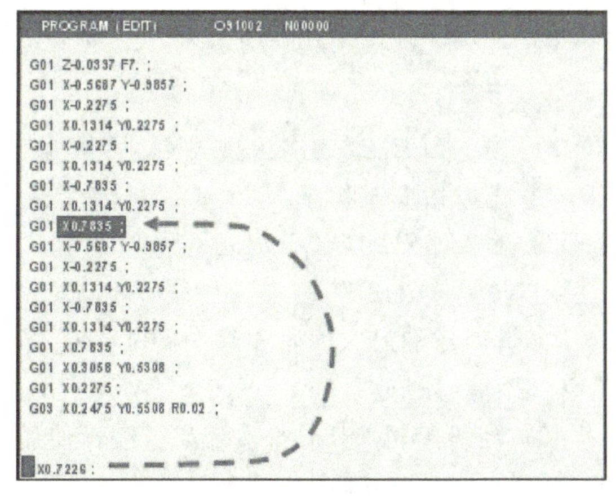

图 1-2-38　程序字替换

⑥ 字的删除。移动光标到需要删除的程序字，按下［DELETE］键，删除程序字，如图 1-2-39 所示。

2）撤销修改。编辑键区中按［UNDO］键，可以撤销最近的编辑。最多只能撤销前 9 次的编辑。

3）程序号、程序段号、程序字等的检索。在 MDI，EDIT 或 MEM 模式下，向上和向下光标键能够用来查找特殊代码或文本的程序。

① 按［LIST PROG］键，显示程序列表。

② 在数据输入行键入程序号“Onnnnn”，按向上或向下光标。向上光标键是从后往前查找，向下光标键是从前往后查找。

③ 按［EDIT］键，进入程序编辑模式。

④ 在数据输入行键入需要检索的程序段号或程序字字符（例如“G40”），按向上和向下光标。

注意：若没有检索到相关内容，则会显示报警。

4）程序的删除。存储到内存中的程序可以被删除，一个程序或者所有的程序都可以被删除。同时也可以通过指定一个范围删除多个程序。

① 按下［LIST PROG］键，显示程序列表。

② 光标移动选中程序编号或输入程序编号。

③ 按下［ERASE PROG］键，删除该程序。

```
PROGRAM (EDIT)          O31002   N00000

G01 Z-0.0337 F7. ;
G01 X-0.5687 Y-0.3857 ;
G01 X-0.2275 ;
G01 X0.1314 Y0.2275 ;
G01 X-0.2275 ;
G01 X0.1314 Y0.2275 ;
G01 X-0.7835 ;
G01 X0.1314 Y0.2275 ;
G01 X0.7835 ;
G01 X-0.5687 Y-0.3857 ;
G01 X-0.2275 ;
G01 X0.1314 Y0.2275 ;
G01 X-0.7835 ;
G01 X0.1314 Y0.2275 ;
G01 X0.7835 ;
G01 X0.3058 Y0.5308 ;
G01 X0.2275
G03 X0.2475 Y0.5508 R0.02 ;
```

图 1-2-39 删除

④ 选中列表中的所有程序或部分程序，按下［ERASE PROG］键，将删除所有程序。

注意：重要的程序 O02020（主轴预热），O09997，O09999（可见快速代码）不可删除，需要保存。

5）程序的重命名。创建程序后，程序的重命名有两种方法。

方法一：

按［EDIT］键，在程序的第一行按下［ALTER］键，重新命名程序编码（Onnnnn）。

方法二：

① 按［LIST PROG］键，进入程序列表。

② 光标指向该程序。

③ 输入字母“O”以及五位数字的程序新编号，例如“O12345”。

④ 按［ALTER］键。

如果创建的最大编码程序（500）已经存在存储器中，将在屏幕上显示“DIR FULL”信息，不能够创建程序。

6）高级编辑。HAAS 系统高级编辑使用户能够用下拉菜单编辑程序，如图 1-2-40 所示。屏幕中各显示代号或菜单的含义见表 1-2-5。

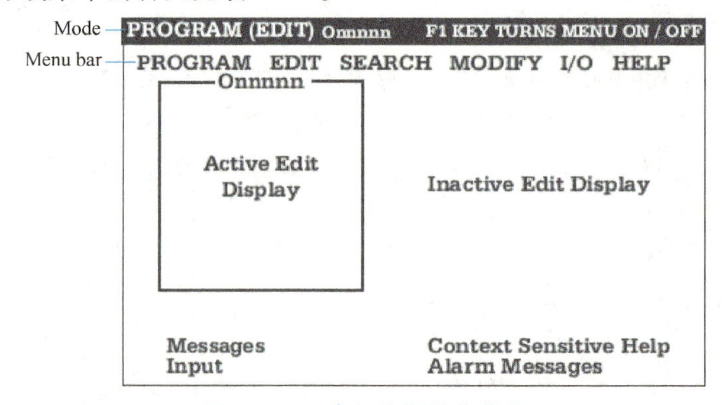

图 1-2-40 高级编辑屏幕菜单

表 1-2-5　高级编辑屏幕显示含义

显示代号或菜单	含义	显示代号或菜单	含义
Mode	模式	HELP	帮助
Menu bar	菜单栏	Active Edit Display	激活编辑显示
F1 KEY TURNS MENU ON/OFF	F1 键开启/关闭菜单	Inactive Edit Display	非激活编辑显示
PROGRAM	编程	Messages Input	信息输入
EDIT	编辑	Alarm Messages	报警信息
SEARCH	查找	Context Sensitive Help	上下文相关的帮助
MODIFY	修改	—	—

按 EDIT 键进入 Advanced Editor（高级编辑）界面。多次按下显示键区［PRGRM/CONVRS］键，可以在 Advanced Editor（高级编辑），Standard Editor（标准编辑）和 Quick Code（快速代码）界面之间转换。

高级编辑下，按 F1 键进入 Menu bar 下拉式菜单栏，如图 1-2-40 所示。当菜单上一个项目变亮时，按 F1 键激活 Context Sensitive Help 帮助，可看到有关简要说明。［UNDO］键用于退出下拉式菜单系统。［RESET］键也有这个作用，但应优先采用［UNDO］键。各下拉菜单可选功能如下：

① PROGRAM 编程菜单。编程菜单选项功能有：

a. 创建新程序。此菜单项可创建新程序。

输入程序名（Onnnnn）（必须在程序目录中不存在才可以），然后按下［ENTER］键创建程序。

b. 从列表中选择程序。选择这个菜单项可编辑已经存在的程序。

当选择这个菜单项的时，将出现控制器中的程序。用［CURSOR］键或 HANDLE 手轮从列表中滚动选择。按［ENTER］或［SELECT PROG］键将选中的程序替代列表中选择的程序。

c. 复制选中的程序。这个菜单项将复制当前程序。

本选项通过复制当前程序并按要求将其重新命名来建立一个新程序，且这一程序将被激活。用户可输入一个有效的程序编号（Onnnnn）为复制的程序名称，然后按［WRITE ENTER］键。

d. 从列表中删除程序。这个菜单项的功能是从列表中删除程序。

此菜单项将会列出程序列表，其结束处有一个“ALL”。

删除一个程序时，可将光标移至该程序编号处，按［DELETE］键。对删除操作将有一个要求确认的提示，输入“Y”时将删除变亮的程序。删除一个程序后，程序表将再次出现。

如需删除全部程序，可将光标移至“ALL”处并按［DELETE］键。通过输入“Y”来确认删除全部程序。全部程序删除后，将建立 O00000 号程序并使其激活。

程序的大小及占用的存储量将在屏幕底部显示。

［ERASE PROG］是这一选项的即时键。

e. 左右边切换。切换两个程序，使激活的程序成为非激活的，非激活的程序成为激活的。编程菜单下只能显示两个程序，一个在左、一个在右。在选中并建立第二个程序时采用非激活显示。

［EDIT］是这一菜单选项的即时键。

在［MEM］模式和［PRGRM］显示下运行程序时，按［F4］键进入程序浏览。程序浏览允许用户单击浏览显示屏右边的激活程序，也可以浏览显示屏左边的正在运行的同一程序。

② EDIT 编辑菜单。编辑菜单下选项功能有：

a. 撤销。撤销上次的操作，最多可撤销前九次的操作。

b. 选择文本。这个菜单项将选择程序代码中的行，设置文本选择的开始点，屏幕显示如图 1-2-41 所示。用［CURSOR］键或［HANDLE］手轮滚动到代码的最后一行选择，按 F2 或［WRITE/ENTER］键选中文本，屏幕显示如图 1-2-42 所示。

撤销选择，按编辑模式中的［UNDO］键。

```
PROGRAM (EDIT)      O91002    N00000

G01 Z-0.0337 F7. ;
G01 X-0.5687 Y-0.9857 ;
G01 X-0.2275 ;
G01 X0.1314 Y0.2275 ;
G01 X-0.2275 ;
G01 X0.1314 Y0.2275 ;
>G01 X-0.7835 ;
G01 X0.1314 Y0.2275 ;
G01 X0.7835 ;
G01 X-0.5687 Y-0.9857 ;
G01 X-0.2275 ;
G01 X0.1314 Y0.2275 ;
G01 X-0.7835 ;
G01 X0.1314 Y0.2275 ;
G01 X0.7835 ;
G01 X0.3058 Y0.5308 ;
G01 X0.2275
G03 X0.2475 Y0.5508 R0.02 ;
```

图 1-2-41　高级编辑选择文本的开始点

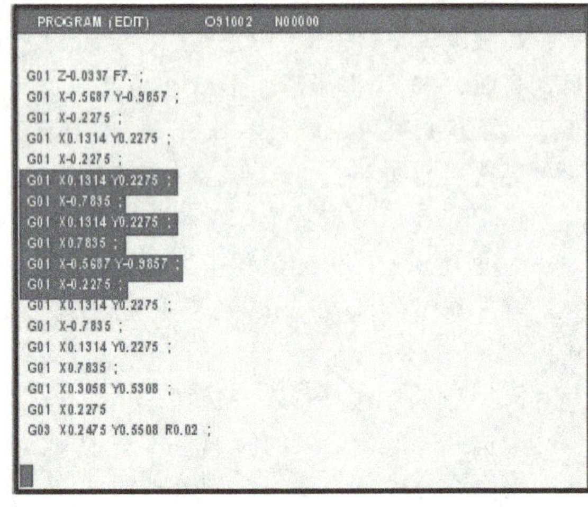

图 1-2-42　高级编辑选择文本

c. 移动选择文本。这个选项与“Select Text”选择文本功能一起工作。滚动光标到所希望选择的代码部分，按［WRITE/ENTER］键移动选择的文本到新位置。选择的文本将会移动到光标（>）后面，如图 1-2-41 所示。

d. 复制选择文本。滚动光标（>）到所要复制的文本部分，按［WRITE/ENTER］键，需要复制的文本将被选中。滚动光标到需要嵌入到复制文本的位置，按 F2 或［WRITE/ENTER］键，即将复制的文本粘贴到光标的后面。

e. 删除选择文本。滚动光标到所需要选择文本的部分，按［WRITE/ENTER］键选择文本，文本将被选中。一旦选中文本，按［WRITE/ENTER］键删除文本。如果没有选择块，当前选中的文本被删除。

f. 剪切选择的程序到剪贴板上。通过剪贴板，所有选择的程序都可以从当前的程序移动到新程序中。原文档中的程序和以前在剪贴板上的内容将会被删除。

g. 复制选择的程序到剪贴板。通过剪贴板，所有选择的程序都可以从当前的程序被复制到新程序中。原文档中的程序保留，以前在剪贴板上的内容将会被删除。

h. 从剪贴板中粘贴。可以将剪贴板中的内容复制到当前光标后面的当前程序中。

③ SEARCH 查找菜单。

a. 查找文本。这个菜单项将会在当前程序中查找文本或程序代码。

b. 再次查找。这个菜单项将会再次查找相同的文本或程序代码。

c. 查找和置换文本。这个菜单项将会查找当前程序中的特定文本或程序，并有选择地用 G 代码代替每一项（或者所有项）。

④ MODIFY 修改菜单。

a. 移除所有的行号。这个菜单项将会从编辑程序中自动地移除所有未引用的 N 码（行号）。如果选择了一组行，只能在这些行中生效。

b. 重新编号所有行。这个菜单项将会对所有选择的块重新编号。如果选择了一组行，只能在这些行中生效。当选定这一菜单项时将出现以下提示：

"输入起始 N 码行号"：键入起始 N 码行号，然后按［WRITE/ENTER］键来输入。

"输入 N 码增量"：键入希望的相邻 N 码的差值，然后按［WRITE/ENTER］键输入。

"定义的块外是否执行（Y/N）"：只有在执行这一菜单项之前已定义过一个程序块的情况下才会出现这一提示。输入'Y'（是）时，则使块外 G 代码项按块内的要求范围（例如 GOTO）改变为正确的新的 N 码符号。如果输入'N'，则块外 G 代码项不做改变。

c. 按刀具重新编号。按 T 代码来搜索选定的或全部文本，以 T 代码分组对程序段重新编号。当选定这一菜单项时会出现以下提示：

"输入起始点 N 码行号"：当找到一个 T 代码时将出现这一提示。以此处输入的 N 码开始重新编号，直到找到下一个 T 代码为止。

"输入 N 码增量"：按此处输入量为增量对程序段进行编号。

d. 取反+和-号。这个菜单项将改变数值的正负号。如果选定了一个程序块，则仅在块内的程序段受到影响。当选定这一菜单项时会出现以下提示：

"输入欲改变的地址码"：输入有效的地址码（例如"X""Y""Z"等），其相应的数值将反号。可按任意次序输入，重复号将被忽略。

进行这个操作的时候，需要注意程序中是否包含有 G10 或 G92 代码。

e. "X"与"Y"互换。这个菜单将程序中 X 地址代码转化为 Y 地址代码，或者将 Y 地址代码转化为 X 地址代码。如果选定了程序块，则仅在块内的程序受到影响。

⑤ I/O 通信菜单。

a. 从 RS-232 端口发送。这个菜单项将发送程序到 RS-232 端口。当选中这个菜单项时，将显示程序列表。

用光标选中程序编号，按［INSERT］键选择程序。在程序前将会显示一个选中的区域，表示它被选中。再一次按［INSERT］键取消选择。

［DELETE］键可以用来取消所有的选择程序。

按［WRITE/ENTER］键，发送选择的程序。如果超过一个程序或者是选择"All"，将把以"%"开始，以"%"结尾的中间数据传出。

b. 从 RS-232 端口接收。这个菜单项将从 RS-232 端口接收程序。

用这个菜单项前，在程序列表中"ALL"必须是首先被选中的。

注意：每一次文件传送后，在［LIST PROG］屏幕上"ALL"必须被再次选中。

c. 发送到磁盘。这个菜单项的功能是将程序发送到磁盘上。当选择这个菜单项时，将显示程序列表。

用光标选中程序编号，按［INSERT］键选中程序（或者输入文件名“Onnnnn”，按［WRITE/ENTER］键）。在程序前将出现一个选中的区域表示选中程序。再一次按［INSERT］键取消选择。

［DELETE］键可以用来取消所有的选择程序。

d. 从磁盘中接收。这个菜单项将从磁盘中接收程序。

输入从磁盘中接收的文件名（例如“JOB5. NC”或“Onnnnn”）按［WRITE/ENTER］键。

e. 磁盘路径。这个菜单项将显示磁盘路径。按CURSOR向上和向下箭头或用HANDLE手轮在目录中选择程序，按［WRITE/ENTER］键下载程序。

⑥ HELP帮助菜单。当访问该菜单时，将显示帮助信息。

帮助菜单对编辑功能和它的特征做了简短的描述。用向上和向下箭头或HANDLE手轮控制菜单，［PAGE UP］、［PAGE DOWN］、［HOME］和［END］键用来在帮助菜单中滚动。

此外，在选中一个菜单选项按F1键时，同样会显示帮助。再次按下F1键将离开帮助。按［UNDO］键将返回到现行程序。

7）后台编辑。当执行一个程序时利用BACKGROUND编辑另一个程序称为后台编辑。后台编辑通过参数“57”的设置起作用或不起作用。

后台编辑的操作步骤：

① 按存储模式［MEM］键。

② 按［PROGRM/GONVRS］键。

③ 键入欲编辑的程序号“Onnnnn”，再按F4键进入。

在程序运行的时候也可以编辑，但是只有在程序以M30结束或RESET时，对运行程序的编辑才生效。

7. 图形模拟

在图形模式下运行程序，是对所编辑的程序进行图形模拟试运行，而无须移动坐标轴，也不会发生因为程序错误而造成的刀具损坏。图形模拟可以在运行机床前对所有的工件偏置、刀具补偿和行程限制进行检查，大大降低了在调试过程中的撞刀危险。

以图形来运行程序必须加载程序，且控制器必须处于MEM或MDI模式下。

图形模拟的步骤如下：

1）按［LIST PROG］键，显示程序列表。

2）移动光标，按［WRITE ENTER］键，选择程序。

3）按［MEM］键，进入程序存储模式。

4）在显示键区，如图1-2-43所示，按［SETNG/GRAPH］键两次选择图形模式。

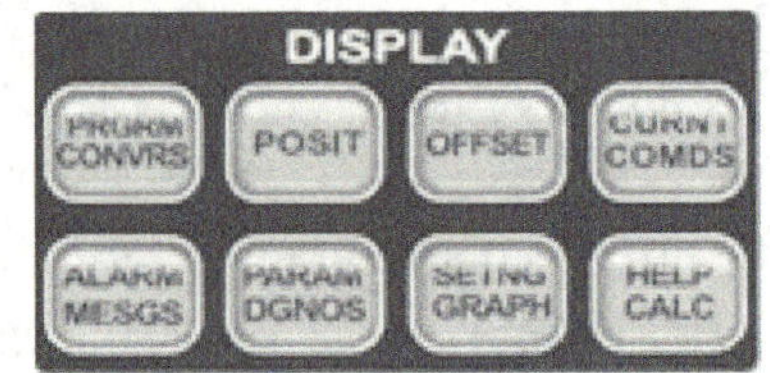

图1-2-43　显示键区

5）按［CYCLE START］键，开始模拟。

6）按［F2］键图形模拟显示原始图形尺寸，按［F3］键显示坐标，按［F4］键显示程序。图形显示中，屏幕分为以下几个区，如图1-2-44所示。

① 键帮助区。最上面第一行的右边是功能键帮助区域，显示目前可用的功能键及其简

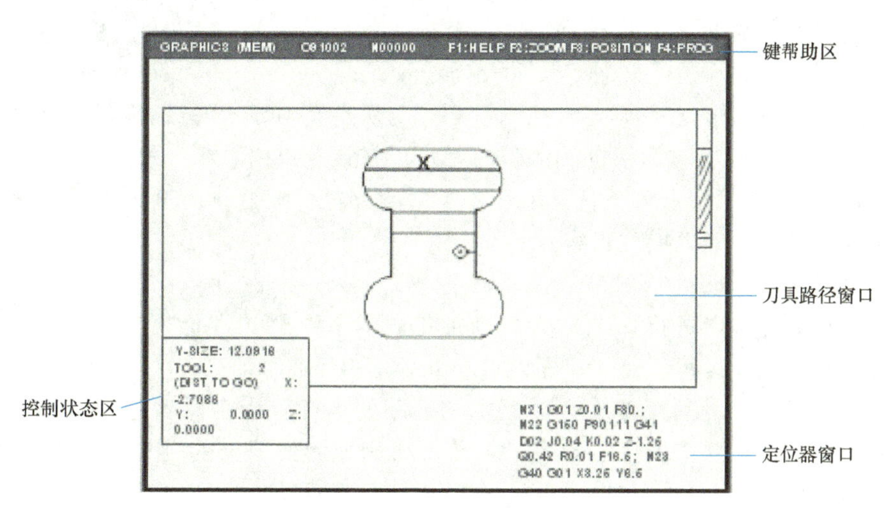

图 1-2-44 程序模拟窗口（一）

要介绍。

② 定位器窗口。屏幕的右下方有两个模式：显示整个工作台区域，指示刀具在模拟操作中目前所在的位置；或是显示正在执行的四行程序。可用 F4 键在两者间切换。

③ 刀具路径窗口。显示屏的中心是以一个放大窗口，显示 *X-Y* 轴的俯视图。该位置显示对程序进行图形模拟的刀具路径。快速移动以虚线表示，进给运动以细连线表示。**注意：**快速移动路径可用设置“4”禁用。进行钻孔固定循环的位置能够以×标出。**注意：**钻孔标志可用设置“5”禁用。

④ 刀具路径窗口缩放。刀具路径窗口可以按比例缩放。程序运行后，可按 F2 键缩放刀具路径。应用［PAGE DOWN］键和箭头键选择想要放大的刀具路径部位，按 F2 键将在刀具路径窗口内出现一个长方形（比例缩放窗口）显示扩大的区域。**注意：**帮助区域将闪烁，表示用户在对视图进行重新调节。定位器窗口（右下角的小视窗）总是显示整个台面，如图 1-2-45 所示，并大致显示刀具路径窗口被缩放到的位置。［PAGE UP］键可使长方形窗口回退到前一次缩放。在确定比例窗口大小和/或移动位置后，按［WRITE/ENTER］键完成缩放操作，重新调节刀具路径窗口。

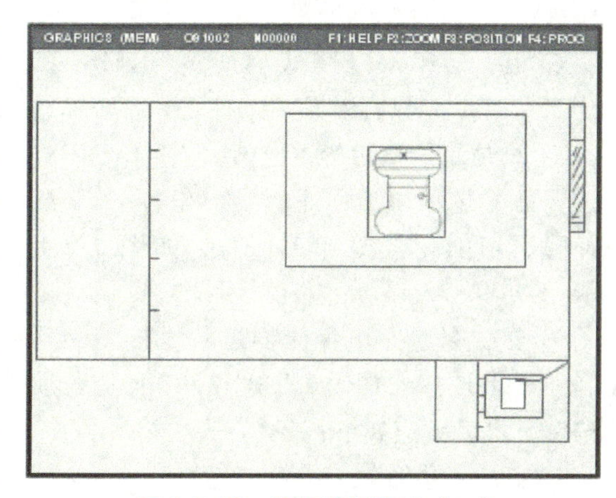

图 1-2-45 程序模拟窗口（二）

对刀具路径窗口进行重新调节后，刀具路径窗口被清除，必须重新运行程序才能看到刀具路径。

刀具路径窗口的比例和位置保存在设置“65”~“68”里。可以退出图形模式进行程序编辑，等回到图形模式，以前的缩放比例仍然有效。按下［F2］和［HOME］键将扩展刀具路径窗口到整个屏幕。

⑤ *Z* 轴工件零线。在该功能中，图形屏幕右上角 *Z* 轴上的一条水平线表示当前 *Z* 轴工

件偏置加上当前刀具的长度。程序运行时，阴影部分指示 Z 轴运动的深度。用户可以看到在程序运行过程中刀尖与零件 Z 轴零点的相对位置。

⑥ 控制状态。屏幕的左下方显示控制状态，与所有其他显示的最后四行一样。

⑦ 轴位置窗口。所有被激活的轴的位置都可以在该窗口内看到。按 F3 键打开窗口，再按几次 F3 键或按向上、向下箭头将显示几种不同的位置。该窗口还显示刀具路径窗口的当前缩放比例，以及当前的模拟刀具编号。

8. 自动加工

用程序运行数控机床进行加工称为自动加工。本节讲解“存储器运行”“DNC 运行”等自动运行方式。MDI 运行已经在前面讲过，此处不再重复。

（1）存储器运行　执行存储在存储器中的程序的运行称为存储器运行。程序事先存储到存储器中，当选择了这些程序中的一个并按下机床控制面板上的［CYCLE START］循环启动按钮后，即可自动运行。在自动运行中，机床控制面板上的［FEED HOLD］进给保持按钮被按下后，自动运行被临时中止。当再次按下［CYCLE START］循环启动按钮后，自动运行又重新进行。当控制面板上的功能键［RESET］键被按下后，自动运行被终止，并且进入复位状态。

1）存储器运行步骤。

① 在模式键区，按［LIST PROG］键，显示程序列表。

② 移动光标，按［WRITE ENTER］键或［SELECT PROG］键，选择程序。注意程序号前显示“＊”号为选中该程序。

③ 在模式键区按［MEM］键，进入存储器运行模式。

④ 在按钮区，按［CYCLE START］循环启动按钮，自动加工运行。

⑤ 在［MEM］模式区，按［SINGLE BLOCK］键，则执行单段加工。

⑥ 此时，按显示键区［CURNT COMDS］键，屏幕可显示加工程序、当前坐标、刀号、刀补号、切削用量等加工信息，如图 1-2-46 所示。

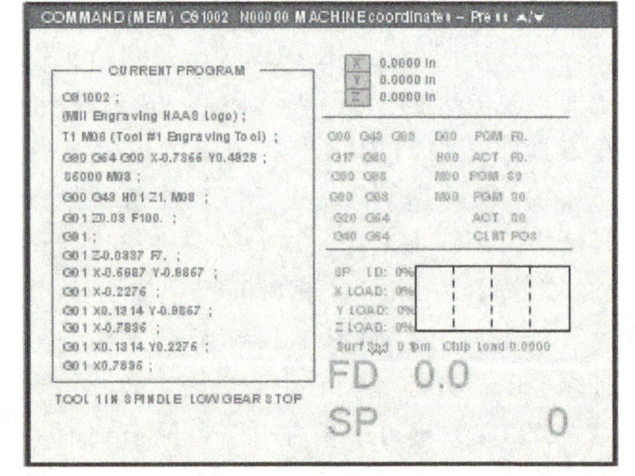

图 1-2-46　存储器运行

⑦ 要在中途停止存储器运行，按下机床控制面板上按钮区的［FEED HOLD］进给保持按钮。机床响应如下：

a. 当机床移动时，进给减速直到停止。

b. 当程序在抬刀状态时，抬刀状态中止。

c. 当执行 M、S 或 T 指令时，执行完毕后运行停止。

当在进给保持状态时，按下［CYCLE START］循环启动按钮机床会重新自动运行。

⑧ 要中途终止存储器运行，按下面板上功能键［RESET］，自动运行被终止，并进入复位状态。当在机床移动过程中执行复位操作时，机床会减速直到停止。

2）存储器运行注意事项。

① 停止和结束存储器运行。存储器运行可以用下列三种方法停止。

a. 指定一个停止命令。停止命令包括 M00（程序停止），M01（选择停止）和 M02 与 M30（程序结束）。

b. 按下控制面板上的［FEED HOLD］进给保持按钮或功能键［RESET］。

c. 紧急情况下，按下控制面板上的［EMERGENCY STOP］急停按钮。

② 程序停止 M00。存储器运行在执行包含有 M00 指令的程序段后停止。当程序停止后，所有存在的模态信息保持不变，与单段运行一样。按下［CYCLE START］循环启动按钮后，自动运行重新启动。

③ 选择停止 M01。与 M00 一样，存储器运行时，在执行含有 M01 指令的程序段后也会停止。这个代码仅在控制面板上的［OPTION STOP］选择停止键处于通的状态时有效。

④ 程序结束 M02，M30。当读到 M02 或者 M30（主程序结束）指令时，存储器运行结束并且进入复位状态。

⑤ 进给暂停。在存储器运行时，当控制面板上［FEED HOLD］进给保持按钮被按下时，机床会减速直到停止。

⑥ 复位。自动运行可以通过控制面板上的功能键［RESET］结束并且立即进入复位状态。当刀具移动时执行了复位操作后，运动会在减速后停止。

⑦ 急停。当出现紧急情况时，可按下［EMERGENCY STOP］急停按钮，这会切断机床电源，所有运动立即停止。

（2）DNC 运行　从输入/输出设备读入程序使系统运行称为 DNC 运行。

因无法手工编制复杂工件的加工程序，故需要用专门的 CAM 软件来编制。这类程序的程序段往往很多，会占用很大的存储空间。机床存储空间有限，当加工程序比较大时，需要自动传输加工。程序由计算机输出，经机床 RS-232 接口传入，控制机床加工动作（DNC 加工）。有些程序机床存储空间尽管可以容纳，但程序录入很不方便，也可以先使用传输软件将程序传入机床，然后执行自动加工（CNC 加工）。

计算机必须安装好传输软件，并设置好各种参数，同时机床方面也应该进行必要的设置。

下面是控制 RS-232 端口的设置：

11 Baud Rate（9600）

12 Parity（Even）

13 Stop Bits（1）

14 Synchronization Xon/Xoff

24 Leader to Punch（None）

25 EOB Pattern（CR LF）

37 Number Data Bits（7）

CNC 控制器设置与其他的计算机必须兼容。按［SETNG/GRAPH］键进入 SETTING 界面，滚动选择 RS-232 设置（或者输入“11”，按向下或向上箭头），改变 CNC 控制器中的设置。用向下或向上箭头选中设置，向右和向左箭头改变值。选中所需要的参数后按［WRITE ENTER］键。

1）CNC 加工。与 HAAS 控制器相连有许多不同的程序。比如在许多 Microsoft Windows 应用系统中装有 hyper terminal 程序。在“File”的下拉菜单中，选择“Properties”选项，然后按下“Configure”按钮，改变这个程序的设置。这将打开端口设置，改变这些可以与 CNC 控制器兼容。

CNC 程序传送步骤如下：

① 按下［LIST PROG］键，显示程序列表。

② 键入一个新程序编号“Onnnnn”。

③ 按下［RECV］键，接收传送。

④ 用 PC 机上的通信软件打开需要传送的程序，发送。控制器将接收所有的主程序和子程序，直到它接收到“%”表示输入的结束。从 PC 上输入到控制器中的所有程序以一个“%”开头，以一个“%”结束。

⑤ 程序将以输入的编号名保存。也可以选择一个已经存在的程序名字，由输入的程序代替它。

注意，当用“ALL”的时候，程序必须有 HAAS 定义的程序编号（Onnnnn）。

2）DNC 加工。直接数字化控制（DNC）是下载程序到控制器中的另一种方法。

直接数字化控制（DNC）能够运行从 RS-232 端口接收到的程序。它与 CNC 运行的不同点在于它对程序容量没有限制。控制器运行它接收的程序，这个程序没有保存到控制器中。

DNC 能够用参数“57”第 18 位和设置“55”开启。打开“57”参数位（1），开启设置“55”。推荐用 XMODEM 或 Parity 选择运行 DNC，因为在传输中出现的错误将会被删除，在没有碰撞的时候停止 DNC 程序。CNC 控制器与其他的计算机设置必须兼容。

按［SETNG GRAPH］键进入 Settings 页，滚动到 RS-232 设置（或输入“11”，按向上或向下箭头），改变 CNC 控制器中的设置。用向上或向下箭头选中变量，用向左和向右箭头改变值。当做出恰当的选择时按［ENTER］键。

为 DNC 推荐的 RS-232 设置如下：

11 Baude Rate Select（波特率选择）：19200

12 Parity Select（奇偶选择）：NONE（无）

13 Stop Bits（停止位）：1

14 Synchronization（同步）：XMODEM

37 RS-232 Date Bits（RS-232 数据位）：8

DNC 加工操作步骤。

① 在控制面板模式区按［MDI DNC］键两次进入 DNC 页“PROGRAME DNC”，选择 DNC 屏幕显示如图 1-2-47 所示。**注意**：至少要提供 8KB 的存储量，可以进入到显示程序列表界面，在这个页的底端检查内存。

程序	(DNC)	N00000000
等待		
DNC RS232		

图 1-2-47 DNC 等待

② 输入到控制器中的程序必须以一个“%”作为开端和结束。

③ 为 RS-232 选择（设置“11”）的传输速率必须足够快，足以跟上程序块的执行速度。如果速度太低，刀具可能停止切削。

④ 开始发送程序到控制器。

⑤ 一旦显示“DNC Prog Found（发现 DNC 程序）”信息，按下［CYCLE START］按钮。

DNC 加工注意事项如下：

① 程序在 DNC 模式下运行时，不能改变模式。因此，编辑特征例如 Background Edit 后台编辑将不能运行。

② DNC 支持 Drip Mode。控制器一次执行一个块（指令）。前面没有块的时候会迅速执行每个块。当调用 Cutter Compensation（刀具补偿）时例外。Cutter Compensation 在执行补偿块之前需要读取三块运动指令。

③ 可以在 DNC 中应用 G102 指令或用 DPRNT 输出轴坐标系到控制计算机中，可实现双向通信。

1.2.7 HAAS TM-1 数控铣床的操作步骤

在做好零件加工准备工作之后，就可以用数控铣床进行加工了。具体操作步骤如下：

1. 开机

数控铣床在开机前，应先进行机床的开机前检查。确认没有问题之后，先打开机床总电源，然后打开控制系统电源，在显示屏上应出现机床的初始位置坐标。检查控制面板上的各指示灯是否正常，各按钮、开关是否处于正确位置；检查显示屏上是否有报警显示，若有报警应及时予以处理；检查气动和液压装置的压力表是否在所要求的范围内。若一切正常，就可以进行下面的操作。

2. 回参考点

开机正常之后，机床应首先进行手动回参考点（回零）操作。回零前，首先进入机床显示区［SETNG］用户设置功能，修改设置“51”为状态“ON”，然后再进行机床回零。

3. 工件装夹

将机用虎钳安装在机床工作台上，并用百分表调整钳口与机床 X 轴的平行度误差，控制在 0.01mm 之内。将工件装夹在机用虎钳上，用百分表检查工件的上表面是否上翘。

4. 对刀及参数输入

1）装刀。将铣刀装夹在弹簧夹头刀柄上，根据工件轮廓高度确定铣刀在弹簧夹头刀柄上的伸出长度。

2）对刀并设定工件坐标系。

① X、Y 向对刀并输入工件坐标原点偏置参数。通过寻边器进行对刀操作得到 X、Y 向工件坐标原点偏置值，并输入到［OFFSET］工件坐标原点偏置（零偏）G54 中，如图 1-2-48 所示。

② Z 向对刀并输入刀具偏置参数。用高度对刀块对刀得到 Z 向刀具偏置值，并输入到 G54 中。**注意：**为避免撞刀，G54 中 Z 向偏置一般清零，不设值，而将刀具的 Z 向对刀尺寸设置到刀具长度补偿中。

5. 输入刀具补偿值

根据刀具的实际尺寸和位置，将刀具长度补偿值输入到刀具补偿中的地址 LENGTH，将刀具半径值输入到刀具补偿中的地址 RADIUS，如图 1-2-49 所示。

6. 编辑并调用程序

按下模式区的［EDIT］编辑键，进入加工程序编辑。在此状态下可通过手动数据输入方式输入机床，或通过 RS-232 接口将加工程序输入机床。编辑模式下可对程序进行编辑和修改，调用加工用的程序。

OFFSET (JOG) O61002 N0000

WORK ZERO OFFSET

G CODE	X	Y	Z	
G 52	0.	0.	0.	
G 54	-9.0000	0.	0.	
G 55	0.	0.	0.	
G 56	0.	0.	0.	
G 56	0.	0.	0.	
G 58	0.	0.	0.	
G 59	0.	0.	0.	
G154 P1	0.	0.	0.	(G110)
G154 P2	0.	0.	0.	(G111)
G154 P3	0.	0.	0.	(G112)
G154 P4	0.	0.	0.	(G113)
G154 P5	0.	0.	0.	(G114)
G154 P6	0.	0.	0.	(G115)
G154 P7	0.	0.	0.	(G116)
G154 P8	0.	0.	0.	(G116)

X POSITION: -9.0000 WRITE ADD/F1 SET/OFSET TOGGLE

JOGGING Z AXIS HANDLE .01

图 1-2-48 零偏的设置

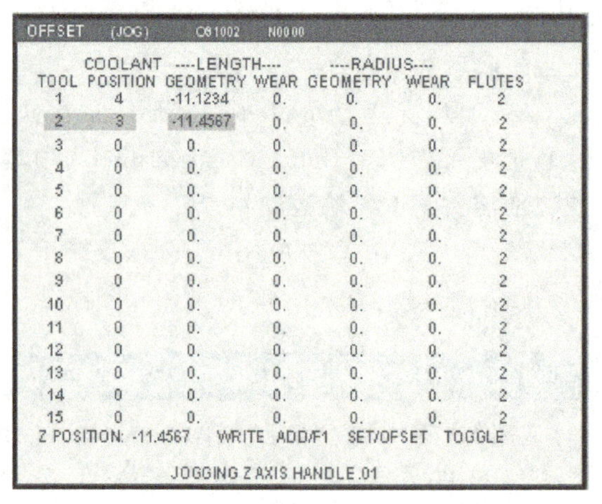
OFFSET (JOG) O61002 N0000

TOOL	COOLANT POSITION	----LENGTH---- GEOMETRY	WEAR	----RADIUS---- GEOMETRY	WEAR	FLUTES
1	4	-11.1234	0.	0.	0.	2
2	3	-11.4567	0.	0.	0.	2
3	0	0.	0.	0.	0.	2
4	0	0.	0.	0.	0.	2
5	0	0.	0.	0.	0.	2
6	0	0.	0.	0.	0.	2
7	0	0.	0.	0.	0.	2
8	0	0.	0.	0.	0.	2
9	0	0.	0.	0.	0.	2
10	0	0.	0.	0.	0.	2
11	0	0.	0.	0.	0.	2
12	0	0.	0.	0.	0.	2
13	0	0.	0.	0.	0.	2
14	0	0.	0.	0.	0.	2
15	0	0.	0.	0.	0.	2

Z POSITION: -11.4567 WRITE ADD/F1 SET/OFSET TOGGLE

JOGGING Z AXIS HANDLE .01

图 1-2-49 刀具偏置与补偿值的设置

7. 程序调试

按下显示区的［SETNG GRAPH］键两次，进入图形模拟功能，检查刀具路径是否正确，或用下述空运行方法检查：

把工件坐标系的 Z 值朝正方向平移 50mm 或其他适当距离，按下启动键，适当降低进给速度，检查刀具路径是否正确。

8. 自动加工

在以上操作完成后，可进行自动加工，加工步骤如下：

1）把工件坐标系的 Z 值恢复原值，将进给速度选择到低档。

2）选择模式区的［LIST PROG］程序列表功能，选择要执行的零件程序。

3）选择模式区的［MEM］自动执行功能。

4）按显示区［CURNT COMDS］键，显示加工信息，如图 1-2-46 所示。

5）按数控循环启动键。

6）机床加工时适当调整主轴转速和进给速度，保证加工正常。

7）在自动加工中如遇突发事件，应立即按下急停按钮。

9. 测量工件

程序执行完毕，返回到设定高度，机床自动停止。用游标卡尺或千分尺测量主要尺寸，如轮廓的长度尺寸和高度尺寸，根据测量结果修改刀具补偿值，重新执行程序，加工工件，直到达到加工要求。加工完毕，取下工件，对照图样上标注的尺寸和技术要求进行测量，并对测量结果进行质量分析，如不合格，找出原因，采取改进措施。

10. 结束加工、关机

停机，松开夹具，卸下工件。当一天的加工结束后应正确关机，进行加工现场的清理。若全部零件加工完毕，还应对所有的工具、量具、工装、加工程序、工艺文件等进行整理。

1.2.8 华中世纪星 HNC-21M 数控铣床面板及操作功能简介

1. 华中世纪星 HNC-21M 数控铣床面板

如图 1-2-50 所示，华中世纪星 HNC-21M 数控铣床面板，包含液晶显示器、数控（NC）

键盘和机床控制面板等。

数控（NC）键盘包括 MDI 键盘和 F1～F10 十个功能键（位于显示器的正下方），用于零件程序的编制、参数输入、MDI 及系统管理操作等。MDI 键盘功能说明见表 1-2-6。机床控制面板功能说明见表 1-2-7。

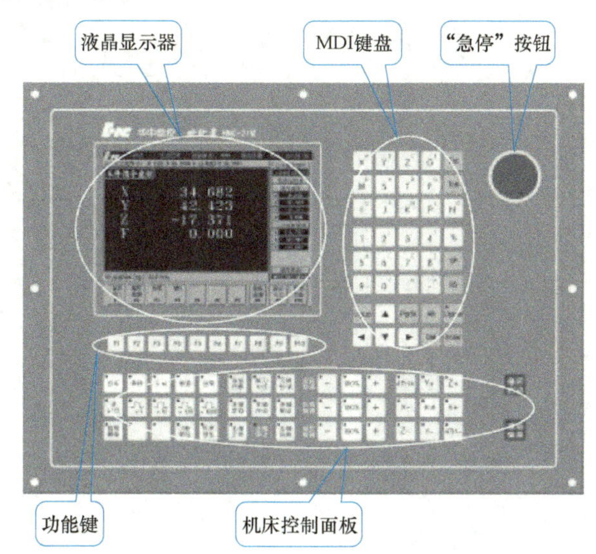

图 1-2-50　华中世纪星 HNC-21M 数控铣床面板

表 1-2-6　HNC-21M 数控铣床 MDI 键盘功能

名　　称	功 能 说 明
地址键 X…… 数字键 1……	按下这些键可以输入字母，数字或者其他字符
Upper	切换键
Enter	输入键
Alt	替换键
Del	删除键
PgUp　PgDn	翻页键
光标移动键 ▲ ◀ ▼ ▶	▶：用于将光标向右或者向前移动 ◀：用于将光标向左或者往回移动 ▼：用于将光标向下或者向前移动 ▲：用于将光标向上或者往回移动

表 1-2-7　HNC-21M 数控铣床控制面板说明

名　称	功能说明
急停按钮	用于锁住机床。按下急停按钮时，机床立即停止运动
循环启动/保持 循环启动　进给保持	在自动和 MDI 运行方式下，用来启动和暂停程序
方式选择键 自动　单段　手动　增量　回参考点	用来选择系统的运行方式 自动：按下该键，进入自动运行方式 单段：按下该键，进入单段运行方式 手动：按下该键，进入手动连续进给运行方式 增量：按下该键，进入增量运行方式 回参考点：按下该键，进入返回机床参考点运行方式 方式选择键互锁，当按下其中一个时（该键左上方的指示灯亮），其余各键失效（指示灯灭）
进给轴和方向选择开关 +4TH　-Y　+Z +X　快进　-X -Z　+Y　-4TH	在手动连续进给、增量进给和返回机床参考点运行方式下，用来选择机床欲移动的轴和方向 其中 快进 为快进开关。当按下该键后，该键左上方的指示灯亮，表明快进功能开启。再按一下该键，指示灯灭，表明快进功能关闭
主轴修调 主轴修调　-　100%　+	在自动或 MDI 方式下，当 S 代码的主轴转速偏高或偏低时，可用主轴修调右侧的 100% 和 +、- 键，修调程序中编制的主轴转速 按 100%（指示灯亮），主轴修调倍率被置为 100%，按一下 +，主轴修调倍率递增 5%；按一下 -，主轴修调倍率递减 5%
快速修调 快速修调　-　100%　+	自动或 MDI 方式下，可用快速修调右侧的 100% 和 +、- 键，修调 G00 快速移动时系统“最高快速度”参数设置的速度 按 100%（指示灯亮），快速修调倍率被置为 100%，按一下 +，快速修调倍率递增 10%；按一下 -，快速修调倍率递减 10%

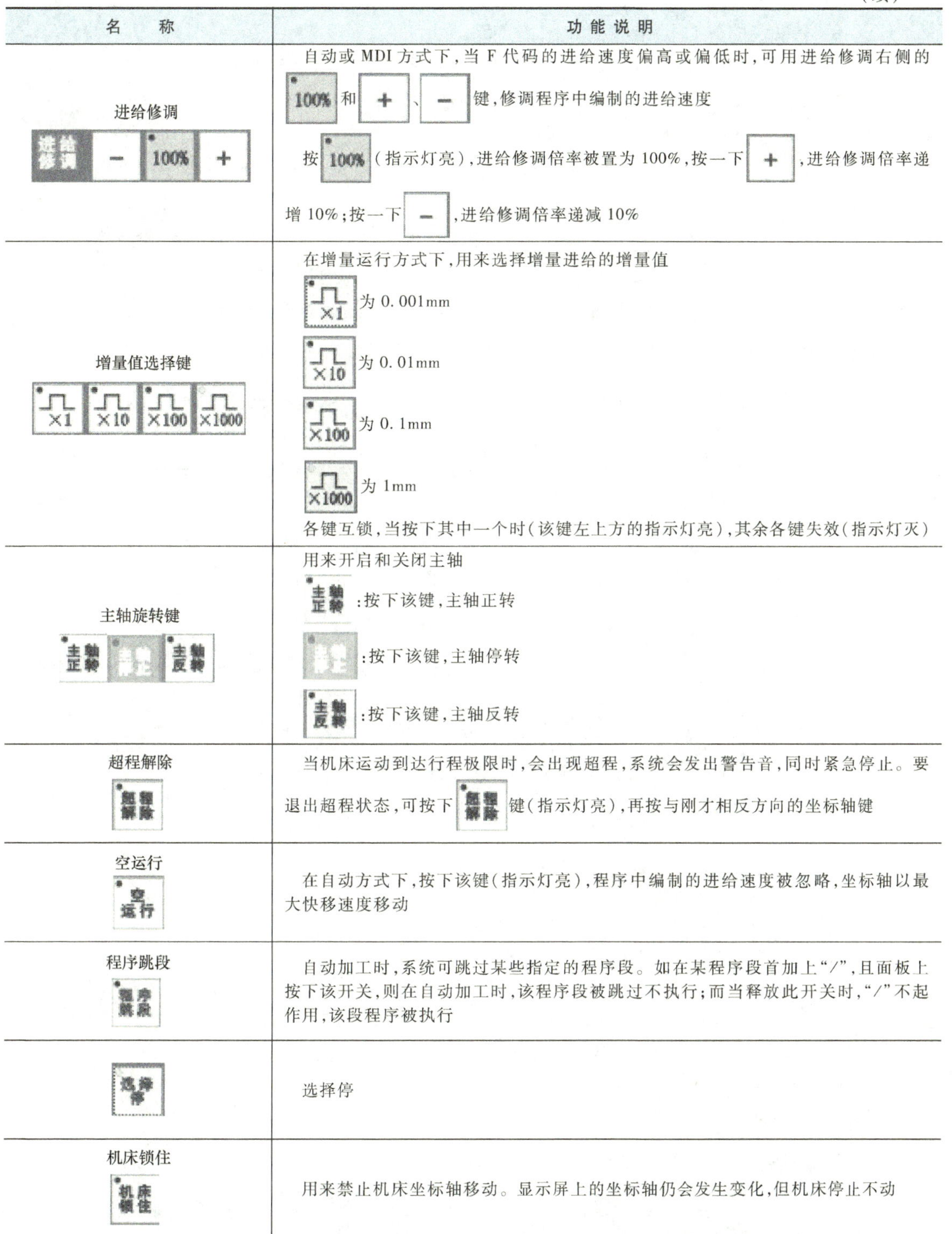

（续）

名　　称	功 能 说 明
进给修调 进给修调 − 100% +	自动或 MDI 方式下，当 F 代码的进给速度偏高或偏低时，可用进给修调右侧的 100% 和 +、− 键，修调程序中编制的进给速度 按 100%（指示灯亮），进给修调倍率被置为 100%，按一下 +，进给修调倍率递增 10%；按一下 −，进给修调倍率递减 10%
增量值选择键 ×1 ×10 ×100 ×1000	在增量运行方式下，用来选择增量进给的增量值 ×1 为 0.001mm ×10 为 0.01mm ×100 为 0.1mm ×1000 为 1mm 各键互锁，当按下其中一个时（该键左上方的指示灯亮），其余各键失效（指示灯灭）
主轴旋转键 主轴正转 主轴停止 主轴反转	用来开启和关闭主轴 主轴正转：按下该键，主轴正转 主轴停止：按下该键，主轴停转 主轴反转：按下该键，主轴反转
超程解除 超程解除	当机床运动到达行程极限时，会出现超程，系统会发出警告音，同时紧急停止。要退出超程状态，可按下 超程解除 键（指示灯亮），再按与刚才相反方向的坐标轴键
空运行 空运行	在自动方式下，按下该键（指示灯亮），程序中编制的进给速度被忽略，坐标轴以最大快移速度移动
程序跳段 程序跳段	自动加工时，系统可跳过某些指定的程序段。如在某程序段首加上“/”，且面板上按下该开关，则在自动加工时，该程序段被跳过不执行；而当释放此开关时，“/”不起作用，该段程序被执行
选择停	选择停
机床锁住 机床锁住	用来禁止机床坐标轴移动。显示屏上的坐标轴仍会发生变化，但机床停止不动

2. 操作装置

图 1-2-51 所示为 MPG 手持单元。MPG 手持单元由手摇脉冲发生器、坐标轴选择开关组成，用于手摇方式增量进给坐标轴。

3. **软件操作界面**

HNC-21M 系统的软件操作界面如图 1-2-52 所示。

① 图形显示窗口：可以根据需要用功能键 F9 设置窗口的显示内容。

② 倍率修调：主轴修调为当前主轴修调倍率；进给修调为当前进给修调倍率；快速修调为当前快速移动修调倍率。

③ 菜单命令条：通过菜单命令条中的功能键 F1～F10 来完成系统功能的操作。

④ 运行程序索引：自动加工中的程序名和当前程序段行号。

⑤ 选定坐标系下的坐标值：坐标系可在机床坐标系/工件坐标系/相对坐标系之间切换。显示值可在指令位置/实际位置/剩余进给/跟踪误差/负载电流/补偿值之间切换（负载电流只对 11 型伺服有效）。

图 1-2-51 MPG 手持单元结构

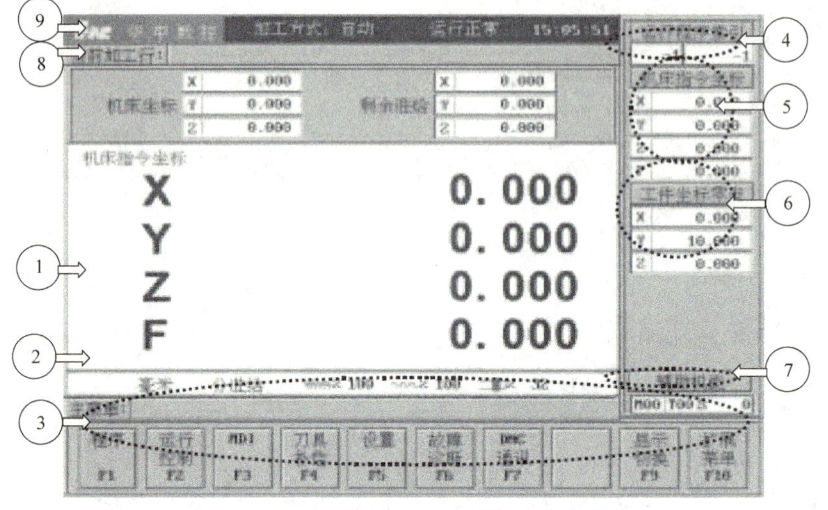

图 1-2-52 HNC-21M 系统的软件操作界面

⑥ 工件坐标系零点：工件坐标系零点在机床坐标系下的坐标。

⑦ 辅助机能：自动加工中的 M、S、T 代码。

⑧ 当前加工程序段：当前正在或将要加工的程序段。

⑨ 当前加工方式、系统运行状态及当前时间：加工方式根据机床控制面板上相应按键的状态，可在自动运行、单段运行、手动运行、增量运行、回零急停和复位等加工方式之间切换。

系统运行状态在运行正常和出错之间切换。

当前时间为系统时钟时间。

4. **功能快捷键**

图 1-2-53 所示为 F1～F10 功能快捷键，这些键的作用和菜单命令条是一样的。

图 1-2-53 功能快捷键

在菜单命令条及弹出菜单中，每一个功能项的按键上都标注了 F1、F2、……等字样，表明要执行该项操作也可以通过按下相应的快捷键来执行。

5. 菜单命令条

操作界面中最重要的一块是菜单命令条（图 1-2-52 中的菜单命令条③），系统功能的操作主要通过菜单功能键 F1～F10 来完成。图 1-2-54 所示为主菜单，按下 F10 键可以打开扩展菜单，如图 1-2-55 所示。

图 1-2-54　主菜单

图 1-2-55　扩展菜单

由于每个功能包括不同的操作，在主菜单条上选择一个功能项后，菜单条会显示该功能下的子菜单。例如，按下主菜单条中的“程序”F1 键后，就进入程序下面的子菜单条，如图 1-2-56 所示。每个子菜单条的最后一项都是“主菜单”项，按 F10 键即可返回上一级菜单。

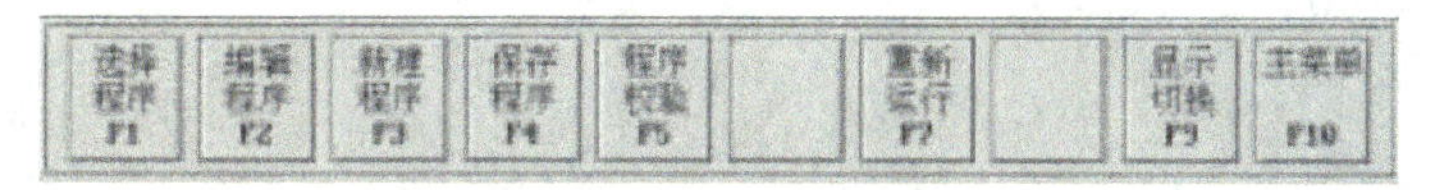

图 1-2-56　子菜单

HNC-21M 系统的主要功能菜单结构如图 1-2-57 所示。

图 1-2-57　HNC-21M 系统的主要功能菜单结构

项目2

平面槽板数控铣削的编程与加工

任务 2.1　设置工件坐标系原点

学习目标

1. 理解工件坐标系的概念。
2. 能正确设置工件坐标系原点参数并在程序中调用。
3. 了解数控铣床常用刀具的种类、结构、材料和特点。

任务布置

图 2-1-1 所示为 80mm×80mm×25mm 铝合金毛坯，要求：

1） 在数控铣床上用千分表将机用虎钳钳口找正，然后将机用虎钳固定。
2） 用垫铁将毛坯正确安装在机用虎钳上并夹紧。
3） 安全装卸铣削刀具。
4） 将工件坐标系原点设置在毛坯上表面的中心处，正确设置对刀参数。
5） 用 MDI 方式进行工件坐标系原点校验。

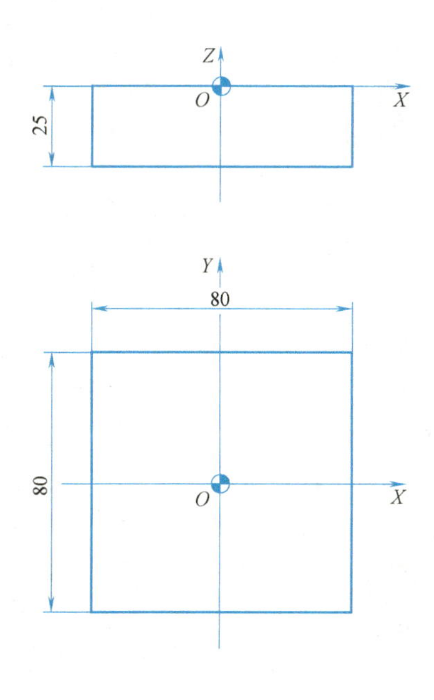

图 2-1-1　零件毛坯

任务分析

本任务要求正确安装毛坯和刀具，熟练操作机床进行对刀及工件坐标系原点参数设置与调用。本任务的内容是数控加工的基础，对刀精度直接影响加工精度。

相关知识

2.1.1 工件坐标系的概念

数控机床坐标系是进行数控加工的基础，但有时利用机床坐标系编制零件的加工程序并不方便。为此可选择工件上某一固定点为工件零点，如图 2-1-2a 所示的点 O_1，以工件零点为原点且平行于机床的 X、Y、Z 坐标轴建立一个新坐标系，称为工件坐标系或编程坐标系，如图 2-1-2b 所示。

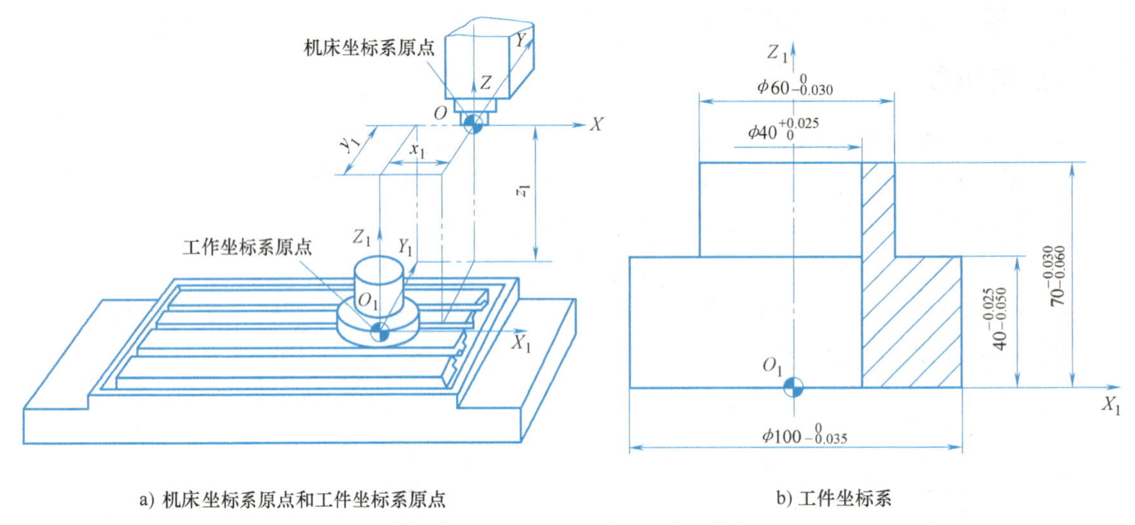

a) 机床坐标系原点和工件坐标系原点　　b) 工件坐标系

图 2-1-2 机床坐标系和工件坐标系

有了工件坐标系编程人员在编写程序时，只要根据零件图就可以选定编程原点、计算坐标值，而不必考虑工件毛坯装夹的实际位置。编程原点（即工件坐标系原点）的选择要便于测量或对刀，同时要便于编程计算。

选择工件坐标系原点的位置时应注意：

1）工件坐标系原点应选在零件图的尺寸基准上，这样便于坐标值的计算，减少错误。

2）工件坐标系原点尽量选在精度较高的加工表面，以提高工件的加工精度。

3）对于对称的零件，工件坐标系原点应设在对称中心上。

4）对于一般零件，通常设在其外轮廓的某一角上。

5）Z 轴方向上的工件坐标系原点，一般设在工件表上面。

2.1.2 工件坐标系的设定

工件坐标系原点即编程原点，是指工件被装夹好后，相应的编程原点在机床坐标系中的位置。在加工过程中，数控机床是按照工件装夹好后的加工程序要求进行自动加工的。如图 2-1-2 所示，工件坐标系原点与机床坐标系原点在 X、Y、Z 轴方向的距离 x_1、y_1、z_1，分别称为 X、Y、Z 向的原点设定值。

工件坐标系在机床坐标系有效范围内是可以任意设定的，在一个程序中可以设定不止一个工件坐标系。有的数控系统可以同时设置六个工件坐标系（G54～G59 指令），甚至更多。

加工时，应在装夹工件、调试程序时，确定工件坐标系原点的位置，并在数控系统中予以设定（即给出原点偏置值），这样数控机床才能按照准确的位置开始加工。加工人员确定工件坐标系原点的操作过程，称为对刀。

2.1.3　坐标系设定 G 指令

坐标系的设定是编程的第一步，应根据不同的加工要求和编程的方便性进行恰当的选择。不同数控系统设定坐标系的指令不完全相同，这里介绍几种常用的指令。

1. 预置寄存指令 G92

有些数控系统使用 G92 指令建立工件坐标系。该指令的作用是按照程序规定的尺寸字设置或修改坐标位置，不产生机床运动。通过该指令设定起刀点，即程序开始运动的起点，从而建立工件坐标系。

编程格式：G92　X__　Y__　Z__；

其中，X、Y、Z 尺寸字为刀具当前位置相对于欲设定的工件坐标系原点的坐标值；__代表数字。

若 X、Y、Z 的坐标值为 0，则置刀具当前位置为工件坐标系原点。工件坐标系设定后，程序内绝对指令中的坐标数据，就是在工件坐标系中的坐标值。图 2-1-3 所示的刀具当前位置，可用如下指令建立工件坐标系：

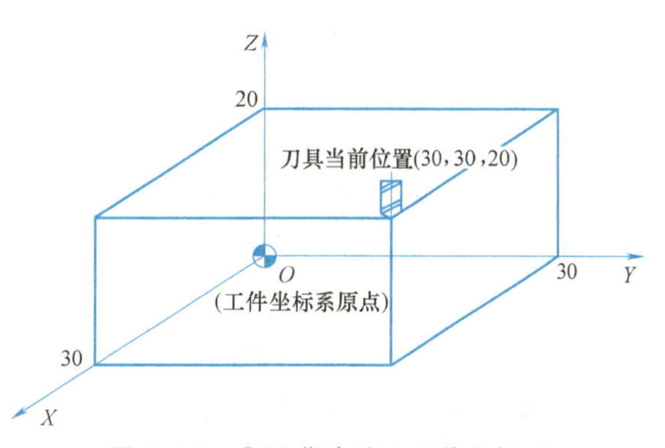

图 2-1-3　G92 指令建立工件坐标系

G92　X30.0　Y30.0　Z20.0；

需要指出的是，用预置寄存的方法设定工件坐标系时，当开始执行程序时，刀具一定要处于起刀点，否则会产生坐标系的紊乱。

G92 指令需要坐标值指定刀具当前位置在工件坐标系中的位置，因此必须用一个单独的程序段。G92 指令程序段一般放在一个零件加工程序的首段。

2. 工件坐标系选择指令 G54～G59、G110～G129

这些指令可以用于选择相应的工件坐标系。

编程格式：G54　G90　G00/G01　X__　Y__　Z__（F__）；

大多数数控系统可用 G54～G59 指令设定 6 个工件坐标系。美国 HAAS 系统还可用 G110～G129 指令设定另外 20 个工件坐标系，或用 G154 P1～P20（等同于 G110～G129）、G154 P21～P99 指令设定另外 99 个工件坐标系。G110～G129 指令的操作与 G54～G59 指令的操作相同。

如图 2-1-4 所示，一旦选定了 G54～G59 中某工件坐标系，则后续程序段中的工件绝对坐标（G90）均为相对该工件坐标系原点的坐标值。

[例 2.1.1]　如图 2-1-5 所示，已设置了两个工件坐标系 G54 和 G55，刀具当前位置在 G54 坐标系中的 *C* 点，将其移到 G55 坐标系中的 *A* 点，再到 *B* 点。相应的程序如下：

```
G55  G90  G00  X60  Y20;      (刀具当前位置 C 点→A 点)
               X20  Y50;      (A 点→B 点)
```

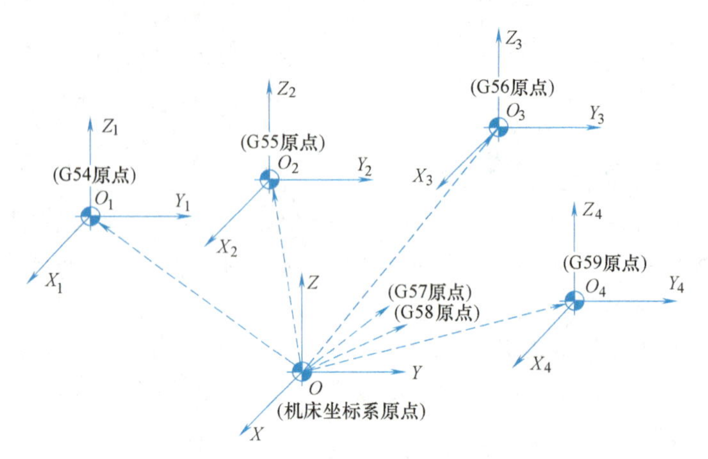

图 2-1-4 G54~G59 指令可以选择 6 个工件坐标系

虽然 G92 指令与 G54~G59 指令都是用于设定工件坐标系的，但是它们在使用中是有区别的。G92 指令通过程序来设定工件坐标系，G92 所设定的工件坐标系原点是与当前刀具所在位置有关的，这一位置作为起刀点在机床坐标系中的位置随当前刀具位置的不同而改变；G54~G59 指令设定的工件坐标系原点在机床坐标系中的位置是不变的，与刀具的当前位置无关。G92 指令程序段只是设定工件坐标系，而不产生任何动作，必须作为一个单独的指令程序段，一般放在零件加工程序的首段；G54~G59 指令程序段则可以和 G00、G01 指令组合，使刀具在选定的工件坐标系中进行位移。

3. 非模态机床坐标系选择指令 G53

G53 是选择机床坐标系指令，该指令是非模态的，即只在它所出现的程序段中有效。该指令使刀具快速定位到机床坐标系中的指定位置上。

编程格式： G53 X__ Y__ Z__；

其中，X、Y、Z 尺寸字为机床坐标系中的坐标，其后数值均为负值。

例如：G53 G90 X-100 Y-100 Z-20；

该程序段执行后，刀具在机床坐标系中的位置如图 2-1-6 所示。

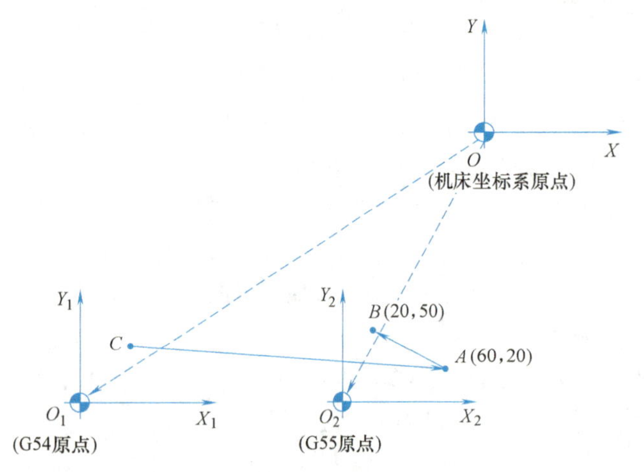

图 2-1-5 工件坐标系应用举例

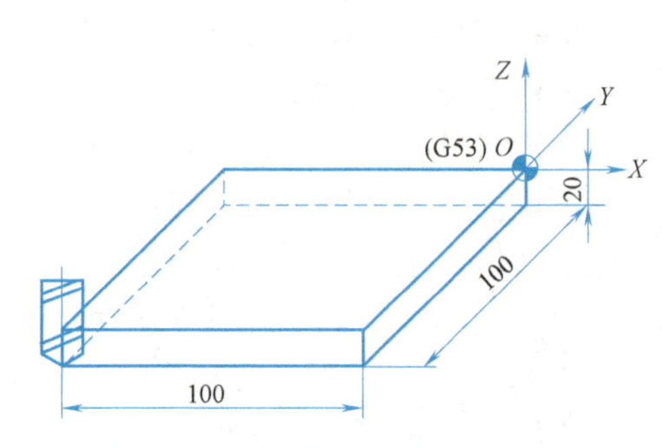

图 2-1-6 G53 指令选择机床坐标系

2.1.4　数控铣床的对刀

1. 工件的安装与找正

加工中常用的夹具有机用虎钳、分度头、自定心卡盘和平台夹具等。下面以机用虎钳上装夹工件为例介绍实训工件的装夹步骤。

1）把机用虎钳安装在数控铣床工作台面上，钳口与 X 轴基本平行并张开到最大。

2）把装有杠杆百分表的磁性表座吸在机床主轴上。

3）使杠杆百分表的触头与固定钳口接触。

4）在 X 方向找正，直到使百分表的指针在一个格子内晃动为止，然后拧紧机用虎钳固定螺母。

5）根据工件的高度，在机用虎钳钳口内放入形状合适和表面质量较好的垫铁后，再放入工件。放入时工件的基准面一般朝下，与垫铁表面靠紧，然后拧紧机用虎钳。在放入工件前，应对工件、钳口和垫铁的表面进行清理，以免影响加工质量。

6）在 X、Y 两个方向找正工件，直到使百分表的指针在一个刻度范围内晃动为止。

7）取下磁性表座，夹紧工件，工件装夹完成。

2. 铣削刀具的装卸

（1）装刀步骤

1）模式选择手动或者 JOG 方式。

2）将装好刀具的刀柄放入主轴下端的锥孔内。

3）按“刀具拉紧”键。

4）抓住刀具并用力向下拉，确认刀具已经被夹紧。

（2）卸刀步骤

1）用手抓紧刀柄。

2）按“刀具松开”键。

3）用力向下拉，力度要适当，注意不要碰伤身体和工件或刀具。

4）如果拉不下来，就用棒轻轻地敲击刀柄，使刀柄可从主轴锥孔中取出。注意要抓紧刀具。

3. 刀位点

所谓刀位点，是指刀具的定位基准点。对刀时应使工件坐标系原点与刀位点重合。对于各种立铣刀，刀位点一般取刀具轴线与刀具底端的交点；钻头的刀位点则取为钻尖，如图 2-1-7 所示。通常立铣刀、键槽铣刀、面铣刀的刀位点是刀具底面的中心，球头立铣刀的刀位点为球心，钻头的刀位点是钻尖或钻头底面中心。

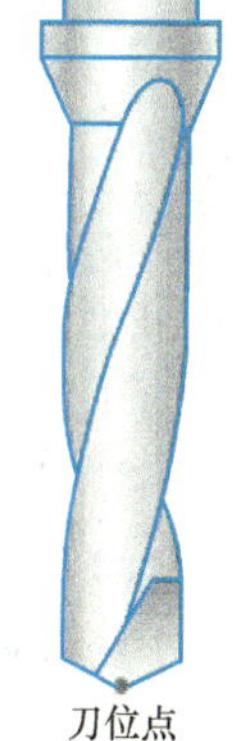

图 2-1-7　数控铣刀及钻头的刀位点

4. 对刀工具

对刀操作分为 X、Y 向对刀和 Z 向对刀。对刀时根据现有条件和加工精度要求，可采用试切法、寻边器对刀法、机内对刀仪对刀法、自动对刀法、对刀块对刀法、Z 轴设定器对刀法等。其中，试切法对刀精度较低，加工中常用寻边器和 Z 轴设定器对刀，效率高，能保证对刀精度。

图 2-1-8　Z 轴设定器

光电式寻边器和偏心式寻边器如项目 1 的图 1-2-19 所示，用于 X、Y 向对刀。图 2-1-8 所示为 Z 轴设定器，用于 Z 向对刀。

5. 对刀操作步骤及参数设置

如图 2-1-9 所示，用偏心式寻边器和对刀块对刀的操作步骤如下：

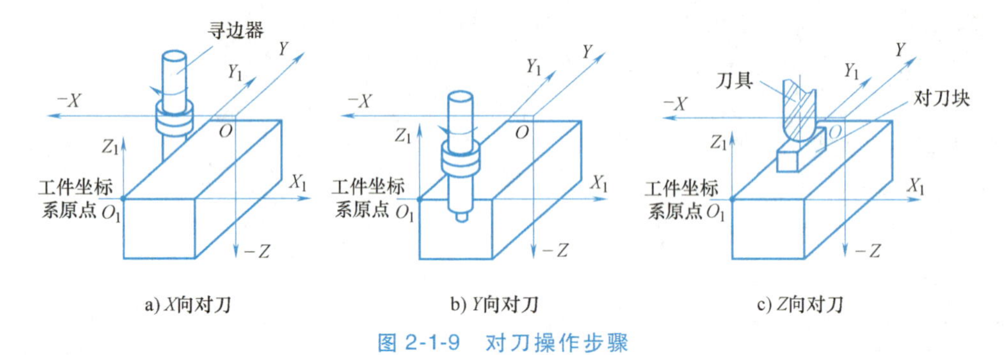

图 2-1-9　对刀操作步骤

（1）X 向对刀

1）将偏心式寻边器装在主轴上，并使其上下测头偏心 0.5mm。

2）主轴旋转，转速为 400~600r/min。

3）手摇移动工作台使工件靠近寻边器，并使寻边器的上下测头重合。

4）手摇下移工作台使工件脱离寻边器。

5）手摇移动工作台使主轴沿 X 轴方向往工件内侧移动一个寻边器测头半径的距离。

6）X 轴相对坐标清零或将机床坐标值输入 G54 存储器里，如图 2-1-10 所示（当用 G54 指令设定工件坐标系时，需保证 G54 的坐标系原点与编程原点重合，即将对刀得到的工件坐标系原点在机床坐标系上的坐标值（X，Y，Z）录入为 G54 工件坐标系原点）。

（2）Y 向对刀　与 X 向对刀方法相同。

（3）Z 向对刀

1）将刀具装在主轴上。

2）在工件上放一对刀块。

3）手摇移动工作台，使刀具靠近对刀

工件坐标系设定　　O0010　N00000

(G54)

番号		数据	番号		数据
00	X	0.000	02	X	0.000
(EXT)	Y	0.000	(G55)	Y	0.000
	Z	0.000		Z	0.000
01	X	0.000	03	X	0.000
(G54)	Y	0.000	(G56)	Y	0.000
	Z	0.000		Z	0.000

ADRS　　S　OT

14:40:21　　JOG

[补正] [MACRO] [ ] [坐标系] [ ]

图 2-1-10　工件坐标系的设定界面

块，边上下移动工作台边拿对刀块试塞，直到松紧适度为止。

4）手摇移动工作台使刀具移至工件外，脱离工件。

5）手摇移动工作台使 Z 轴向下移动一个对刀块高度。

6）Z 轴相对坐标清零或将 Z 轴机床坐标值输入 G54 存储器里。

注意：使用多把刀具时，其他刀具的长度补偿参数需要减去标准刀具的长度对刀值。为避免使用多把刀具加工时误操作引起撞刀事故，Z 向对刀值通常设置到刀具长度补偿参数（参见 2.2.5 小节）中。

任务实施

1. 任务实施内容

本任务为设置图 2-1-1 所示 80mm×80mm×25mm 铝合金毛坯的工件坐标系，要求：

1）在数控铣床上用千分表将机用虎钳钳口找正，然后将机用虎钳固定。

2）正确安装工件毛坯并夹紧。

3）安装铣刀。

4）对刀及设置工件坐标系原点。

5）用 MDI 方式进行工件坐标系原点校验。

2. 上机实训时间

每组 3h。

3. 实训报告要求

1）写出找正机用虎钳钳口的步骤。

2）写出对刀设置 G54 工件坐标系原点的步骤。

补充知识

2.1.5　铣削的工艺特点及应用范围

铣刀是多刃回转体刀具，刀齿能连续地依次进行切削，没有空程损失，且主运动为回转运动，可实现高速切削。铣平面的生产率一般都比刨平面高，其加工质量与刨平面相当：经粗铣→精铣后，尺寸公差等级可达 IT9～IT7，表面粗糙度 Ra 值可达 1.6～6.3μm。

铣刀的类型和形状多样，可以用不同类型的铣刀在铣床上加工平面、沟槽、螺旋面、成形面、台阶、型腔面等；也可以切断工件还可在铣床上安装钻头、镗刀、铰刀来加工工件上的孔。

2.1.6　常用铣刀的类型和用途

铣刀为具有圆柱体外形，并在圆周及底部带有切削刃，靠旋转运动来切削工件的切削刀具。

铣刀按结构可分为：整体式、焊接式、镶齿式、可转位式。

铣刀按用途可分为：圆柱形铣刀、面铣刀、盘铣刀、锯片铣刀、立铣刀、键槽铣刀、模具铣刀、角度铣刀、成形铣刀等，如图 2-1-11 所示。

圆柱形铣刀用于卧式铣床上加工平面，也叫普通平铣刀，如图 2-1-11a 所示。这种铣刀安装在一根细长的刀轴上，刀齿分布在铣刀的圆周上，按齿形分为直齿、斜齿和螺旋齿三种，按齿数分为常用、粗齿和细齿三种。螺旋齿粗齿铣刀齿数少，刀齿强度高，容屑空间大，适用于粗加工；细齿铣刀适用于精加工。

面铣刀用于在立式铣床、端面铣床或龙门铣床上加工平面，如图 2-1-11b 所示。面铣刀的端面和圆周上均有刀齿，也有粗齿和细齿之分；其结构有整体式、镶齿式和可转位式三种。

盘铣刀如图 2-1-11c~f 所示，有两面刃、三面刃铣刀和槽铣刀。两面刃铣刀用于加工台阶面；三面刃铣刀（可分为直齿、错齿和镶齿三种），其两侧面和圆周上均有刀齿，用于加工各种沟槽和台阶面。槽铣刀用于卧式铣床加工凹槽。

立铣刀如图 2-1-11g 所示，用于加工沟槽和台阶面等，刀齿在圆周和端面上，工作时不能沿轴向进给。当立铣刀上有通过中心的端齿时，可轴向进给。

键槽铣刀如图 2-1-11h 所示，一般只有两个刀瓣，圆柱面和端面都有切削刃。加工时，先轴向进给达到槽深，然后沿键槽方向铣出键槽全长。主要用于加工圆头封闭键槽。

角度铣刀用于铣削成一定角度的沟槽，如图 2-1-11i、j 所示，有单角和双角铣刀两种。

T 形槽铣刀如图 2-1-11k 所示。一般机床工作台上都有 T 形槽，这种 T 形槽的铣法是先铣一条直槽，然后再用 T 形槽铣刀铣出底下的平槽来。

成形铣刀如图 2-1-11l 所示，是在铣床上加工成形表面的专用刀具，其刃形是根据工件加工表面的轮廓设计的。

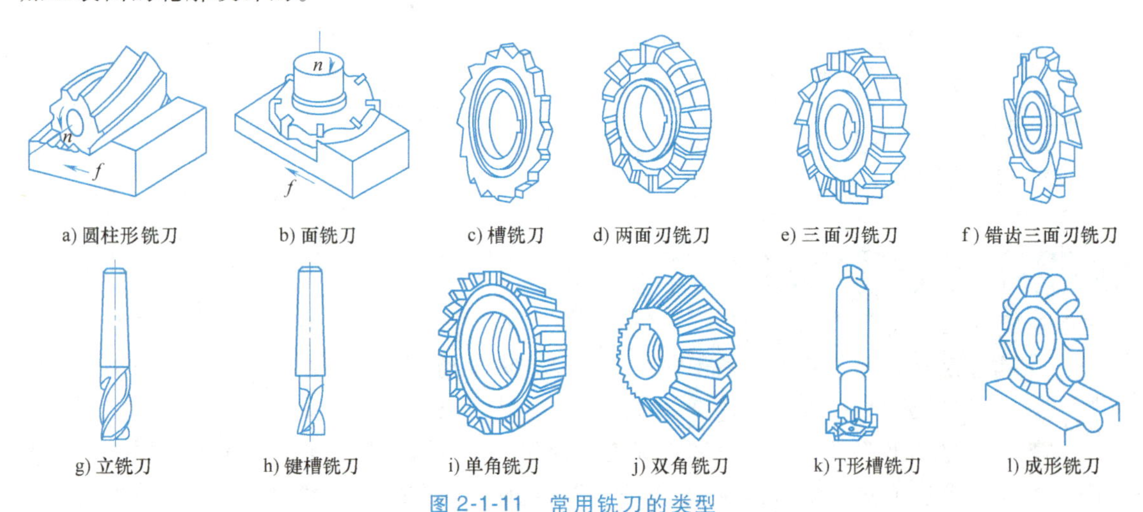

图 2-1-11　常用铣刀的类型

2.1.7　铣刀的几何角度

铣刀的种类、形状虽多，但都可以归纳为圆柱形铣刀和面铣刀两种基本形式，每个刀齿可以看作是一把简单的车刀，所不同的是铣刀刀齿较多。因此，只通过对一个刀齿的分析，就可以了解整个铣刀的几何角度。

1. 铣刀的标注角度参考系

与车刀相似，铣刀的标注角度参考系由坐标平面和测量平面组成，其基本坐标平面有基面和切削平面。基面是通过切削刃选定点，包含铣刀轴线的平面，并假定与主运动方向垂直。切削平面是通过切削刃选定点与切削刃相切并垂直于基面的圆柱切平面。测量平面有正交平面，螺旋齿铣刀还有法平面。圆柱形铣刀的几何角度如图 2-1-12 所示。

2. 铣刀的几何角度

（1）圆柱形铣刀的几何角度　圆柱形铣刀的前角和后角都标注在正交平面上，如图 2-1-12 所示。若是螺旋齿铣刀，还要标注螺旋角 β、法前角 γ_n 和法后角 α_n 三个参数。前角 γ_o 和法前角 γ_n 两者的关系为 $\tan\gamma_n = \tan\gamma_o\cos\beta$。圆柱形铣刀的主偏角为 90°，无副偏角。

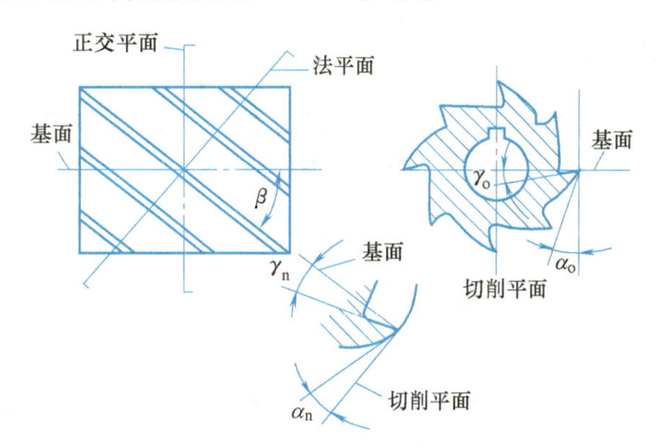

图 2-1-12　圆柱形铣刀的几何角度

（2）面铣刀的几何角度　面铣刀的一个刀齿相当于一把小车刀，其几何角度基本与外圆车刀相类似，所不同的是铣刀每齿基面只有一个，即以刀尖和铣刀轴线共同确定的平面为基面。因此，面铣刀每个刀齿都有前角 γ_o、后角 α_o、主偏角 κ_r 和刃倾角 λ_s 四个基本角度，如图 2-1-13 所示。在设计、制造、刃磨时，还需要假定工作平面中的有关角度，如图 2-1-13 中的侧前角 γ_f、侧后角 α_f。

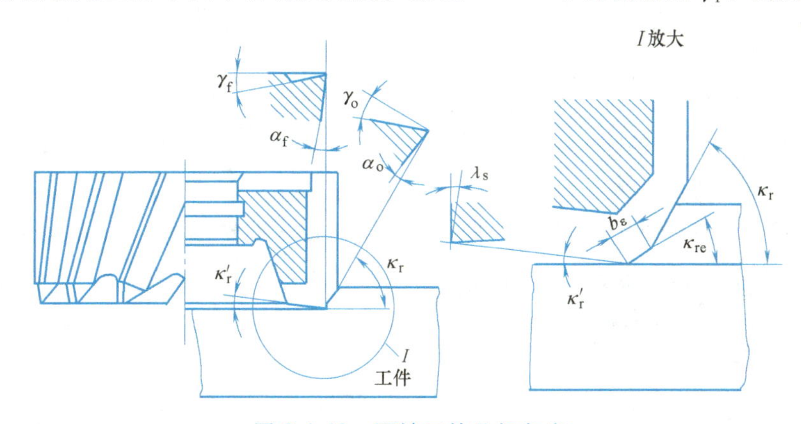

图 2-1-13　面铣刀的几何角度

3. 铣刀几何角度的选择

（1）前角的选择　铣刀前角根据刀具和工件的材料确定，选用值一般小于车刀的前角。高速工具钢刀具比硬质合金刀具的前角要大。工件材料塑性越高，需要前角越大；工件材料的强度、硬度越高，为增大刀具强度，需要采用小前角，甚至负前角。铣刀前角的选用可参考表 2-1-1。

表 2-1-1　铣刀前角的选用参考值

工件材料		高速工具钢铣刀的前角	硬质合金铣刀的前角
钢材	R_m <600MPa	20°	15°
	R_m = 600～1000MPa	15°	-5°
	R_m >1000MPa	12°～10°	-10°～-15°
铸铁		5°～15°	-5°～5°

（2）后角的选择　在铣削过程中，铣刀的磨损主要发生在后面上，采用较大的后角可以减少磨损。为提高刀具强度，当采用较大的负前角时，可适当增加后角。铣刀后角的选用可参考表2-1-2。

表2-1-2　铣刀后角的选用参考值

铣刀的类型		后角
高速工具钢铣刀	粗齿	12°
	细齿	16°
高速工具钢锯片铣刀	粗、细齿	20°
硬质合金铣刀	粗齿	6°～8°
	细齿	12°～15°

（3）刃倾角的选择　立铣刀和圆柱形铣刀的螺旋角 β 就是刃倾角 λ_s。β 越大，实际前角越大，切削刃越锋利，切屑越易于排出。铣削宽度较窄的铣刀，增大 β 的意义不大，故一般取 $\beta=0°$ 或较小的值。铣刀刃倾角的选用可参考表2-1-3。

表2-1-3　铣刀刃倾角的选用参考值

铣刀类型	螺旋齿圆柱形铣刀		立铣刀	三面刃、两面刃铣刀
	粗齿	细齿		
刃倾角	45°～60°	25°～30°	30°～45°	15°～20°

（4）主偏角和副偏角的选择　铣刀常用的主偏角有45°、60°、75°、90°。工艺系统的刚性好，取小值；反之，取大值。副偏角一般为5°～10°。

圆柱形铣刀只有主切削刃，没有副切削刃，因此没有副偏角，主偏角为90°。

2.1.8　铣刀材料要求及常用材料

1. 铣刀的材料要求

（1）高的硬度和耐磨性　在常温下，刀具切削部分的材料必须具备足够的硬度才能切入工件，具有高的耐磨性，刀具不易磨损，才能延长使用寿命。

（2）好的耐热性　刀具在切削过程中会产生大量的热，尤其是在切削速度较高时，温度会很高。因此，刀具材料应具备好的耐热性，即在高温下仍能保持较高的硬度，能继续进行切削的性能。这种具有高温硬度的性质，又称为热硬性。

（3）高的强度和好的韧性　在切削过程中，刀具要承受很大的冲击力，所以刀具材料要具有较高的强度，否则易断裂和损坏。由于铣刀会受到冲击和振动，因此铣刀材料还应具备好的韧性，才不易崩刃、碎裂。

2. 铣刀常用材料

（1）高速工具钢（简称高速钢）　高速工具钢的合金元素钨、铬、钼、钒的含量较高，淬火硬度可达62～70HRC，在600℃高温下，仍能保持较高的硬度。

高速工具钢工艺性好，锻造、加工和刃磨都比较容易，还可以制造形状较复杂的刀具。高速工具钢适用于制造切削速度一般的刀具，其刃口强度和韧性好，抗振性强。对于刚性较差的机床，采用高速工具钢铣刀，仍能顺利切削。与硬质合金材料相比，高速工具钢有硬度较低、热硬性和耐磨性较差等缺点。

（2）硬质合金　硬质合金是金属碳化物如碳化钨、碳化钛和以钴为主的金属黏结剂经粉末冶金工艺制造而成的。硬质合金硬度高（69~81HRC），热硬性好（在900~1000℃时可保持60HRC），耐磨性好，切削时可选用比高速工具钢高4~7倍的切削速度，刀具寿命延长5~80倍，且常温硬度高，切削刃锋利不易磨损，可切削50HRC左右的硬质材料；但抗弯强度低，冲击韧性差，脆性大，不能进行切削加工，难以制成形状复杂的整体刀具，因而常制成不同形状的刀片，采用焊接、黏接、机械夹持等方法安装在刀体上使用。

2.1.9　铣削的切削用量

铣削加工的切削用量包括切削速度、进给量和吃刀量。

1. 铣削速度

铣削加工时主运动由铣刀完成，铣刀的切削刃线速度即为切削速度 v_c，即

$$v_c = \frac{\pi dn}{1000}$$

式中　v_c——切削速度（m/min）；

n——铣刀转速（r/min）；

d——铣刀直径（mm）。

表2-1-4为铣削的切削速度推荐值。

表2-1-4　铣削的切削速度推荐值

工件材料	切削速度/(m/min)		说　明
	高速工具钢铣刀	硬质合金铣刀	
20	20~45	150~190	(1)粗铣时取小值，精铣时取大值 (2)工件材料强度和硬度高时取小值，反之取大值 (3)刀具材料热硬性好时取大值，热硬性差时取小值
45	20~35	120~150	
40Cr	15~25	60~90	
HT150	14~22	70~100	
黄铜	30~60	120~200	
铝合金	112~300	400~600	
不锈钢	16~25	50~100	

2. 进给量

进给量为单位时间内工件相对于刀具的移动距离，铣削时的进给量有三种表示方法。

（1）每齿进给量 f_z　每齿进给量 f_z 指铣刀每转一个刀齿时，工件与铣刀沿进给方向的相对位移量，单位为mm/z，z 为多齿铣刀的齿数。

（2）每转进给量 f　每转进给量 f 指铣刀每转一转时，工件与铣刀沿进给方向的相对位移量，单位为mm/r。

（3）进给速度 v_f　进给速度 v_f 指单位时间内工件与铣刀沿进给方向的相对位移量，单位为mm/min。

铣削时进给速度 v_f、每转进给量 f、每齿进给量 f_z 三者之间的关系为

$$v_f = nf = nf_z z$$

式中　z——铣刀齿数；

n——铣刀转速（r/min）。

表 2-1-5 为数控铣削每齿进给量 f_z 的经验值。

表 2-1-5　数控铣削每齿进给量 f_z 的经验值

工件材料	每齿进给量/(mm/z)			
	粗铣		精铣	
	高速工具钢铣刀	硬质合金铣刀	高速工具钢铣刀	硬质合金铣刀
钢	0.1～0.15	0.1～0.25	0.02～0.05	0.10～0.15
铸铁	0.12～0.20	0.15～0.30		

3. 吃刀量

铣削加工的吃刀量有背吃刀量 a_p、侧吃刀量 a_e 和进给吃刀量 a_f，如图 2-1-14 所示。

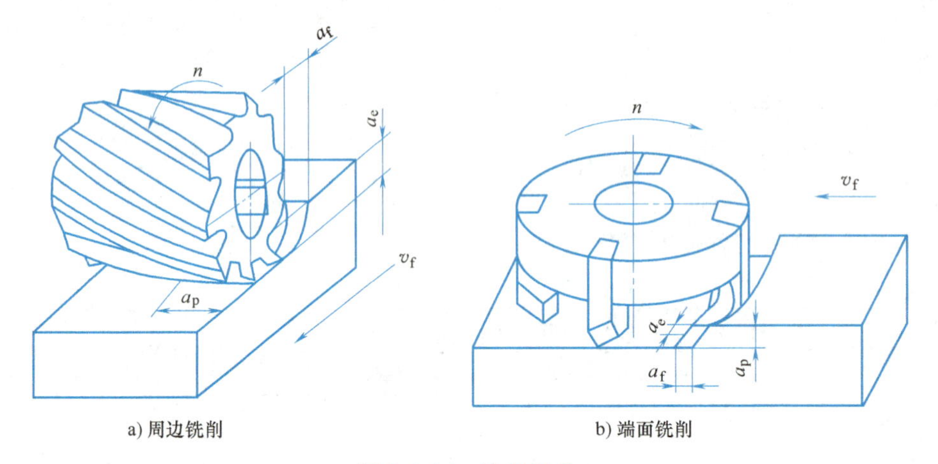

a) 周边铣削　　b) 端面铣削

图 2-1-14　铣削用量

（1）背吃刀量 a_p　背吃刀量 a_p 是平行于铣刀轴线测量的切削层尺寸，即 a_p 平行于铣刀轴线测量，单位为 mm。

一般立铣刀粗铣时的背吃刀量以不超过铣刀半径为原则，通常不超过 7mm，以防止背吃刀量过大而造成刀具损坏。立铣刀背吃刀量通常的取值：半精铣时（Ra3.2～6.3μm）约为 0.5～2mm，精铣时（Ra0.8～1.6μm）约为 0.05～0.3mm；面铣刀粗铣时约为 2～5mm，精铣时约为 0.1～0.5mm。

（2）侧吃刀量 a_e　侧吃刀量 a_e 是垂直于铣刀轴线测量的切削层尺寸，即 a_e 垂直于铣刀轴线与工件进给方向所确定的平面测量，单位为 mm。

（3）进给吃刀量 a_f　进给吃刀量 a_f 是沿铣刀进给方向测量的吃刀量。

2.1.10　铣削方式

铣削方式是指铣削时铣刀相对于工件的运动和位置关系。它对铣刀寿命、工件表面粗糙度、铣削过程平稳性及生产率都有较大的影响。

铣平面时根据所用铣刀的类型（切削刃在铣刀上的分布：圆柱面和端平面，如图 2-1-14 所示）不同，可将铣削分为周边铣削（周铣）和端面铣削（端铣）两种方式。

周铣通常只在卧式铣床上进行，只有主切削刃参与切削，无副切削刃参与，所以加工后的表面粗糙度值较大。周铣时主轴刚性差，生产率较低，适于在中小批生产中铣削狭长的平面、键槽及某些成形表面和组合表面。

端铣一般在立式铣床上进行，也可在其他形式的铣床上进行。主、副切削刃同时参与切削，且副切削刃有修光作用，所以加工后的表面粗糙度值较小。端铣时主轴刚性好，并且面铣刀易于采用硬质合金可转位刀片，因而可用大切削用量，生产率较高，适于在大批量生产中铣削宽大平面。

1. 周边铣削

周边铣削有逆铣和顺铣两种方式，如图 2-1-15 所示。逆铣时，铣刀刀齿在切入工件时的切削速度 v_c 方向与工件进给速度 v_f 方向相反。顺铣时，铣刀刀齿在切出工件时的切削速度 v_c 方向与工件进给速度 v_f 方向相同。

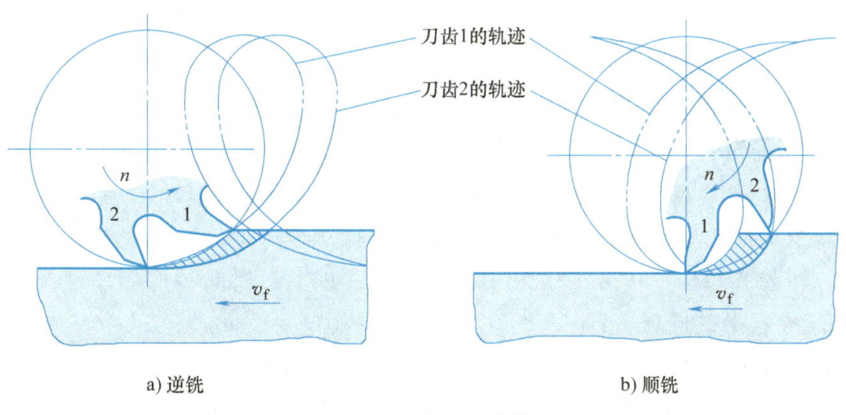

图 2-1-15　周边铣削

逆铣时切屑厚度从零到最大，因切削刃不能刃磨绝对锋利，故开始时不能立即切入工件，存在对工件的挤压与摩擦，工件出现加工硬化，降低表面质量。此外，刀齿磨损快，刀具寿命降低，但无冲击。

顺铣时铣刀的切削刃切入工件时切屑厚度最大，逐渐减小到零。后面与已加工表面挤压、摩擦小，切削刃磨损慢，没有逆铣时的滑行，加工硬化程度大为减轻，已加工表面质量较高，刀具寿命也比逆铣的高。但顺铣时刀齿切入的冲击大，不宜加工带硬皮的铸造毛坯，且进给丝杠与螺母间应消除间隙。

为提高表面质量，通常采用顺铣。逆铣应用于铣床上没有消除丝杠螺母间隙装置时，或者加工工件材料硬度较高时。

2. 端面铣削

根据铣刀与工件相对位置的不同，端铣可分为对称铣削、不对称铣削两种方式。

铣削时铣刀轴线与工件铣削宽度对称中心线重合的铣削方式称为对称铣削，如图 2-1-16a 所示。

铣削时铣刀轴线与工件铣削宽度对称中心线不重合的铣削方式称为不对称铣削。根据铣刀偏移位置不同又可分为不对称逆铣和不对称顺铣，如图 2-1-16b、c 所示。

不对称逆铣切削平稳，刀具寿命和加工表面质量都得到提高，适用于切削普通碳钢和高

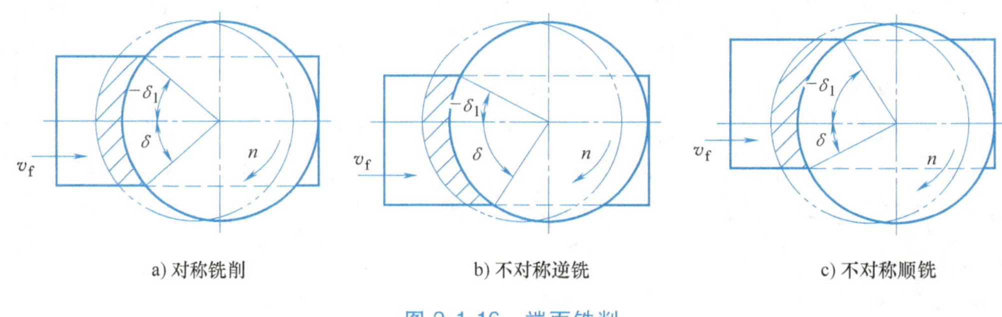

a) 对称铣削　　b) 不对称逆铣　　c) 不对称顺铣

图 2-1-16　端面铣削

强度低合金钢。

不对称顺铣时，刀齿切出工件的切削层厚度较小，适用于切削强度低、塑性大的材料（如不锈钢、耐热钢等）。

2.1.11　数控铣刀的类型和尺寸选择

1. 铣刀类型的选择

铣刀类型应与被加工工件的尺寸及表面形状相适应。加工较大的平面应选择面铣刀，加工凸台、凹槽及平面轮廓应选择立铣刀，加工曲面较平坦的部位可采用圆柱形铣刀，加工空间曲面、模具型腔或凸模成形表面多采用模具铣刀，加工封闭的键槽选择键槽铣刀。

2. 铣刀尺寸参数的选择

（1）面铣刀直径的选择　选择面铣刀尺寸参数时，要注意粗铣时刀具直径应小些，精铣时铣刀直径应大些，尽量包容整个加工宽度。加工平面面积不大时，要注意选择直径比平面宽度大的铣刀，这样可以实现单次平面铣削。当面铣刀的宽度达到加工面宽度的 1.3～1.6 倍时，可以有效保证切屑的较好形成及排出。

加工平面面积大的时候，就需要选用直径大小合适的铣刀，分多次铣削平面。由于机床的限制、切削用量以及刀片与刀具尺寸的影响，铣刀的直径会受到限制。

（2）立铣刀尺寸参数的选择　加工平面较小时，需选用直径较小的立铣刀进行铣削。为使加工效率最高，铣刀应有 2/3 的直径与工件接触，即铣刀直径等于切削宽度的 1.5 倍。顺铣时，合理使用这个刀具直径与切削宽度的比值，将会保证铣刀在切入工件时有非常适合的角度。如果不能确定机床是否有足够的功率来维持铣刀在这样的比例下切削，可以把轴向切削深度分两次或多次完成，从而尽可能保持铣刀直径与切削宽度的比值。

选择立铣刀时，应根据工件的材料、刀具的加工性质选择合适的刀具参数（直径、刀具角度等），主要包括：

1）刀具半径 r 应小于零件内轮廓的最小曲率半径。

2）零件的轴向切削深度 $H \leqslant \left(\frac{1}{6} \sim \frac{1}{4}\right) r$。

3）加工不通孔或深槽时，刀具长度 $l = H + (5 \sim 10)\,\text{mm}$。

4）加工外形及通槽时，选取 $l = H + r_\varepsilon + (5 \sim 10)\,\text{mm}$，其中 r_ε 为刀尖圆弧半径。

5）加工肋时，刀具直径为 $D = (5 \sim 10)b$，其中 b 为肋宽。

2.1.12　数控铣刀刀柄

由于铣床的工艺能力强大，因此其刀具种类也较多，一般分为铣削类、镗削类、钻削类等。数控铣床使用的刀具通过刀柄和拉钉与主轴相连，刀柄与主轴的配合一般采用7∶24锥度的锥面。图2-1-17所示为各种铣刀使用刀柄与主轴相连的示意图。

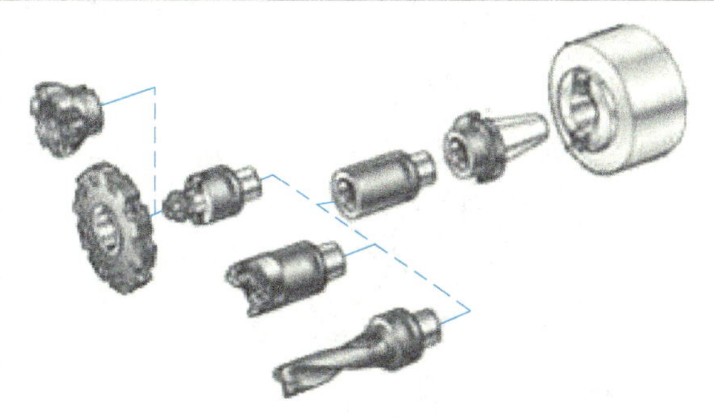

图2-1-17　刀柄与主轴相连的示意图

（1）弹簧夹头刀柄　如图2-1-18所示，用于装夹各种直柄的立铣刀、麻花钻、丝锥等。弹性夹套、夹套夹头装入数控刀柄前端

a) 拉钉

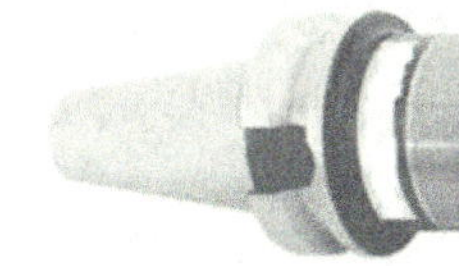

b) 夹套夹头

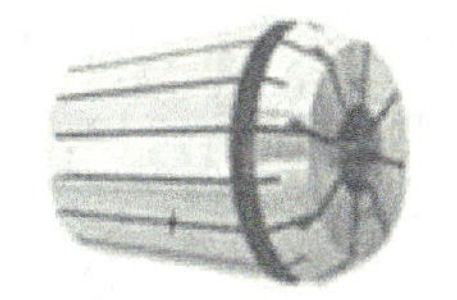

c) 弹性夹套

d) 夹紧螺母

图2-1-18　弹簧夹头刀柄

a) 盘铣刀刀柄

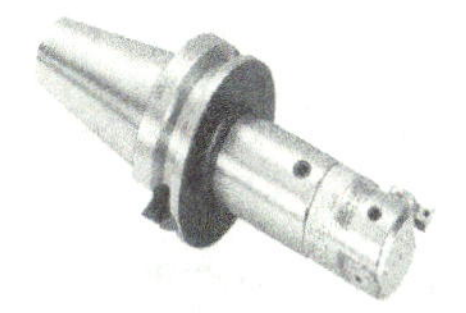

b) 镗刀刀柄

c) 丝锥刀柄

d) 直柄钻头刀柄

图2-1-19　常用铣刀刀柄

夹持铣刀，并由夹紧螺母锁紧；拉钉拧紧在数控刀柄尾部的螺孔中。图2-1-19所示为几种常用铣刀刀柄。

（2）莫氏锥度刀柄　如图2-1-20所示，莫氏锥度刀柄有莫氏锥度2号、3号、4号等，可装夹相应的莫氏锥度钻夹头、立铣刀等。

图2-1-20　莫氏锥度刀柄

加工时应根据加工条件来选择刀柄。

2.1.13　HAAS TM-1数控铣床对刀操作及参数设置步骤

对刀即设定工件坐标系原点，其目的是通过刀具或对刀工具确定工件坐标系与机床坐标系之间的空间位置关系，并将对刀数据输入到相应的存储位置。对刀是数控加工中最重要的操作内容，其准确性将直接影响零件的加工精度。

当工件坐标系用G54指令设定时，需要保证G54的工件坐标系原点与编程原点重合。工件坐标系原点编程原点设定在工件左上角上表面时，对刀操作的步骤如图2-1-21a所示。

1）将工件毛坯装到机用虎钳中并夹紧。

2）将尖头刀具或寻边器装到主轴上。

3）按 Jog Handle 键（A），选择手动方式。

4）按 .1/100. 键（B），使摇动手轮的时候铣床快速移动。

5）按 +Z 方向键（C）。

6）手轮进给（D），使 Z 轴在工件上方大约为 20mm。

7）按 .001/1. 键（E），使摇动手轮的时候铣床慢速移动。

8）手轮进给（D），使 Z 轴在工件上方大约为 5mm。

9）按 X 或 Y 键（F），选择手动运动方向，手轮进给（D），使刀具移动到工件的最左角，如图 2-1-21b 所示。

10）按 OFFSET 键（G）。

11）重复按 Page Up 键（H），直到看到"Work Zero Offset"（工件零点偏置）页。

12）按 Cursor 光标键（I），移动到 G54 栏"X"处。

13）按 Part Zero Set 键（J）（工件零点偏置）在"X"处输入值。第二次按 Part Zero Set 键（J），将在"Y"处输入值。

注意：为防止撞刀，*Z* 轴零点一般不做设置，而是将标准刀的 *Z* 向对刀数据设置到刀具长度补偿中，所以不要第三次按 Part Zero Set，这样做会将 *Z* 轴的坐标值输入存储器。

思考：为什么 Z 轴零点偏置值不设置在 G54 栏的 Z 处中？

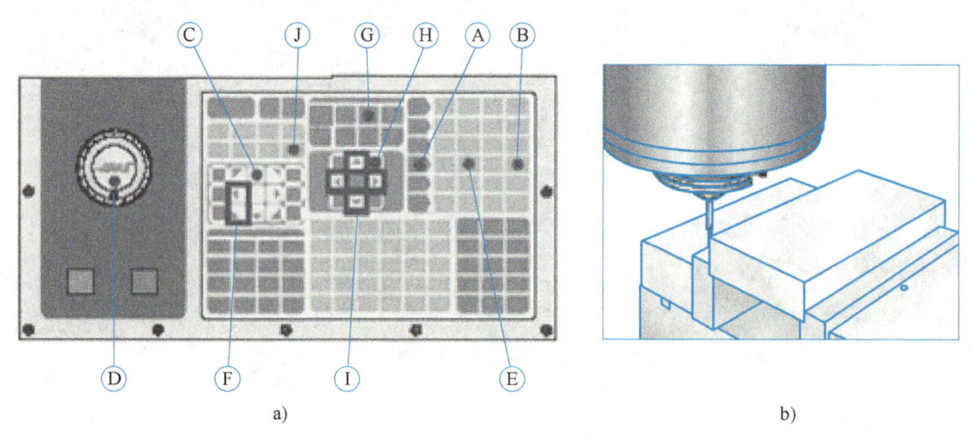

图 2-1-21　对刀操作

任务 2.2　五角星槽板数控铣削的编程与加工

学习目标

1. 熟悉数控编程与加工的内容和步骤。
2. 熟悉程序结构与格式、程序字的功能类别。

3. 了解坐标平面选择指令 G17/G18/G19。

4. 掌握刀具长度补偿指令 G43/G44/G49、绝对值增量值编程指令 G90/G91、米制尺寸/英制尺寸指令 G21/G20、快速点定位指令 G00、直线插补指令 G01、自动回机床参考点指令等指令的功能及使用方法。

5. 掌握程序输入和调试的方法。

6. 掌握刀具功能、主轴转速功能、进给功能、常用辅助功能等指令的使用方法。

任务布置

如图 2-2-1 所示，在 80mm×80mm×25mm 铝合金毛坯上铣削五角星形槽和五边形槽，槽宽 2mm，槽深 1mm。要求填写数控加工刀具卡和数控加工工序卡，编写五角星形槽和五边形槽加工程序并在数控铣床上完成零件加工。

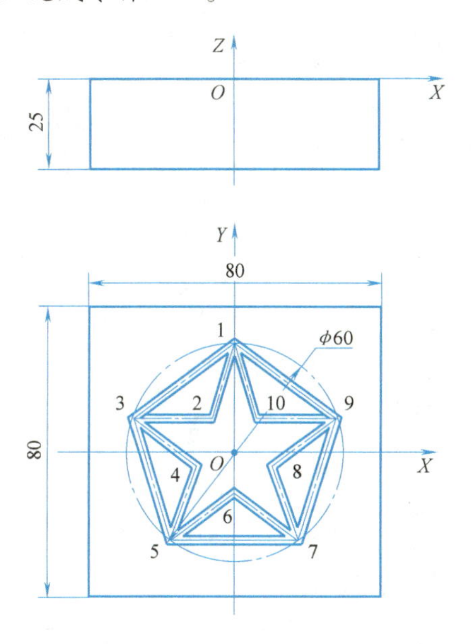

槽宽=2mm 槽深=1mm

基点	1	2	3	4	5	6	7	8	9	10
X坐标	0.000	−6.735	−28.532	−10.898	−17.634	0.000	17.634	10.898	28.532	6.735
Y坐标	30.000	9.271	9.271	−3.541	−24.271	−11.459	−24.271	−3.541	9.271	9.271

图 2-2-1 五角星槽板

任务分析

任务为在 80mm×80mm×25mm 铝合金毛坯上铣削五边形槽和五角星形槽，槽宽为 2mm，槽深为 1mm。槽的形状比较简单，均为直线形槽。

本任务是学生学习数控铣床编程与加工的第一个零件。要求学生经过项目 1 的训练后，在掌握数控铣床基本知识、技能和操作步骤与方法的基础上，结合数控加工工艺的知识和技能，拟订合理的工艺方案，熟悉数控铣床编程与加工的方法和步骤，在数控铣床上正确安装毛坯和刀具，输入程序并加工出合格零件。

案例体验

图 2-2-2 所示为在 80mm×80mm×25mm 铝合金毛坯上铣削五边形槽，槽宽 2mm，槽深 1mm。要求填写数控加工刀具卡和数控加工工序卡，编写五边形槽加工程序并在数控铣床上完成零件加工。

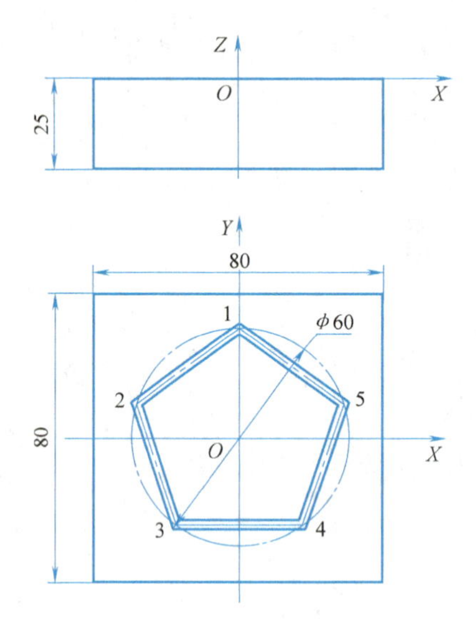

槽宽=2mm　槽深=1mm

基点	1	2	3	4	5
X 坐标	0.000	−28.532	−17.634	17.634	28.532
Y 坐标	30.000	9.271	−24.271	−24.271	9.271

图 2-2-2　五边形槽板

1. 案例分析

（1）图样分析　五边形槽槽宽 2mm，槽深 1mm，以毛坯上表面中心点为加工原点，各基点坐标已经在图样中给出，公差为自由公差。

（2）工艺分析　本案例五边形槽加工要求比较简单，材料为铝合金，用键槽铣刀可直接下刀至 1mm 深，下刀后铣削的刀具路径为：1 点→2 点→3 点→4 点→5 点→1 点，加工结束后抬刀。

1）准备毛坯。毛坯为铝合金，本工序毛坯所有外表面事先已经加工。

2）选择刀具。该工件为铝合金，切削性能较好，采用硬质合金刀具即可。刀具选择 ϕ2mm 键槽铣刀。数控加工刀具卡见表 2-2-1。

表 2-2-1　数控加工刀具卡　　编号：2. 2. 2

零件名称	五边形槽板	零件图号	2-2-2	工序卡编号	2. 2. 2	工艺员	
工步编号	刀具编号	刀具规格、名称		刀具补偿号	加工内容		备注
1	T01	ϕ2mm 键槽铣刀		H01	五边形槽		

3）选择切削用量。切削用量三要素有切削速度、进给速度和切削深度（背吃刀量或侧吃刀量）。在数控铣削编程时，首先要结合工艺方案选择主轴转速和进给速度，方法与

在普通机床上加工时相似，可通过计算或查金属切削工艺手册得到，也可根据经验数据给定。

采用 ϕ2mm 的槽键铣刀，设为 T01 号刀位。因为材料是铝合金，硬度较低，刀具直径较小，可以选用较高转速和较快的进给速度，设定为 S1200、F100。

4）填写数控加工工序卡。数控加工工序卡与普通加工工序卡有许多相似处，内容包括使用的辅具、刀具、切削参数、切削液等，它是操作人员配合数控程序进行数控加工的主要指导性工艺资料。本案例铣削加工的工序卡见表 2-2-2。

表 2-2-2　数控加工工序卡　　编号：2.2.2

零件名称	五边形槽板	零件图号	2-2-2	工序名称	五边形槽铣削		
零件材料	铝合金	材料硬度		使用设备	FANUC0i 系统数控铣床		
使用夹具	机用虎钳	装夹方法					
程序号	O0222	日期	年　月　日	工艺员			
工步描述							
工步编号	工步内容	刀具编号	刀具规格	主轴转速/(r/min)	进给速度/(mm/mim)	背吃刀量/mm	备注
1	铣削五边形槽	T01	ϕ2mm	1200	100	1	

2. 程序编制

（1）编程原点的选择　设定工件坐标系原点 O（0，0，0）为毛坯上表面中心点处，如图 2-2-2 所示。按要求测量刀具的长度补偿值并设置到刀具补偿参数中（刀具长度补偿号码为 H01）。

（2）刀具路径　刀具路径按 1 点→2 点→3 点→4 点→5 点→1 点的轨迹完成。

（3）数学处理　由于零件简单，设定工件坐标系原点 O（0，0，0）为毛坯上表面中心点处，各个刀位点的 X，Y 坐标可以通过 CAD 软件读取，如图 2-2-2 所示。

（4）编制加工程序　根据拟订的工艺方案编制加工程序，填写数控加工程序单，见表 2-2-3。

表 2-2-3　O0222 数控加工程序单　　编号：2.2.2

零件名称	五边形槽板	零件图号	2-2-2	工序卡编号	2.2.2	编程员	
程序段号	指令码			备　注			
N10	G54 G90 G00 X0.0 Y30.0 S1200 M03;			调用 G54 加工原点，主轴正转 1200mm/r，刀具快速移动到点 1(0,30)上方			
N20	G43 H01 Z30.0;			快速下刀至 Z30 调用 H01 刀具长度补偿			
N30	G00 Z3.0 M08;			快速下刀至 Z3，打开切削液			
N40	G01 Z-1.0 F100.;			以 100mm/min 的速度下刀 1mm 深			
N50	G01 X-28.532 Y9.271;			以 100mm/min 的速度走刀，铣削至点 2 处			
N60	X-17.634 Y-24.271;			铣削至点 3 处			
N70	X17.634 Y-24.271;			铣削至点 4 处			
N80	X28.532 Y9.271;			铣削至点 5 处			

（续）

零件名称	五边形槽板	零件图号	2-2-2	工序卡编号	2.2.2	编程员	
程序段号	指令码			备　注			
N90	X0.0 Y30.0；			铣削至点1处			
N100	G00 Z100.0 M05 M09；			快速抬刀至高100mm，主轴停转，关闭切削液			
N110	G91 G28 Z0；			*Z* 向回机床参考点，取消刀具长度补偿			
N120	M30；			程序结束			

3. 零件加工

1）开机，回参考点。

2）调校机用虎钳钳口方向与机床 *X* 轴平行，控制误差在±0.01mm以内，并固定机用虎钳。

3）正确安装毛坯和刀具。

4）对刀，设置工件坐标系G54和刀具长度补偿参数H01。

5）输入程序。

6）模拟加工。

7）自动加工（单段运行）。

8）检测零件。

相关知识

2.2.1 编程内容与步骤

本节介绍手工编程的内容和步骤。

1. 分析零件图

根据零件图，通过对零件的材料、形状、尺寸和精度、表面质量、毛坯情况和热处理要求等进行分析，明确加工内容和要求，确定该零件是否适合于在数控铣床上加工。

2. 确定工艺过程

在分析零件图的基础上，确定零件的加工工艺（如确定定位方式，选用工装、夹具等）和加工路线（如确定对刀点、刀具路径等），并确定切削用量。

由于在数控铣床上加工零件时，工序十分集中，在一次装夹中，往往需要完成粗加工、半精加工和精加工，因此在确定工艺过程时要周密合理地安排各工序的加工顺序，提高加工精度和生产率。

3. 数值计算

基点是指构成零件轮廓的几何要素的连接点。常用的基点坐标的计算方法有列方程求解法、三角函数法、计算机绘图求解法等。因为计算机应用的普及，故目前以计算机绘图求解法为主。

数控系统一般只能作直线插补和圆弧插补的切削运动。如果零件轮廓是非圆曲线，数控系统就无法直接实现插补，而需要通过一定的数学处理，用直线段或者圆弧段去逼近非圆曲线（拟合）。逼近线段与被加工曲线的交点称为节点，节点的计算一般都比较复杂，通常借助计算机软件辅助计算。

4. 编写加工程序

根据工艺过程、数值计算结果以及辅助操作要求，按照数控系统规定的程序指令及格式要求编写出加工程序。

5. 程序输入

把编写好的程序，输入到数控系统中，常用的方法有以下两种：

1）在数控铣床的数控面板上进行手工输入。

2）利用DNC（数据传输）功能，先把程序录入计算机，再由专用的DNC传输软件，把加工程序输入数控系统，然后再调出执行，或边传输边加工。

6. 程序校验

编制好的程序，在正式用于生产加工前，必须进行程序运行校验。在某些情况下，还需做零件试加工。根据校验结果对程序进行修改和调整，这往往要经过多次反复，直到获得完全满足加工要求的程序为止。

2.2.2 程序结构与格式

每个数控程序一般是由程序开始符、程序号、程序主体、程序结束指令和程序结束符组成。下面为程序样本。

```
%;                                                    (程序开始符)
O0100;                                                (程序号)
N0010    G54 G90 G00 X40.0 Y30.0 S1200 M03;          (程序主体)
N0020    G43 Z10.0 H01;
N0030    G01 Z-2.0 F100.;
N0040    X-8.0 Y8.0 F200.;
N0050    X28.0  Y30.0 ;
N0060    G91 G28 Z0. ;
N0070    M30;                                         (程序结束指令)
%;                                                    (程序结束符)
```

（1）程序开始符和程序结束符　程序开始符和程序结束符一般单列一段，是同一个字符。在ISO（International Organization for Standardization 国际标准化组织）代码中是“%”，在EIA（Electronic Industries Association 美国电子工业协会）代码中是“ER”。

（2）程序号　程序号位于程序主体之前、程序开始符之后，一般独占一行。通常，程序号由数控系统规定的英文字母（如O等）和紧随其后的数字组成。数控系统根据程序号地址码来区分存储器中的程序。不同数控系统的程序号地址码不同，如日本FANUC数控系统采用“O”作为程序号地址码；美国的AB8400数控系统采用“P”作为程序号地址码；德国的SMK8M数控系统采用“%”作为程序号地址码等。

（3）程序主体　程序主体由若干个程序段组成，每个程序段由一个或多个指令字构成，每个指令字由地址符和数字组成，它代表机床的一个位置或一个动作。每一程序段结束要有一个程序段结束符。FANUC和HAAS数控系统的程序段结束符是“;”号。

（4）程序结束指令　程序结束指令可以用M02（程序结束）或M30（程序结束返回）。

虽然 M02 与 M30 允许与其他程序字合用一个程序段，但最好还是将其单列一段，或者只与顺序号共用一个程序段。

2.2.3 程序字的功能类别

程序字由地址符和数字组成。程序字共有 7 种，它们分别为顺序号字、准备功能字、尺寸字、进给功能字、主轴转速功能字、刀具功能字和辅助功能字。

1. 顺序号字

顺序号字也叫程序段号或程序段序号。

顺序号字位于程序段之首，它的地址符是“N”，后续数字一般 2~4 位。顺序号字可以用在主程序、子程序和宏程序中。

数字部分应为正整数，一般最小顺序号是 N1。顺序号的数字可以不连续，也不一定从小到大顺序排列，如第一段用 N1，第二段用 N20、第三段用 N10。对于整个程序，可以每个程序段都设顺序号，也可以只在部分程序段中设顺序号，还可在整个程序中全不设顺序号。一般都将第一程序段冠以 N10，其后以间隔 10 递增的方法设置顺序号，这样，在调试程序时如需要在 N10 与 N20 之间加入两个程序段，就可以用 N11、N12。

数控装置的解释程序内没有整理程序段次序的内容，程序段在存储器内以输入的先后顺序排列，而不管各程序段有无顺序号和顺序号的大小。数控装置在执行程序时严格按信息在存储器内的排列顺序一段一段地执行，也就是说，执行的先后次序与程序段中的顺序号无关。因此，数控加工中的顺序号实际上是程序段的名称。

2. 准备功能字

准备功能字的地址符是“G”，所以又称为 G 功能或 G 指令。主要用来建立机床或控制系统的工作方式，跟在地址符 G 后面的数字决定了该程序段指令的意义。

G 指令分为下面两类。

1）模态 G 指令：在同组其他 G 指令出现前该 G 指令一直有效。

2）非模态 G 指令：G 指令只在它出现的程序段中有效。

我国现有的中、高档数控系统大部分是从日本、德国、美国等国进口的，它们的 G 指令的功能相差甚大。现将日本 FANUC、美国 HAAS、德国 SIEMENS 公司产的数控系统的常用 G 指令功能含义对比列于表 2-2-4，表中组别代号参考 FANUC 0i 系统。

表 2-2-4　G 指令功能含义对照表

G 指令	组别代号	日本 FANUC 0i 系统	美国 HAAS 系统	德国 SIEMENS 810 系统
G00	01	点定位	点定位	点定位
G01		直线插补	直线插补	直线插补
G02		顺时针圆弧插补	顺时针圆弧插补	顺时针圆弧插补
G03		逆时针圆弧插补	逆时针圆弧插补	逆时针圆弧插补
G04	00	暂停	暂停	暂停
G09		—	精确停止	—
G12		—	顺时针圆周铣槽	—
G13		—	逆时针圆周铣槽	—

（续）

G 指令	组别代号	日本 FANUC 0i 系统	美国 HAAS 系统	德国 SIEMENS 810 系统
G15	04	极坐标指令取消	—	—
G16		启动极坐标指令		
G17	02	XY 平面选择	XY 平面选择	—
G18		ZX 平面选择	ZX 平面选择	—
G19		YZ 平面选择	YZ 平面选择	—
G20	06	英制输入	英制输入	—
G21		米制输入	米制输入	—
G27	00	参考点返回检验	—	—
G28		自动返回参考点	回归机床零点	—
G29		从参考点移出	从基准点返回	—
G40	07	刀具半径补偿注销	刀具半径补偿注销	刀具半径补偿注销
G41		刀具补偿（左）	刀具补偿（左）	刀具补偿（左）
G42		刀具补偿（右）	刀具补偿（右）	刀具补偿（右）
G43	08	正向长度补偿	正向长度补偿	—
G44		反向长度补偿	反向长度补偿	—
G47		—	文本雕刻	—
G49	08	取消长度补偿	取消长度补偿	—
G50	11	取消缩放比例	取消缩放比例	—
G51		比例缩放	比例缩放	—
G52	00	设定局部坐标系	设置工件坐标系统 YASNAC	—
G53	00	机械坐标系选择	非模态机床坐标系统选择	附加零点偏置
G54	14	—	选择工件坐标系 1	零点偏置 1
G55		—	选择工件坐标系 2	零点偏置 2
G56		—	选择工件坐标系 3	零点偏置 3
G57		—	选择工件坐标系 4	零点偏置 4
G58		—	选择工件坐标系 5	—
G59		—	选择工件坐标系 6	—
G60		—	单方向定位	准停
G61		—	精确停止模式	—
G64		—	G61 取消	—
G65	00	用户宏指令命令	—	—
G66	12	宏模态调用	—	—
G67		宏模态调用取消		
G68	16	坐标系旋转	坐标系旋转	—
G69		取消 G68 旋转	取消 G68 旋转	—
G70		—	螺栓孔圆周	英制

（续）

G 指令	组别代号	日本 FANUC 0i 系统	美国 HAAS 系统	德国 SIEMENS 810 系统
G71		—	圆弧螺栓孔	米制
G72		—	沿一个角度的螺栓孔	—
G73	09	分级进给钻削循环	高速啄钻孔固定循环	—
G74		反攻螺纹循环	反向攻螺纹固定循环	—
G76		精镗孔固定循环	精镗孔固定循环	—
G77		—	后镗孔固定循环	—
G80		固定循环注销	固定循环取消	固定循环注销
G81～G89		钻、攻螺纹、镗固定循环	钻、攻螺纹、镗固定循环	钻、攻螺纹、镗固定循环
G90	03	绝对值编程	绝对值编程	绝对尺寸
G91		增量值编程	增量值编程	增量尺寸
G92	00	工件坐标系设定	设置工件坐标系统切换值	主轴转速极限
G94	04	每分钟进给	进给每分钟模式	每分钟进给
G95		—	进给每转模式	每转进给
G98	10	固定循环中退到起始点	固定循环原始点回归	—
G99		固定循环中退到 R 点	固定循环 R 平面返回	—

从表 2-2-4 中可以看出，目前国际上使用的 G 指令，其标准化程度较低，只有 G01～G04、G17～G19、G40～G42 的含义在各系统中基本相同；G90～G92、G94～G95 的含义在多数系统内相同。有些数控系统规定可使用几套 G 指令，这说明，在编程时必须遵照机床数控系统说明书编制程序。

3. 尺寸字

尺寸字也叫尺寸指令。尺寸字在程序段中主要用来指令机床上刀具运动到达的坐标位置，表示暂停时间等的指令也列入其中。

尺寸地址用得最多的有三组：第一组是 X、Y、Z/U、V、W/P、Q、R，主要是用于指令到达点的直线坐标，有些地址符（例如 X）还可用于在 G04 之后指定暂停时间；第二组是 A、B、C、D、E，主要用来指令到达点的角度坐标；第三组是 I、J、K，主要用来指令零件圆弧轮廓圆心点的坐标。尺寸字中地址符的使用虽然有一定规律，但是各系统往往还有一些差别。例如 SIEMENS 系统用“CR =”指令圆弧的半径，F 还可指令暂停的时间等。

坐标尺寸是使用米制还是英制，多数系统用准备功能字选择，如 FANUC、HAAS 等系统用 G21/G22、SIEMENS 等系统用 G70/G71 切换。另有一些系统用参数来设定。

尺寸字中数值的具体单位，采用米制单位时一般用 1μm、10μm、1mm 三种；在采用英制时常用 0.0001in 和 0.001in 两种。因此尺寸字指令的坐标长度就是设定单位与尺寸字中后续数字的乘积。例如在使用米制单位制、设定单位为 μm 的场合，X6150 指令的坐标长度是 6.15mm。现在一般数控系统已经允许在尺寸字中使用小数点，而且当数字为整数时，可省略小数点。例如，设定单位为 mm 时，X10 指令的坐标长度是 10mm。选择何种单位，通常用参数设定。并不是每类系统都能设定上述五种单位。

4. 进给功能字

进给功能字的地址符用“F”，所以又称为F功能或F指令。它的功能是指令切削的进给速度。现在一般都能使用直接指定方式（也叫直接指定码），即可用F后的数值直接指定进给速度。F进给速度一般可分为每分钟进给和主轴每转进给。F地址符在螺纹切削程序段中还常用来指令螺纹导程。

必须注意：F功能是模态指令，且第一次遇到直线（G01）或圆弧（G02/G03）插补指令时，必须编写进给速度F，如果没有编写F功能，数控系统采用F0。当工作在快速定位（G00）方式时，机床将以通过机床轴参数设定的快速进给速度移动，与编写的F指令无关。

5. 主轴转速功能字

主轴转速功能字用来指定主轴的转速，单位为r/min，地址符使用“S”，所以又称为S功能或S指令。中档以上的数控机床，其主轴驱动已采用主轴控制单元，它们的转速可以直接指令，即用S后续数字直接表示每分钟主轴转速。例如，要求1200r/min，就指令S1200。

6. 刀具功能字

刀具功能字用地址符“T”及随后的数值表示，所以也称为T功能或T指令。数控铣床多数系统T指令的功能含义，是用来指定加工时使用的刀具号，换刀时使用M06 T__指令。具体编程格式因数控系统的不同而异。

7. 辅助功能字

辅助功能字由地址符“M”及随后的1~3位数字组成（多为2位），所以也称为M功能或M指令。它用来指令数控机床辅助装置的接通和断开（即开关动作），表示机床各种辅助动作及其状态。与G指令一样，M指令在实际使用中的标准化程度也不高。现列出日本FANUC 0i系统等几种国外数控系统中M指令的含义对照表，见表2-2-5。

表2-2-5　M指令功能含义对照表

M指令	日本FANUC 0i系统	美国HAAS公司系统	美国辛辛那提850系统
M00	程序停止	程序停止	程序停止
M01	选择停止	计划停止	计划停止
M02	程序结束	程序结束	程序结束
M03	主轴顺时针方向转动	主轴顺时针方向转动	主轴顺时针方向转动
M04	主轴逆时针方向转动	主轴逆时针方向转动	主轴逆时针方向转动
M05	主轴停止	主轴停止	主轴停止
M06	—	换刀	换刀
M07		—	2号切削液开
M08	切削液开	切削液开启	1号切削液开
M09	切削液停	切削液关闭	切削液停
M10	—	啮合第4轴制动器	—
M11		松开第4轴制动器	
M12		啮合第5轴制动器	
M13		松开第5轴制动器	主轴正转，切削液开
M14		—	主轴逆转，切削液开
M16		换刀	

（续）

M 指令	日本 FANUC 0i 系统	美国 HAAS 公司系统	美国辛辛那提 850 系统
M17	排屑器起动	松开 APC 托盘和开启 APC 门	主轴正转，2 号切削液开
M18	排屑器停止	夹紧托盘和关闭门	主轴逆转，2 号切削液开
M19	—	定位主轴	—
M21	误差检测通，尖角	用户继电器的选项	
M22	误差检测关，圆角	用户继电器的选项	
M23	倒角	用户继电器的选项	
M24	倒角解除	用户继电器的选项	主轴正转，主轴孔冷却
M25	—	用户继电器的选项	主轴逆转，主轴孔冷却
M26～M27		用户继电器的选项	—
M28		用户继电器的选项	
M29	主轴速度一致检出	—	3 号切削液开
M30	穿孔带结束	程序回退与倒回	子程序结束
M31	进给修调取消	切屑传送装置向前	—
M32	进给修调恢复	—	当前子程序结束
M33		切屑传送装置停止	
M34	—	切削液增量	—
M35		切削液减量	
M36		托盘工件准备	
M37	主轴低速范围	—	
M38	主轴中速范围		
M39	主轴高速范围	旋转刀库	
M57	卡盘闭	设置可选用户 M 代码	
M58	卡盘开	设置可选用户 M 代码	
M65	刀头确认	清除可选用户 M 代码	
M66	刀台回转禁止	清除可选用户 M 代码	
M67	刀台回转允许	清除可选用户 M 代码	
M68		清除可选用户 M 代码	
M69	—	清除输出继电器	
M70	刀检空气吹扫	—	选择 M 功能
M80	第一刀具组跳读	自动门开启	
M81	第二刀具组跳读	自动门关闭	
M82	第三刀具组跳读	放开刀具	
M83	第四刀具组跳读	自动空气枪开启	
M84	第五刀具组跳读	自动空气枪关闭	
M86	机外计测：内径	夹刀	
M87	机外计测：外径	—	
M88～M89	—	通过主轴切削液（TSC）开启/关闭	

（续）

M 指令	日本 FANUC 0i 系统	美国 HAAS 公司系统	美国辛辛那提 850 系统
M92	外部输入刀具补偿	—	—
M93	外部输入刀具补偿		
M95		休眠模式	
M96		如果没有输入跳转	
M97		当地子程序调用	
M98	子程序调出	子程序调用	
M99	返回主程序	子程序返回或者循环	

从表 2-2-5 中可以看到，各种系统 M 指令含义的差别很大，但常用的 M00~M05 及 M30 的含义是一致的，M06~M09 的含义基本一致。

2.2.4　坐标平面选择指令 G17/G18/G19

坐标平面选择指令是用来选择圆弧插补平面和刀具补偿平面的。在加工前，必须选择坐标平面。

编程格式：G17；

G18；

G19；

G17 选择 *XY* 平面，G18 选择 *XZ* 平面，G19 选择 *YZ* 平面，如图 2-2-3 所示。

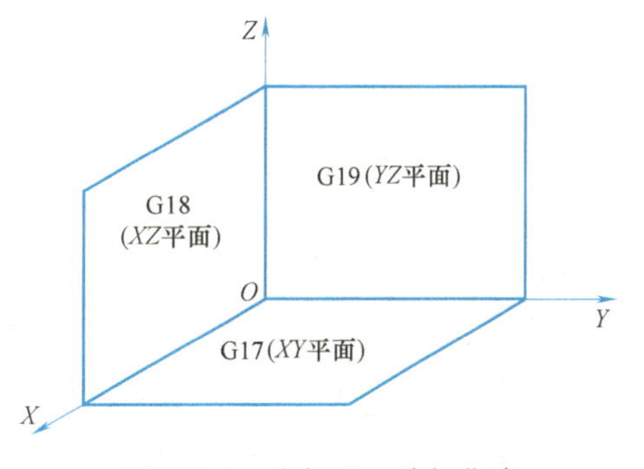

图 2-2-3　坐标平面选择指令

坐标平面选择指令只是决定了程序段中的坐标轴的地址，不影响移动指令的执行。例如在规定了 G17 G00 Z __时，可使机床在 *Z* 轴方向上产生移动。

机床通电时默认为 G17 状态，在 *XY* 平面内加工。若要在其他平面上加工则应使用坐标平面指令。

G17、G18、G19 是同组的模态指令。

2.2.5　刀具长度补偿指令 G43/G44/G49

刀具基准点是用标准长度的刀具对刀时的刀位点。工件坐标系设定是以刀具基准点为依据的，零件加工程序中的指令值是刀位点的值。由于各个刀具的长度不一致，其刀位点与基准点不一定重合，故要用刀具长度补偿。用刀具长度补偿后，更换刀具后，只需改变刀具长度补偿值，而不必变更零件加工程序，可简化编程。另外，当刀具磨损、更换新刀或刀具安装有误差时，也可使用刀具长度补偿指令，补偿刀具在长度方向上的尺寸变化，不必重新编制加工程序、重新对刀或重新调整刀具。

（1）建立刀具长度补偿　刀具长度补偿分正向补偿刀具偏置和负向补偿刀具偏置，分别为刀具长度正向补偿和刀具长度负向补偿。

G43——刀具长度正向补偿。

G44——刀具长度负向补偿。

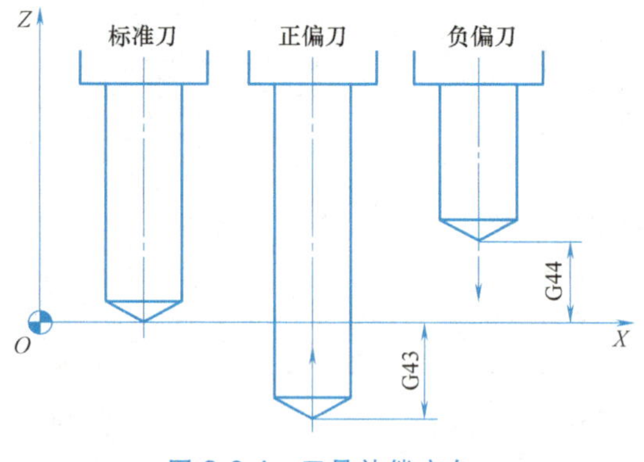

图 2-2-4　刀具补偿方向

如图 2-2-4 所示，所谓正向补偿，就是实际使用的刀具长度比编程时的标准刀具长，用 G43 指令，使刀具朝 Z 轴正方向移动一个刀具长度偏置量；所谓负向补偿，就是实际使用的刀具长度比编程时的标准刀具短，用 G44 指令，使刀具朝 Z 轴负方向移动一个刀具长度偏置量。各个刀具的补偿量存放在补偿存储器中，用 H00～H99 来指定补偿号。

执行 G43（刀具长时，应向离开工件方向补偿）时

$$Z_{实际值}=Z_{指令值}+(H\times\times)$$

执行 G44（刀具短时，应向趋近工件方向补偿）时

$$Z_{实际值}=Z_{指令值}-(H\times\times)$$

其中，(H××) 是指××寄存器中的补偿量，其值可以是正值或者是负值。当刀长补偿量取负值时，G43 和 G44 的功效将互换。

编程格式：G01　G43/G44　Z__　H__；

刀具长度补偿指令通常是在下刀及提刀的直线段程序 G00 或 G01 中。使用多把刀具时，通常是每一把刀具对应一个刀长补偿号，下刀时使用 G43 或 G44，该刀具加工结束后提刀时使用 G49 取消刀长补偿。

在实际使用中，鉴于习惯，一般仅使用 G43 指令，而 G44 指令使用的较少。正或负方向的移动，靠变换 H 代码的正负值来实现。

（2）撤销刀具长度补偿　撤销刀具长度补偿用指令 G49。补偿一旦被撤销，以后的程序段便没有补偿。同样地，也可采用 G43 H00 或 G44 H00 来替代 G49 的撤销刀具长度补偿功能。

编程格式：G01　G49　Z__；

G43、G44、G49 是同组的模态指令。

[例 2.2.1]　刀具长度补偿设置为：H01＝5，H02＝−5，当运行下列程序时，刀具的运动情况如图 2-2-5 所示：点 N10→点 N20→点 N25→点N30→点 N35→点 N40→点 N50。

```
N10   G92   X0    Y0    Z30;
N20   G90   G01   Z15   F100;
N25   G01   X30;
N30   G43   G01   Z20   H01;
N35   G01   X60;
N40   G43   G01   Z15   H02;
N50   G49   G01   Z30;
```

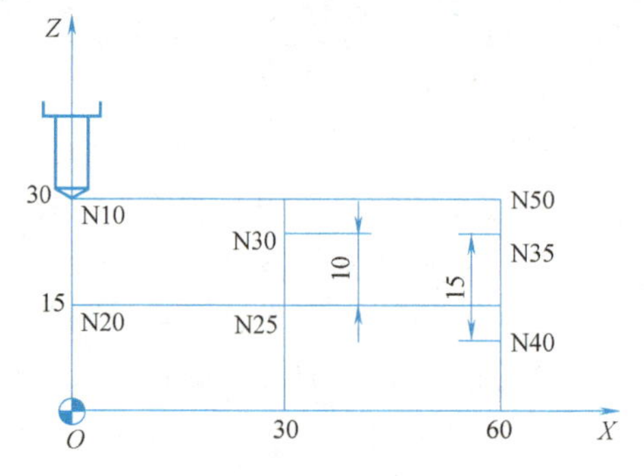

图 2-2-5　刀具长度补偿举例

N60　M30；

2.2.6　绝对值/增量值编程指令 G90/ G91

绝对值编程指令 G90 表示程序段中的编程坐标值，都是相对于工件坐标系原点的坐标值。相对值编程指令 G91 表示程序段中的编程坐标值，都是当前编程点相对于前一个编程点的编程坐标轴上的增量值。

[例 2.2.2]　如图 2-2-6 所示，刀具相对于工件从点 A（60，30）移动至点 B（40，70）的指令可以写为：

G90　X40.0　Y70.0；(绝对值编程。)

或 G91　X-20.0　Y40.0；(增量值编程。)

G90、G91 是同组的模态指令，系统上电默认状态是 G90。

注意：有些数控系统没有绝对和增量尺寸指令，当采用绝对尺寸编程时，尺寸字用 X、Y、Z 表示；采用增量尺寸编程时，尺寸字用 U、V、W 表示。

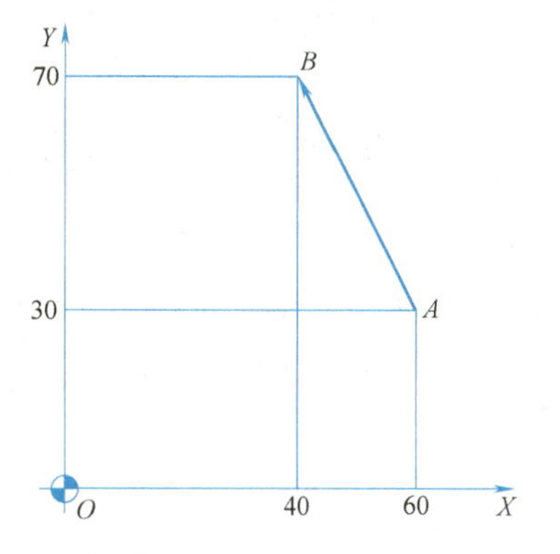

图 2-2-6　绝对值编程和增量值编程举例

2.2.7　尺寸单位选择指令 G20/G21/G22

工程图样中的尺寸标注有米制和英制两种形式。当设置是英制的时候，默认的 G 指令是 G20；当设置是米制，默认的 G 指令是 G21。表 2-2-6 为尺寸单位选择指令 G20/G21/G22 功能。

编程格式：G20；英制

　　　　　G21；米制

　　　　　G22；脉冲当量

表 2-2-6　尺寸单位选择指令 G20/G21/G22 功能

指令	功　能	线性轴单位	旋转轴单位
G20	英制	in	(°)
G21	米制	mm	(°)
G22	脉冲当量	移动轴脉冲当量	旋转轴脉冲当量

这三个 G 指令必须在程序的开头，坐标系设定之前用单独的程序段设定，或通过系统参数设定，程序运行中途不能切换。

有些系统米制英制设定用 G71/G70 指令。

2.2.8　快速点定位指令 G00

快速点定位指令 G00 指令刀具以点位控制方式从刀具所在点快速移动到下一个目标位置。由于是快速，只用于空程，不能用于切削。它的移动轨迹可以是直线，各轴也可以按各自的快速进给速度移动，这样合成的轨迹通常为折线。

编程格式：G00　X__　Y__　Z__；

其中，X、Y、Z 为目标位置的坐标值。G00 后并不是一定要 X、Y、Z 同时出现，它可以是 X、Y、Z 中的任意组合。

快速点定位时，各轴以参数中设定的快速进给速度移动，在程序中不必指令移动速度，只需指令终点位置即可。用机床面板上倍率功能区的按键，可以对快速移动速度施加倍率，倍率值有：5%，25%，50%，1。

G00 指令是 01 组模态指令。

通常使用 G00 指令时，刀具的实际运动路线并不一定是直线。每一个指定的轴是以相同的速度移动，但是所有的轴并不需要在相同的时间完成它们的动作，在开始下一个命令指定的动作前机床将等待直到完成 G00 指令的所有动作，如图 2-2-7 所示。因此要注意刀具是否与工件和夹具发生干涉。对不适合联动的场合，每轴可单动。

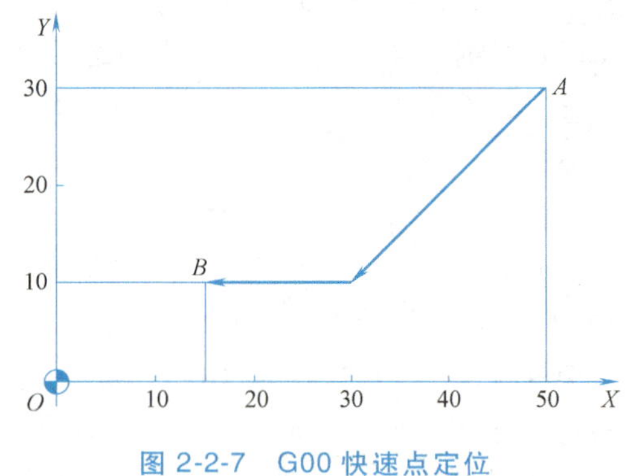

图 2-2-7　G00 快速点定位

2.2.9　直线插补指令 G01

数控装置根据输入的零件加工程序的信息，将程序段所描述的曲线的起点、终点之间的空间进行数据密化，从而形成所要求的轮廓轨迹，这种“数据密化”就称为插补。

直线插补指令 G01 用于产生按指定进给速度的直线运动。它是轮廓切削进给指令，移动的轨迹为直线。

编程格式：G01　X__　Y__　Z__　F__;

G01 进给可以是一个轴的移动或者是多个轴的移动。一旦 G01 开始执行，所有的程序编辑的轴，将在同一时间移动和到达指定点，各轴的分速度与各轴的移动距离成正比。如果进给中有一个轴出了问题，控制器将不能执行 G01 指令，并产生一个警告（最大进给速度过载）。

进给速度值 F 可在当前程序段，或者是先前段（控制器将一直应用当前的 F 值直到调用另一个 F 值）指令。如果没有指令进给速度，就认为进给速度为零。

G01 指令是 01 组模态指令。

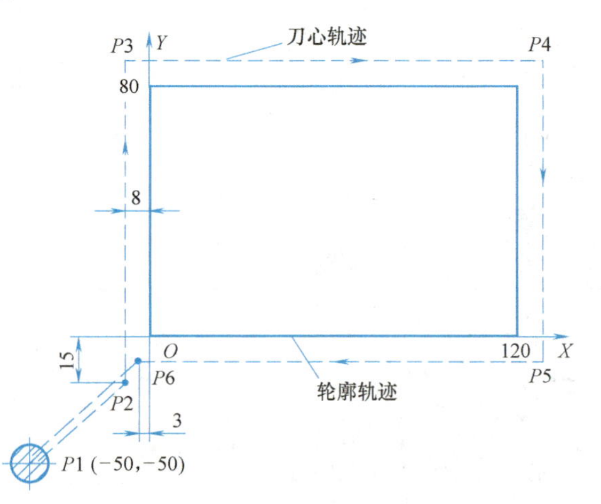

图 2-2-8　G01 编程举例

[例 2.2.3]　零件轮廓与刀具中心路径如图 2-2-8 所示。刀具中心从 P1 点出发，沿 P1→P2→P3→⋯P6→P1 走刀。

用 G90 绝对值编程：

```
N3   G00   X-8.0   Y-15.0;       (P2 点);
N4   G01   Y88.0   F50;          (P3 点)
N5         X128.0;               (P4 点)
N6         Y-8.0;                (P5 点)
```

N7　　　　X-3.0;　　　　　　(P6点)
N8　G00　X-50.0　Y-50.0;　　(P1点)
用G91增量值编程:
N3　G00　X42.0　Y35.0;　　　(P2点)
N4　G01　Y103.0　F50;　　　　(P3点)
N5　　　　X136.0;　　　　　　(P4点)
N6　　　　Y-96.0;　　　　　　(P5点)
N7　　　　X-131.0;　　　　　(P6点)
N8　G00　X-47.0　Y-42.0;　　(P1点)

2.2.10　自动回机床参考点指令

1. 基本概念

(1) 参考点　参考点是机床上的一个固定点,出厂时由制造商设定好,借以确定机床零点的位置,如图2-2-9所示。

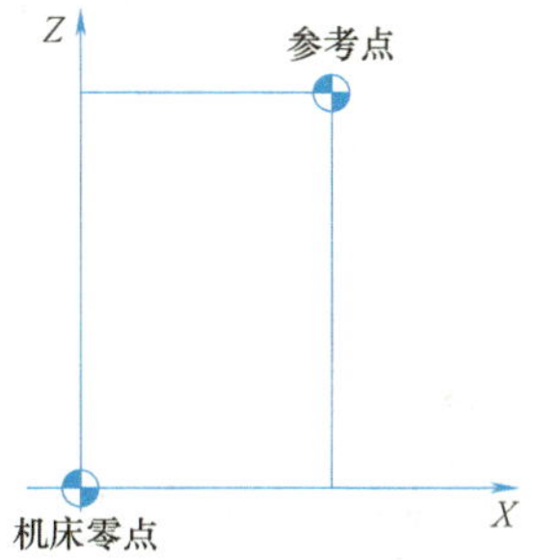

图2-2-9　机床零点和参考点

(2) 返回参考点指令G28和从参考点返回指令G29　刀具经过中间点沿着指定轴自动地移动到参考点,或者刀具从参考点经过中间点沿着指定轴自动地移动到指定点,如图2-2-10所示。

2. 指令功能

(1) 返回参考点指令G28

编程格式:G28　X__　Y__　Z__;

用于将所有的轴回归机床参考点,或者指定一个轴(一些轴)回归机床参考点。

执行该指令时,各轴先以G00速度快速移动到指令的(X, Y, Z)中间点位置,然后自动返回到参考点R定位,如图2-2-10a所示。G28指令执行前要求机床在通电后必须(手动)返回过一次参考点。

在使用上经常将XY和Z分开来用,先用G28 Z__提刀并回Z轴参考点位置,然后再用G28 X__ Y__回到XY方向的参考点位置,如图2-2-10b所示。如果使用程序段G28 Z0,则直接移动到机床Z向参考点。

在G90时(X, Y, Z)为指定点在工件坐标系中的坐标;在G91时为指定点相对于起点的增量位移。

应注意,在使用G28指令时,必须先取消刀具半径补偿,而不必先取消刀具长度补偿,因为G28指令包括刀具长度补偿取消的功能。故G28指令常用于换刀前提刀到参考点高度。

(2) 从参考点返回指令G29

编程格式:G29　X__　Y__　Z__;

如图2-2-10a所示,执行G29指令时,首先使被指令的各轴快速移动到前面G28所指令的中间点,然后再移动至被指令的返回点即图中(X_3, Y_3, Z_3)位置上定位。

若G29指令的前面未指定中间点,则执行G29指令时,被指令的各轴经工件坐标系原点,再移到G29指令的返回点上定位。

[例2.2.4]　如图2-2-11所示,返回参考点换刀和从参考点返回程序如下:

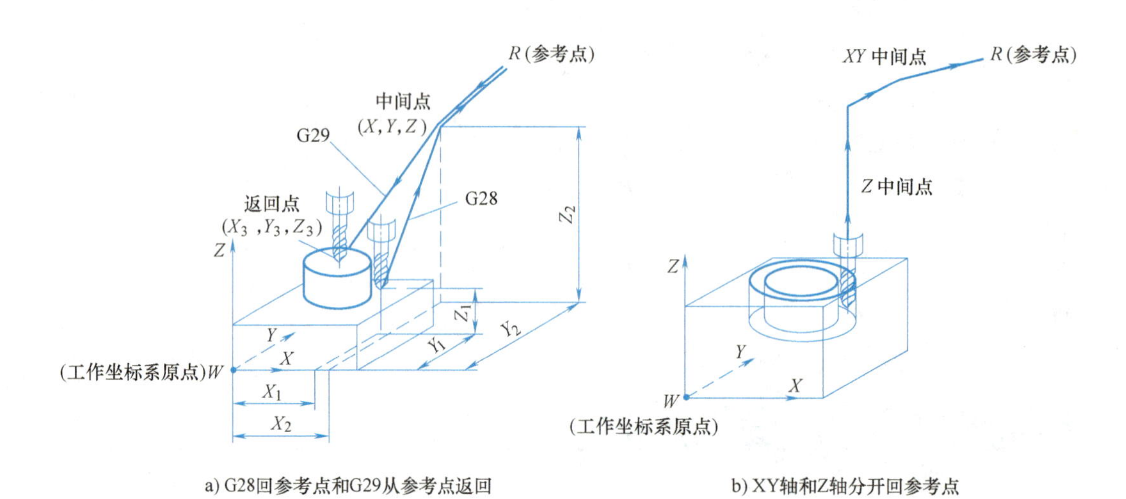

a) G28回参考点和G29从参考点返回　　b) XY轴和Z轴分开回参考点

图 2-2-10　返回参考点和从参考点返回

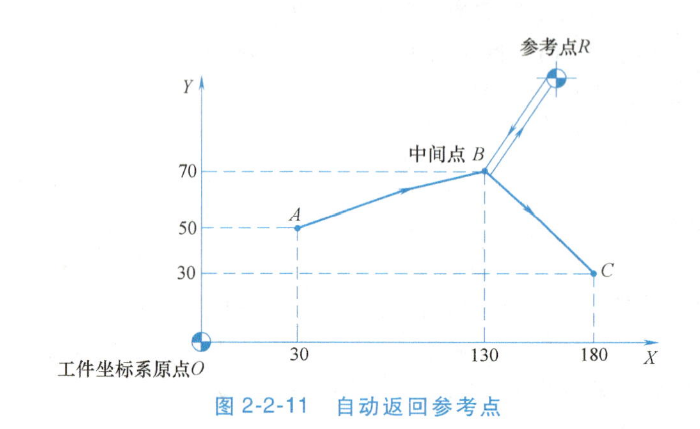

图 2-2-11　自动返回参考点

1）用绝对值指令 G90 时：

G90　G28　X130　Y70；　　（当前点 A→B→R）

M06；　　　　　　　　　　（换刀）

G29　X180 Y30；　　　　　（参考点 R→B→C）

2）用增量值指令 G91 时：

G91　G28　X100　Y20；

M06；

G29　X50　Y-40；

如程序中无 G28 指令时，则程序段 G90 G29 X180 Y130 进给路线为点 A→点 O→点 C。

通常 G28 和 G29 指令应配合使用，使机床换刀后直接返回加工点 C，而不必计算中间点 B 与参考点 R 之间的实际距离。

2.2.11　刀具功能、主轴转速功能、进给功能

1. 刀具功能 T

刀具功能 T 指令表示选择放置在带刀库的数控加工中心刀库中的下一把刀具。T 指令不

开动刀具的换刀操作，它只选择下一个所用的刀具。换刀操作用辅助功能指令 M06 调用，例如 T1 M06 是将 1 号刀具装在主轴上。

在进行多道工序加工时，必须选取合适的刀具。每把刀具应安排一个刀号，刀号在程序中指定。刀具功能用地址符 T 及其后面的两位数字来表示，这两位数字表示所选择的刀具号。

数控系统在执行换刀操作时，首先转动刀架，直到选中了指定的刀具为止。当一个程序段同时包含 T 指令与刀具移动指令时，先执行 T 指令，然后执行刀具移动指令。

2. 主轴转速功能 S

主轴转速功能 S 指令是表示主轴转速，它是用地址字 S 及其后面的若干位数字来表示，单位为 r/min。例如，S5000 调用的主轴转速为 5000r/min。

S 是模态指令，S 指令只有在主轴转速可调节时才有效。借助机床面板上的主轴倍率开关，指定的转速可在一定范围内进行倍率修调。

S 指令不起动主轴旋转，主轴起动用辅助功能指令 M03/M04，主轴停转用辅助功能指令 M05。

3. 进给功能

（1）进给功能 F　F 指令表示加工工件时刀具相对于工件的进给速度。F 的单位取决于 G94（每分钟进给量，单位为 mm/min）或 G95（主轴每转的刀具进给量，单位为 mm/r）。

当工作在 G01、G02 或 G03 方式时，编程的 F 值一直有效，直到被新的 F 值所取代为止。当工作在 G00 方式时，快速定位的速度是各轴的最高速度，与所指定的 F 值无关。

借助机床面板上的倍率开关，F 值可在一定范围内进行倍率修调。当执行攻螺纹循环 G76、G82 和螺纹切削 G32 时，倍率开关失效，进给倍率固定在 100%。

（2）每分钟进给 G94　在指定 G94 每分钟进给以后，刀具每分钟的进给量由 F 之后的数值直接指定。G94 与 G95 是同组的模态指令，一旦指定 G94，则其直到 G95 每转进给指令之前一直有效。在电源接通时，设置为 G94 每分钟进给方式。

（3）每转进给 G95　在指定 G95 每转进给之后，在 F 后面的数值直接指定主轴每转刀具的进给量。G95 与 G94 是同组的模态指令，一旦指定 G95，则其直到 G94 每分钟进给指令之前一直有效。

（4）暂停指令 G04　暂停指令 G04 编入程序后，在 G04 指令后的一个程序段将按指定时间被延时执行。

编程格式：G04　P__;

说明：

1）G04 指令可使刀具做短暂的无进给光整加工，经过指定的暂停时间后，才继续执行下一程序段，常用于切槽、锪孔或钻到孔底等场合。

2）代码 P 为以秒（s）或毫秒（ms）为单位的暂停时间，含有 G04 的程序段将延迟 P 代码规定的时间。例如 G04 P10.0，这将延迟程序 10s。注意在 G04 P10.0 中用小数点是暂停 10s；不用小数点的 G04 P10 是暂停 10ms。

3）G04 为非模态指令，仅在其出现的程序段中有效。如锪孔加工时，对孔底有表面粗糙度要求时，程序如下：

```
⋮
N30  G91  G01  Z-7  F60;
N40  G04  P5.0;              （刀具在孔底停留 5s）
N50  G00  Z7;
⋮
```

2.2.12 常用辅助功能

1. M00 程序暂停

当系统执行到 M00 指令时，暂停执行当前程序，以便于操作者进行刀具和工件的尺寸测量、工件调头、手动变速、手动换刀等操作。暂停时，机床的主轴、进给及切削液都停止，而全部现存的模态信息保持不变。要继续执行后续程序，只需再次按下 CYCLE STAR 循环启动键即可。

M00 为非模态指令。

2. M01 计划程序停止

M01 指令作用与 M00 相似，不同的是必须在机床面板上预先按下“选择性停止”按钮，当执行完 M01 指令后程序停止。如不按下“选择性停止”按钮，则 M01 指令无效。

3. M02/M30 程序结束

M02 表示程序结束，完成加工，但并不返回到程序头，此时机床的主轴、进给、切削液全部停止，加工结束。欲重新加工，就得再次调用原程序。

M30 表示程序结束并返回到程序头，要重新加工，只需按下“启动”按钮即可。

4. M03/M04/M05 主轴控制

M03 正向起动主轴。

M04 反向起动主轴。

M05 停止主轴。

5. M06 换刀

M06 为带刀库的数控机床的换刀指令。如 M06 T12 为放置 12 号刀具到主轴中。如果主轴正在运转，主轴和切削液将由 M06 指令控制停止。在数控铣床中，M06 可指令主轴自动回换刀点。

6. M08/M09 切削液控制

M08 指令可开启切削液，M09 指令可关闭切削液。

7. M19 定位主轴

M19 指令用于调整主轴到一个周向固定位置。若不用 M19 主轴定位特征，主轴仅仅定位 *Z* 坐标在原点位置。

编程格式：M19 P __/R __;

例如，M19 P270 将定位主轴到 270°的位置。R 值允许规定最多的小数值为 4 位，例如，M19 R123.4567。

需注意，数控铣床配用的数控系统不同，则 M 功能稍有差异，因此 M 功能的确切含义需要参考机床厂家的编程与操作使用说明书。

任务实施

1. 任务实施内容

1）仔细分析任务零件图，明确零件图上的加工要求。

2）拟订数控加工工艺方案，填写数控加工刀具卡、数控加工工序卡，编写加工程序并填写数控加工程序单。

3）找正机用虎钳，安装工件和刀具。

4）对刀设置工件坐标系原点偏置参数和刀具长度补偿参数，将工件坐标系原点偏置参数和刀具长度补偿参数录入机床。

5）操作数控铣床完成零件的加工。

6）讨论分析零件的加工质量，对不足之处提出改进意见。

2. 上机实训时间

每组5小时。

3. 实训报告要求

1）写出数控铣床上零件自动加工操作的步骤。

2）填写本任务五角星形槽板的数控加工刀具卡、数控加工工序卡和数控加工程序单。

补充知识

2.2.13 HAAS TM-1系统数控铣床刀具长度补偿参数设置

HAAS TM-1系统数控铣床对刀操作及刀具长度补偿参数的设置如图2-2-12所示。

1. 对刀操作及刀具长度补偿参数录入

1）在主轴上装载刀具。

2）按［Hand Jog］手动进给（A）。

3）按［.1/100.］（B），当旋转手轮的时候，铣床快速运动。

4）在X，Y轴（C）和［Hand Jog］（D）中选择，手动进给将刀具靠近工件的中心位置。

5）按［+Z］（E）。

6）用［Hand Jog］（D）手动进给Z轴接近于工件上方20mm的位置。

7）按［.0001/.1］（F），当旋转手轮的时候，铣床以较慢的速度移动。

8）在工件和刀具之间放置一张白纸或塞尺，小心地移动刀具，尽可能地靠近工件，但纸张（塞尺）仍可以移动。

9）连续按［OFFSET］键，可显示刀具几何/磨耗界面。显示刀具号，几何长度和磨耗值，刀具半径和磨耗值，凹槽值和实际直径。若铣床有可选择已编程的冷却单元，界面会显示每个刀具的冷却系统位置。

10）滚动选择1号刀具。

11）按［CURSOR］（I）进入刀具长度参数。

12）按［TOOL OFFSET MEASURE］键（J），输入刀具长度补偿值。如果使用塞尺，应将塞尺厚度用［WRITE］键加入。

按 F1 键入相关的值到这些区域。键入数字，按 F2 设置负值。键入一个值，按［WRITE/ENTER］键，会将输入值与当前值相加。要清除界面上所有的值，只需按［ORIGIN］，铣床会有“Zero All（Y/N）”供操作者选择，选择‘Y’，所有值回零，选择‘N’，所有值保持不变。

13）为程序中用到的每个刀具重复步骤①~⑫。

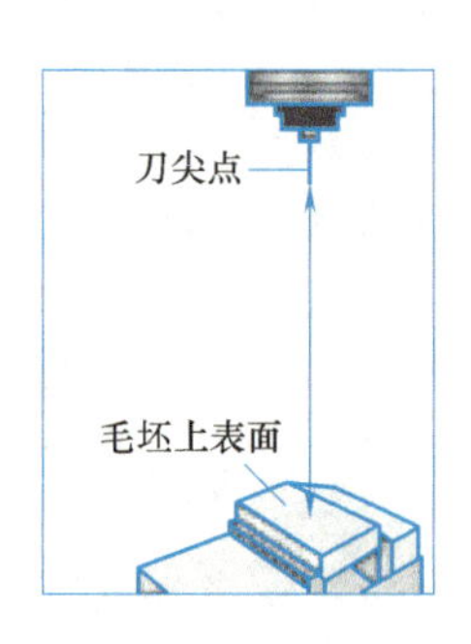

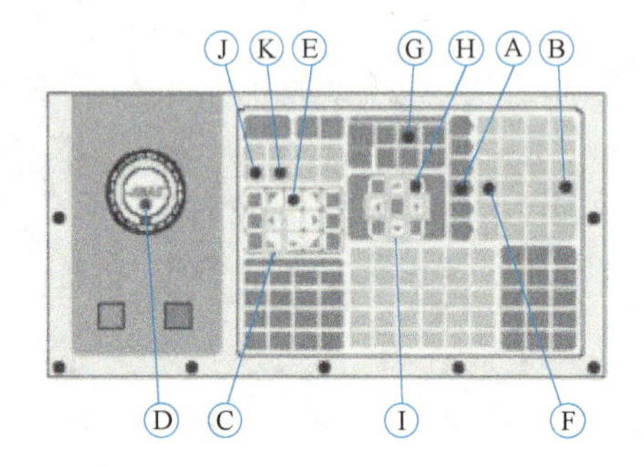

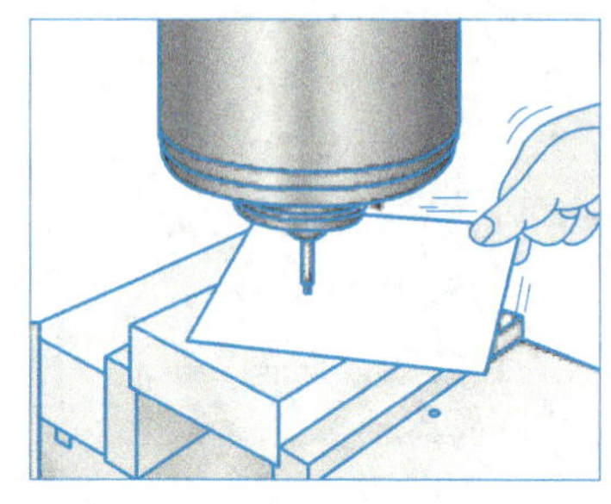

图 2-2-12　对刀操作及刀具长度补偿参数设置

2. MDI 方式刀具长度补偿参数校验。

刀具长度补偿设置好后，可在 MDI 手动数据输入模式下用［SINGL BLOCK］单段执行的方法进行校验。校验示例程序如下：

```
G54  G00  X0  Y0  S1000  M03;
G43  Z50.  H01;
Z10.;
G91  G28  Z0;
```

2.2.14　加工的中断控制及恢复

在数控铣床的加工中，尤其在执行较大的程序时，由于刀具磨损、断刀、中途休息及发现进给量及切削速度不合理时，经常需要中途中断执行程序，以便对机床进行调整和更换刀具的操作。另外，在出现润滑油不足、空气压力不足的情况下，也会出现机床自动中断加工并报警的情况。

1. 更换刀具

1）按下［单节］键，等待单节执行结束，或按下［暂停］按钮暂停程序。

2）将方式选择旋钮置于“手轮”位置。

3）相对坐标清零（即相对坐标为 X0　Y0　Z0）。

4）手摇使主轴处于方便换刀位置。

5）按主轴停止键，停止主轴。

6）手动换刀。

7）按主轴正转键，重新起动主轴。

8）手摇重新使机床的相对坐标回到 X0 Y0 Z0 位置。

9）将方式选择旋钮转回“自动运行”模式。

10）按［循环开始］键，重新开始运行。

2. 修改参数

1）按下［单节］键，等待单节执行结束。

2）将方式选择旋钮置于 MDI 位置。

3）输入程序（如 S1200 M03；F2000；等）。

4）按［循环开始］键，使新参数取代原参数。

5）将方式选择旋钮转回“自动运行”模式。

6）按［循环开始］键，重新开始运行。

3. 断电、紧急停止

在实际加工中可采用更简单的方法来实现恢复加工，即将程序在中断处截断，并在截断处添加上程序开头语句，开始按新程序一样开始加工。

4. 气压不足、润滑油不足报警

在这种情况下，机床会自动停止运行并报警，遇到这种情况千万不要按［RESET］键，否则机床将复位，造成加工真正中断。正确做法是根据报警信息，恢复气压或加满润滑油，然后按［循环开始］键，即可恢复加工。

任务 2.3 平面复合槽板数控铣削的编程与加工

学习目标

掌握圆弧插补指令 G02/G03 的指令格式及使用方法。

任务布置

如图 2-3-1 所示为在 80mm×80mm×25mm 铝合金毛坯上铣削平面复合槽，要求槽宽 2mm，槽深 2mm。填写数控加工刀具卡和数控加工工序卡，编写平面复合槽加工程序并在数控铣床上完成零件加工。

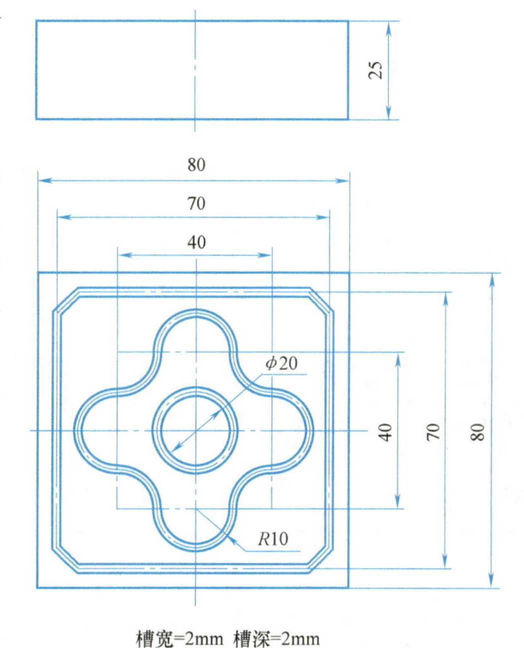

图 2-3-1 平面复合槽板

任务分析

本任务为平面复合槽板加工程序的编程与铣削加工，是在完成了五角星形槽板的铣削加工之后进行的。任务中包含了整圆形槽铣削，彼此相切的顺/逆时针圆弧槽的铣削及直线槽的铣削加工，必须掌握 G02/G03 指令的使用方法才能正确编程。

案例体验

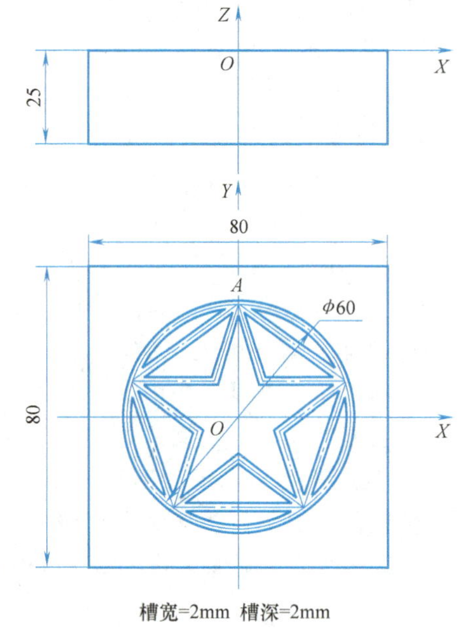

图 2-3-2 五角星形复合槽板

如图 2-3-2 所示，本任务的案例体验为在任务 2.2 五角星形槽板中铣削 ϕ60mm 的整圆形槽，要求槽宽 2mm，槽深 2mm。要求填写数控加工刀具卡和数控加工工序卡，编写整圆形槽加工程序并在数控铣床上完成零件加工。

1. 案例分析

（1）图样分析　五边形槽和五角星形槽已经在前面的任务中加工完成，此处只需要铣削 ϕ60mm 的整圆形槽，槽宽和槽深均为 2mm，公差为自由公差。

（2）工艺分析

1）准备毛坯。毛坯为任务 2.2 的五角星形复合槽板。其他表面已经加工完毕，只需要铣削 ϕ60mm 整圆形槽。因工件形状简单、规则，可直接用机用虎钳在铣床上找正并夹紧。

2）选择刀具。该工件为铝合金，切削性能较好，采用硬质合金刀具即可。刀具选择 ϕ2mm 键槽铣刀，见表 2-3-1。

表 2-3-1　数控加工刀具卡　　编号：2.3.2

零件名称	五角星形复合槽板	零件图号	2-3-2	工序卡编号	2.3.2	工艺员	
工步编号	刀具编号	刀具规格、名称		刀具补偿号	加工内容		备注
1	T01	ϕ2mm 键槽铣刀		H01	ϕ60mm 整圆形槽		

3）选择切削用量。采用 ϕ2mm 的键槽铣刀，设为 T01 号刀位。因为材料为铝合金，硬度较低，刀具直径较小，可以选用较高转速和较快的进给速度，设定主轴转速（S）为 1200r/min、进给速度（F）为 100mm/min。

4）填写数控加工工序卡。本案例加工要求比较简单，材料为铝合金，用键槽铣刀可直接下刀至槽深 2mm，下刀后逆时针铣削整圆，加工结束后抬刀。铣削加工的工序卡见表 2-3-2。

表 2-3-2　数控加工工序卡　　编号：2.3.2

零件名称	五角星形复合槽板	零件图号	2-3-2		工序名称	整圆铣削	
零件材料	铝合金	材料硬度			使用设备	HASS TM-1 系统数控铣床	
使用夹具	机用虎钳	装夹方法					
程序号	O0232	日期	年　月　日		工艺员		
工步描述							
工步编号	工步内容	刀具编号	刀具规格/mm	主轴转速/(r/min)	进给速度/(mm/mim)	背吃刀量/mm	备注
1	铣削五边形槽	T01	ϕ2	1200	100	2	

2. 程序编制

（1）工件坐标系原点的选择 与任务2.2相同，设定工件坐标系原点 O 为毛坯上表面中心点（0，0，0）处，如图2-3-2所示，按要求测量刀具的长度偏置量并设置到刀具补偿参数中（对应刀具长度补偿偏置号码为H01）。

（2）刀具路径 加工时从 A 点处下刀，再逆时针铣削整圆回到 A 点的轨迹完成。

（3）数学处理 由图中可知，A 点坐标为（0，30）。

（4）编制加工程序 根据拟订的工艺方案编制加工程序，填写数控加工程序单，见表2-3-3。

表2-3-3 O0232数控加工程序单 编号：2.3.2

零件名称	五角星形复合槽板	零件图号	2-3-2	工序卡编号	2.3.2	编程员	
程序段号	指令码			备注			
N10	G54 G90 G00 X0.0 Y30.0 S1200 M03;			调用G54工件坐标系，主轴正转1200mm/r，刀具快速移动到点 A(0,30)上方			
N20	G43 H01 Z30.0;			快速下刀至Z30.0，调用H01刀具长度补偿			
N30	G00 Z3.0 M08;			快速下刀至Z3.0，打开切削液			
N40	G01 Z-2.0 F100;			以100mm/min的速度下刀2mm深			
N50	G03 I0 J-30.0;			以100mm/min的速度铣削整圆回到 A 点			
N100	G00 Z100.0 M05 M09 ;			快速抬刀至高100mm，主轴停转，关闭切削液			
N110	G91 G28 Z0 ;			Z 向回机床参考点，取消刀具长度补偿			
N120	M30;			程序结束			

3. 零件加工

1）开机，回参考点。

2）调校机用虎钳钳口方向与机床 X 轴平行，控制误差在±0.01mm以内，并固定机用虎钳。

3）正确安装毛坯和刀具。

4）对刀，设置工件坐标系G54原点和刀具长度补偿参数H01。

5）输入程序。

6）模拟加工及校验。

7）自动加工。

8）检测零件。

相关知识

2.3.1 圆弧插补指令G02/G03

G02表示按指定进给速度的顺时针圆弧插补，G03表示按指定进给速度的逆时针圆弧插补。圆弧插补的顺、逆方向判断方法如图2-3-3所示：沿圆弧所在平面（如 XY 平面）的垂直坐标轴的负方向（$-Z$）看，顺时针方向为G02，逆时针方向为G03。

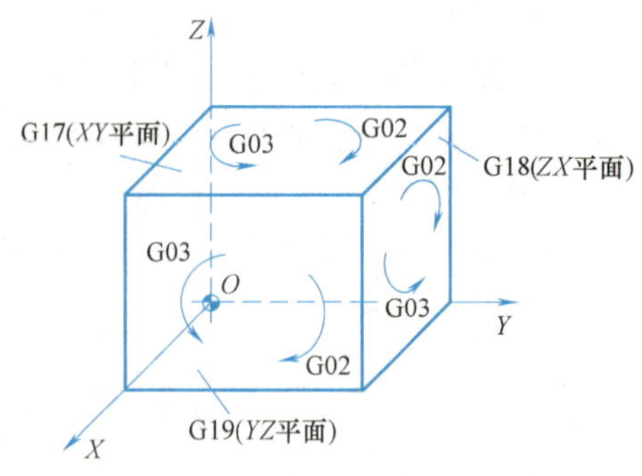

图 2-3-3　圆弧顺逆方向的判断

编程格式：

XY 平面圆弧

G17　G02/G03　X __ Y __ R __ （I __ J __） F __；

ZX 平面圆弧

G18　G02/G03　X __ Z __ R __ （I __ K __） F __；

YZ 平面圆弧

G19　G02/G03　Y __ Z __ R __ （J __ K __） F __；

说明：

1）G17、G18、G19 为圆弧插补平面选择指令，以此来确定被加工表面所在的平面，G17 可以省略。

2）使用圆弧插补指令，可以用绝对坐标编程，也可以用相对坐标编程。在 G90 时，X、Y、Z 分别为圆弧终点在工件坐标系中的坐标值；在 G91 时，X、Y、Z 为圆弧终点相对于圆弧起点的增量值。

3）当用半径指定圆心位置时，规定圆心角 $\alpha \leq 180°$时（劣弧），用"+R"表示，当 $\alpha >$ 180°时（优弧）用"-R"表示。

4）当用 I、J、K 指定圆心位置时，I、J、K 分别为圆心相对于圆弧起点的偏移值（等于圆心坐标减去圆弧起点的坐标），在 G90/G91 时都是以增量方式来指定。

5）360°的整圆编程时不可以使用 R，只能用 I、J、K 编程。切削完整圆周时，不需要指定终点（X，Y 和 Z），编辑 I，J，K 以定义圆心。例如 G02 I3.0 J4.0（假设 G17：*XY* 平面）。

［例 2.3.1］　使用 G02 对图 2-3-4 所示的劣弧 *a* 和优弧 *b* 编程。

（1）圆弧 *a* 的四种编程方法

G91　G02　X30.　Y30.　R30.　F300.；

G91　G02　X30.　Y30.　I30.　J0　F300.；

G90　G02　X0　Y30.　R30.　F300.；

G90　G02　X0　Y30.　I30.　J0　F300.；

（2）圆弧 *b* 的四种编程方法

G91　G02　X30.　Y30.　R-30.　F300.；

G91　G02　X30.　Y30.　I0　J30.　F300.；

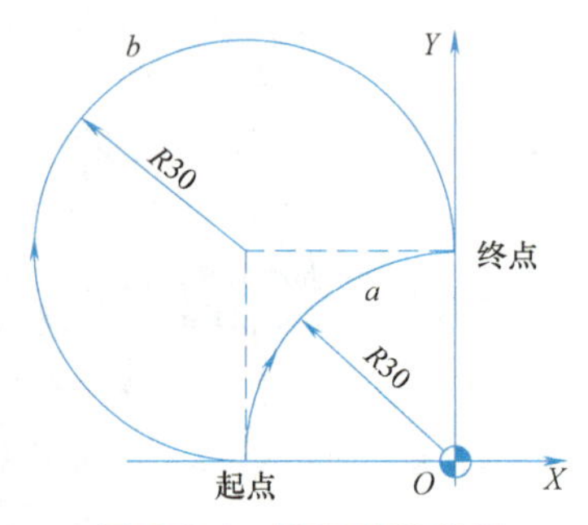

图 2-3-4　圆弧编程举例

G90　G02　X0　Y30.　R-30.　F300.；

G90　G02　X0　Y30.　I0　J30.　F300.；

[例 2.3.2]　使用 G02/G03 对图 2-3-5 所示的整圆进行编程。

(1) 从 A 点顺时针转一周　程序为：

G90　G02　I-30.　F300.；

G91　G02　I-30.　F300.；

(2) 从 B 点逆时针转一周　程序为：

G90　G03　J30.　F300.；

G91　G03　J30.　F300.；

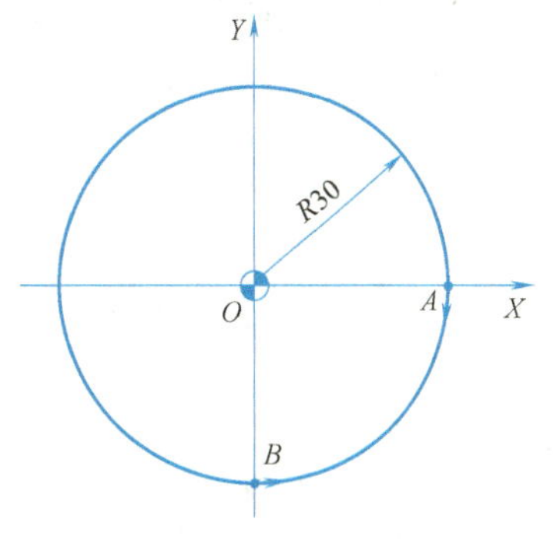

图 2-3-5　整圆编程举例

任务实施

1. 任务实施内容

1) 仔细分析零件的加工图样，明确图样的加工要求。

2) 拟订数控加工工艺方案，填写数控加工刀具卡、数控加工工序卡，编写加工程序并填写数控加工程序单。

3) 正确安装工件和刀具。

4) 对刀设置工件坐标系原点偏置参数和刀具长度补偿参数，将工件坐标系原点偏置参数和刀具长度补偿参数录入机床，对刀要精确到 0.001mm。

5) 操作数控铣床完成零件的加工。

6) 仔细分析零件的加工质量，对不足之处提出改进意见。

2. 上机实训时间

每组 4 小时。

3. 实训报告要求

1) 填写本任务五角星形槽板的数控加工刀具卡、数控加工工序卡和数控加工程序单。

2) 总结本次加工的经验与不足。

补充知识

2.3.2　G02/G03 螺纹铣削

对不在所选择的平面内的线性轴用 G02 或 G03 进行编程，将实现螺旋运动。该第 3 轴将沿着规定的线性轴移动，其他两根轴进行圆周运动。

编程格式：G17　G02/G03 X__　Y__　R__　Z__　F__；

G18　G02/G03　X__　Z__　R__　Y__　F__；

G19　G02/G03　Y__　Z__　R__　X__　F__；

即在原 G02/G03 指令格式程序段后部再增加一个与加工平面相垂直的第三轴移动指令，这样在进行圆弧进给的同时还进行第三轴方向的进给，其合成轨迹就是一空间螺旋线。X、Y、Z 为投影圆弧终点，第三坐标是与选定平面垂直的轴终点。

图 2-3-6 所示为螺纹铣削图例，其螺旋线加工程序为：

```
G91  G17  G03  X-30.0  Y30.0  R 30.0  Z10.0  F100.0;
或：G90  G17  G03  X0  Y 30.0  R 30.0  Z 10.0  F100.0;
```

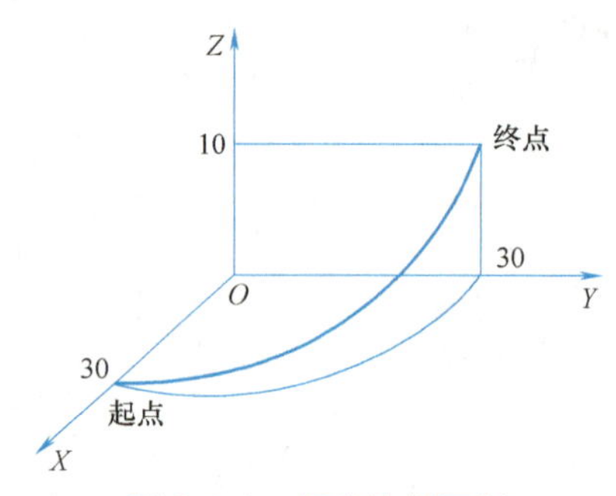

图 2-3-6 螺纹铣削图例

用这种方法铣削螺纹，每创建一个导程时，产生暂停，这会影响螺纹加工质量。

注意： HAAS 系统不能加工内径小于 3/8in 的螺纹，否则总是会产生乱牙。

[例 2.3.3] 一个直径为 ϕ22.3mm 的孔，用直径 18mm，螺距为 2mm 的螺纹铣刀铣削 M24×2 的内螺纹，工件厚度 15mm。

```
%
O1000;                      (X0，Y0 在孔中心，Z0 在工件上表面)
T1  M06;                    (1 号刀具是 φ18mm 螺纹铣刀)
G00  G90  G54  X0  Y0  S2500  M03;
G43  H01  Z10. M08;
X-12. Z3.;
G3  X12. I6. F300.;
G91  G3  I-12.  Z-2.  L10;(螺距 2mm×10=20mm 为 Z 轴移动，L 为循环执行次数)
G90  G3  X0  I-6.;
G00  G90  Z10.0  M09;
G01  G40  X0  Y0;
G28  G91  Z0;
M30;
%
```

程序中用 G91 和一个 L 计数为 10，所以这个螺旋运动执行 10 次。Z 轴深度增量是 2.0mm 与 L 相乘，总深度为 20.0mm。

项目 3

平面轮廓及型腔数控铣削的编程与加工

任务 3.1　平面轮廓数控铣削的编程与加工

学习目标

1. 掌握刀具半径补偿指令 G41/G42/G40 的使用。
2. 掌握数控铣床刀具半径补偿参数的设置方法。
3. 能够通过调整半径补偿参数控制轮廓加工的尺寸精度。

任务布置

在 80mm×80mm×25mm 铝合金毛坯上铣削如图 3-1-1 所示的平面轮廓。要求填写数控加工刀具卡和数控加工工序卡，编写该平面轮廓加工程序并在数控铣床上完成零件加工。

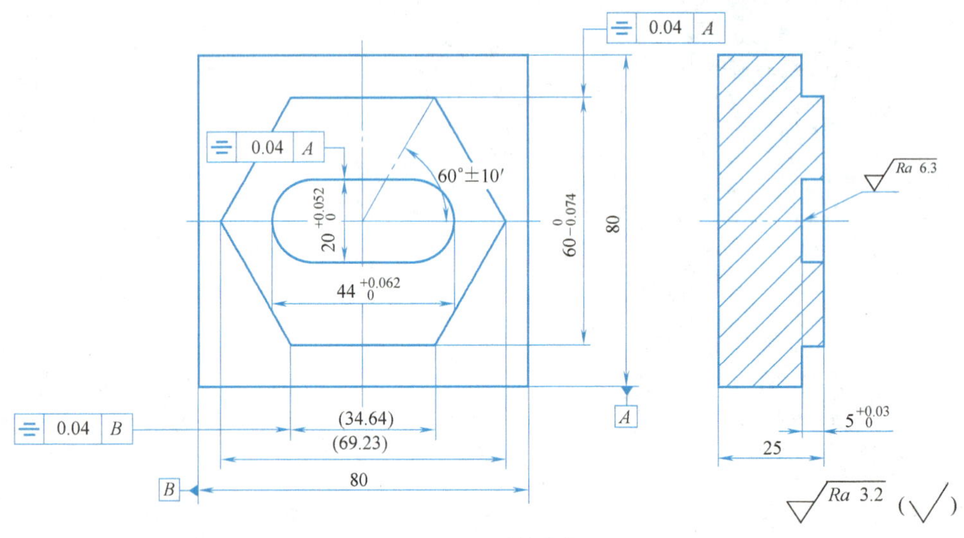

图 3-1-1　平面轮廓加工

任务分析

本任务要求在 80mm×80mm×25mm 铝合金毛坯上铣削深 5mm 的平面轮廓，该平面轮廓包括了一个内切圆直径为 ϕ60mm 的正六边形的外轮廓及一个宽为 20mm，长为 44mm 的键槽形状的内轮廓。有四处 9 级精度的尺寸公差要求，另有三处 0.04mm 的对称度要求；除内轮廓底面粗糙度要求为 Ra6.3μm 外，其余表面粗糙度要求均为 Ra3.2μm。

平面轮廓加工中可以选用立铣刀或者键槽铣刀，分粗、精加工以保证精度。铣削时铣刀必须与轮廓相切，如果直接采用零件图中的尺寸来编程，则增加编程难度，为此只有使用数控系统的半径补偿功能才能简化编程。

案例体验

在 80mm×80mm×25mm 铝合金毛坯上铣削如图 3-1-2 所示平面轮廓加工的案例零件。要求填写数控加工刀具卡和数控加工工序卡，编写案例零件平面轮廓加工程序并在数控铣床上完成零件加工。

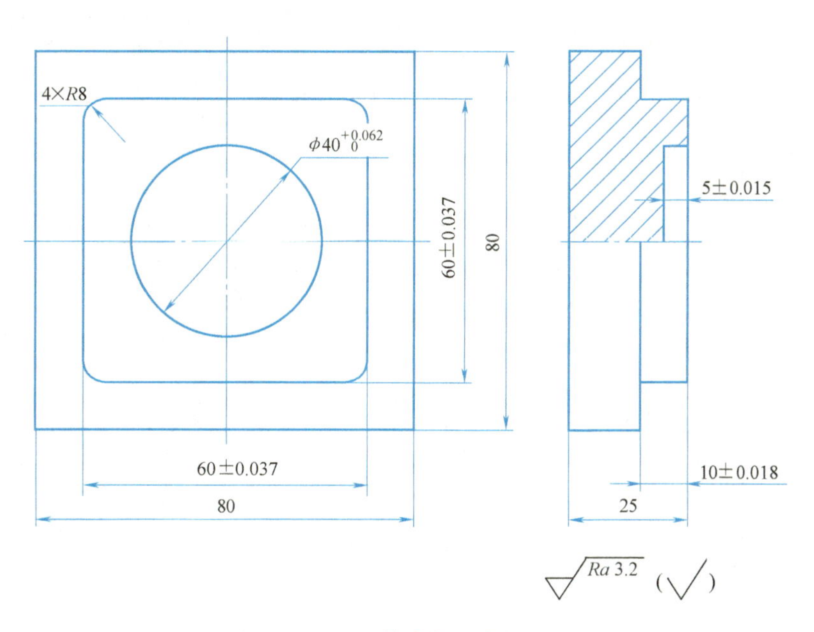

图 3-1-2　平面轮廓加工案例零件

1. **案例分析**

（1）图样分析　根据图样可知，平面外轮廓是深度为 10±0.018mm、边长的公差带为 ±0.037mm的 60mm×60mm 的矩形，含四个 R8mm 圆角；内轮廓是深度为 5±0.015mm、半径为 ϕ40mm 的圆形腔；表面粗糙度值均为 Ra3.2μm。

（2）工艺分析　轮廓尺寸有公差要求，需分粗、半精和精加工；用相同程序、同一把铣刀，粗、半精和精加工时分别调用不同的刀具半径补偿值。

1）准备毛坯。毛坯为 80mm×80mm×25mm 铝合金，铣削平面轮廓前毛坯各表面已经加工完毕。因工件形状简单、规则，可直接用机用虎钳在铣床上找正并夹紧。

2）选择刀具。工件材料为铝合金，切削性能较好，采用高速工具钢刀具即可。刀具选择 ϕ12mm 键槽铣刀；刀具长度补偿值设置到 H01 参数表中；半径补偿参数 D01 设置为 10mm（余量 4mm），D02 设置为 6.2mm（余量 0.2mm），D03 预设为 6.0mm，精加工前根据测量粗加工所得外轮廓尺寸和内腔直径的实际尺寸与图样中相应尺寸的中间值（如 $\phi 40^{+0.062}_{0}$的中值为 ϕ40.031）的差值来设置；H03 根据外轮廓深度 10mm 和内腔深度 5mm 与图样中相应尺寸的中间值的差值来设置。数控加工刀具卡见表 3-1-1。

3）选择切削用量。采用 ϕ12mm 的键槽铣刀，因为铝合金材料硬度较低，刀具直径较小，可以选用较高转速和较快的进给速度，设定为：

粗加工、半精加工时，主轴转速（S）为 1000r/min，进给速度（F）为 120mm/min；

精加工时，主轴转速（S）为 1200r/min，进给速度（F）为 100mm/min。

4）填写数控加工工序卡。本案例加工的平面轮廓外形和深度均有公差要求，材料为铝合金，分粗、半精加工和精加工来保证精度，键槽铣刀可直接下刀。

表 3-1-1 数控加工刀具卡 编号：3.1.2

零件名称	平面轮廓加工案例零件	零件图号	3-1-2	工序卡编号	3.1.2	工艺员	
工步编号	刀具编号	刀具规格、名称	刀具长度偏置号	刀具半径补偿		加工内容	备注
				补偿号	补偿值/mm		
1	T01	ϕ12mm 高速工具钢键槽铣刀	H01	D01	10	粗铣 60mm×60mm 外轮廓，余量 4mm	H01 偏置值由对刀获得
2				D02	6.2	半精铣 60mm×60mm 外轮廓，余量 0.2mm	
3			H01	D01	10	粗铣 ϕ40mm 内腔，余量 4mm	
4				D02	6.2	半精铣 ϕ40mm 内腔，余量 0.2mm	
5			H03	D03	6	精铣 60mm×60mm 外轮廓	精铣前刀具半径补偿值根据实测结果调整
6						精铣 ϕ40mm 内轮廓	

数控加工的工序卡见表 3-1-2。

表 3-1-2 数控加工工序卡 编号：3.1.2

零件名称	平面轮廓加工案例零件	零件图号	3-1-2	工序名称	平面轮廓加工
零件材料	铝合金	材料硬度		使用设备	FANUC0i 系统数控铣床
使用夹具	机用虎钳	装夹方法			
程序号	O3121 O3122	日期	年 月 日	工艺员	

工步描述

工步编号	工步内容	刀具号	刀具补偿号	刀具规格/mm	主轴转速/(r/min)	进给速度/(mm/mim)	背吃刀量/mm	加工余量/mm	备注
1	粗铣 60mm×60mm 外轮廓	T01	H01 D01	ϕ12	1000	120	9.8	6	
2	粗铣 ϕ40mm 内腔	T01	H01 D01	ϕ12	1000	120	4.8	10	圆心处下刀
3	半精铣 60mm×60mm 外轮廓	T01	H01 D02	ϕ12	1000	120	9.8	3.8	
4	半精铣 ϕ40mm 内腔	T01	H01 D02	ϕ12	1000	120	4.8	3.8	
5	精铣 60mm×60mm 外轮廓	T01	H03 D03	ϕ12	1200	100	0.2	0.2	
6	精铣 ϕ40mm 内腔	T01	H03 D03	ϕ12	1200	100	0.2	0.2	

2. 程序编制

（1）工件坐标系原点的选择　设定工件坐标系原点 O 在毛坯上表面中心点处，用 ϕ12mm 键槽铣刀试切对刀，按要求将 O 点的机床坐标 X、Y 坐标值设置到 G54 中，Z 坐标值设置到刀具的长度补偿参数中（对应刀具长度补偿号码为 H01）。

（2）加工轨迹

1）外轮廓粗加工（D01=10mm）。调用刀具长度补偿 H01、刀具半径向左补偿 D01，移刀至点 A 处下刀深 9.8mm，再沿 60mm×60mm 外轮廓顺时针方向铣削至点 B，如图 3-1-3a 所示的编程轨迹，图中从点 A_2沿箭头方向至点 B_2是刀心轨迹，因为刀具实际半径值是 6mm，所以实际切削外轮廓尺寸为 68mm×68mm，余量为 4mm。

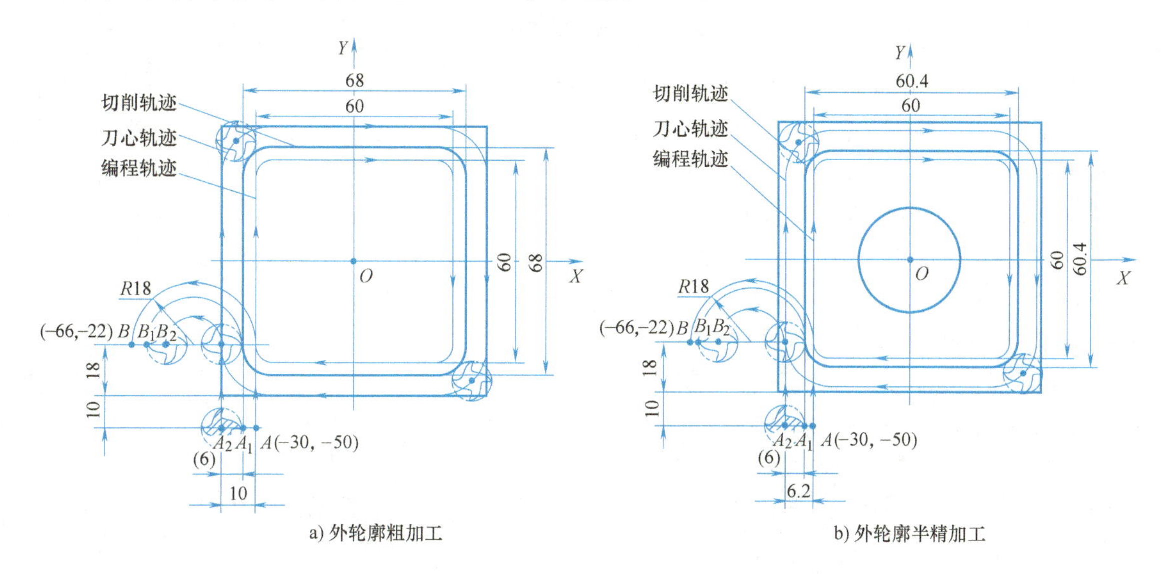

图 3-1-3　60mm×60mm 外轮廓粗加工和半精加工路径

2）外轮廓半精加工（D02=6.2mm）。路径同上述外轮廓粗加工，调用刀具补偿 H01、刀具半径向左补偿 D02，移刀至点 A 处，下刀深 9.8mm，重复沿 60mm×60mm 外轮廓顺时针方向铣削至点 B，余量 0.2mm，如图 3-1-3b 所示的编程轨迹，图中从点 A_2沿箭头方向至点 B_2是刀心轨迹，实际切削外轮廓尺寸为 60.4mm×60.4mm，余量为 0.2mm。

3）内腔粗加工（D01=10mm）。调用刀具长度补偿 H01 在点 O 处下刀深 4.8mm，调用刀具半径向左补偿 D01，移刀至点 C，再沿 ϕ40mm 腔体内轮廓逆时针方向铣削整圆，如图 3-1-4a 所示的编程轨迹 ϕ40mm 圆，图中点 C_2所在圆是刀心轨迹，因为刀具实际半径值是 6mm，所以点 C_1所在 ϕ32mm 圆是腔体实际切削轨迹，单边余量为 4mm。

4）内腔半精加工（D02=6.2mm）。路径同上述内腔粗加工，调用刀具长度补偿 H01 在点 O 处下刀深 4.8mm，调用刀具半径向左补偿 D02，移刀至点 C，再沿 ϕ40mm 腔体内轮廓逆时针方向铣削整圆，如图 3-1-4b 所示的编程轨迹 ϕ40mm 圆，图中点 C_2所在圆是刀心轨迹，因为刀具实际半径值是 6mm，所以点 C_1所在 ϕ39.6mm 圆是腔体实际切削轨迹，单边余量为 0.2mm。

5）内腔精加工。如图 3-1-5 所示刀具移动至点 O 上方，调用刀具长度补偿 H03（H03、

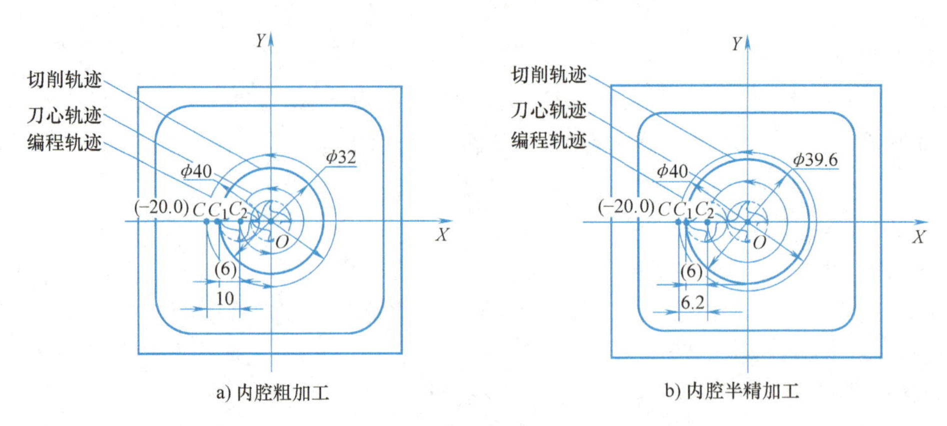

图 3-1-4　ϕ40mm 内腔粗加工和半精加工路径

D03 精加工前根据粗加工所得轮廓尺寸与图样要求的尺寸差值设置)，下刀深 5mm，调用刀具半径补偿 D01，移至点 C_1，沿 ϕ40mm 腔内轮廓顺时针方向铣削整圆，调用刀具半径偏置 D03，移刀至点 C_2，沿 ϕ40mm 腔内轮廓顺时针方向铣削整圆至尺寸，再沿 R10mm 半圆移刀至点 O，提刀撤销半径偏置 D03。

6）外轮廓精加工。调用刀具长度补偿 H03，半径补偿 D03（H03、D03 精加工前根据粗加工所得轮廓尺寸与图样要求的尺寸差值设置)，移刀至点 A 处，下刀深 10mm，沿 60mm×60mm 外轮廓顺时针方向（含 4×R8mm 圆角）铣削至点 D，继续沿 60mm×60mm 外轮廓顺时针方向走直线（不含 4×R8mm 圆角）铣削至点 E，抬刀移刀至点 O 上方同时撤销刀具半径偏置，如图 3-1-5 所示。

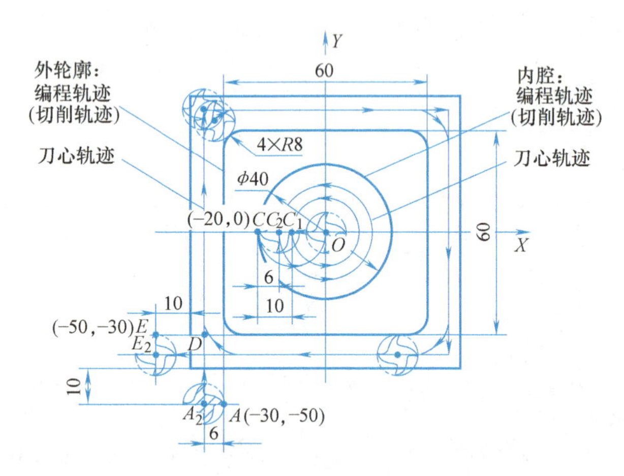

图 3-1-5　平面轮廓案例精加工轨迹

（3）数学处理　由图 3-1-3、图 3-1-5 可知，A 点坐标为（−30，−50），B 点坐标为（−66，−22），C 点坐标为（−20，0），E 点坐标为（−50，−30），60mm×60mm 外轮廓 4 个拐角处点的坐标可以经过简单计算得到，编程时可以采用 G90 绝对值坐标编程或者 G91 增量值坐标编程。

（4）编制加工程序　根据拟订的工艺方案编制加工程序，填写数控加工程序单，粗加工和半精加工程序见表 3-1-3，精加工程序见表 3-1-4。

表 3-1-3　O3121（粗加工和半精加工）数控加工程序单　　编号：3.1.2

零件名称	平面轮廓加工案例零件	零件图号	3-1-2	工序卡编号	3.1.2	编程员	
程序段号	指　令　码			备　注			
N10	G54　G90　G00　X0.0　Y0.0　S1000　M03;			调用 G54 工件坐标系，绝对值编程，主轴正转 1000r/min，刀具快速移动到点 O(0,0) 上方			
N20	G41　X−30.0　Y−50.0　D01;			调用 D01 刀具半径左补偿，移刀至点 A(−30，−50) 上方，准备粗加工			

（续）

<table>
<tr><th>零件名称</th><th>平面轮廓加工案例零件</th><th>零件图号</th><th>3-1-2</th><th>工序卡编号</th><th>3.1.2</th><th>编程员</th><th></th></tr>
<tr><th>程序段号</th><th colspan="4">指 令 码</th><th colspan="3">备 注</th></tr>
<tr><td>N30</td><td colspan="4">G43 H01 Z30.0;</td><td colspan="3">快速下刀至Z30.0调用H01刀具长度补偿（首次切削时需要观察刀尖与毛坯距离是否是30mm）</td></tr>
<tr><td>N40</td><td colspan="4">G00 Z3.0 M08;</td><td colspan="3">快速下刀至Z3.0，打开切削液</td></tr>
<tr><td>N50</td><td colspan="4">G01 Z-9.8 F120;</td><td colspan="3">以120mm/min的速度下刀深9.8mm，开始外轮廓粗加工</td></tr>
<tr><td>N60</td><td colspan="4">G01 Y22.0;</td><td colspan="3" rowspan="8">外轮廓粗加工</td></tr>
<tr><td>N70</td><td colspan="4">G02 X-22.0 Y30.0 R8.0 ;</td></tr>
<tr><td>N80</td><td colspan="4">G01 X22.0;</td></tr>
<tr><td>N90</td><td colspan="4">G02 X30.0 Y22.0 R8.0;</td></tr>
<tr><td>N100</td><td colspan="4">G01 Y-22.0;</td></tr>
<tr><td>N110</td><td colspan="4">G02 X22.0 Y-30.0 R8.0;</td></tr>
<tr><td>N120</td><td colspan="4">G01 X-22.0;</td></tr>
<tr><td>N130</td><td colspan="4">G02 X-30.0 Y-22.0 R8.0;</td></tr>
<tr><td>N140</td><td colspan="4">G03 X-66.0 Y-22.0 R18.0;</td><td colspan="3">沿外轮廓相切圆弧R18mm切出，粗加工结束</td></tr>
<tr><td>N150</td><td colspan="4">G41 G00 X-30.0 Y-50.0 D02;</td><td colspan="3">快速移刀至点A同时调用D02刀具半径左补偿</td></tr>
<tr><td>N160</td><td colspan="4">G01 Y22.0;</td><td colspan="3" rowspan="9">外轮廓半精加工</td></tr>
<tr><td>N170</td><td colspan="4">G02 X-22.0 Y30.0 R8.0 ;</td></tr>
<tr><td>N180</td><td colspan="4">G01 X22.0;</td></tr>
<tr><td>N190</td><td colspan="4">G02 X30.0 Y22.0 R8.0;</td></tr>
<tr><td>N200</td><td colspan="4">G01 Y-22.0;</td></tr>
<tr><td>N210</td><td colspan="4">G02 X22 Y-30 R8;</td></tr>
<tr><td>N220</td><td colspan="4">G01 X-22;</td></tr>
<tr><td>N230</td><td colspan="4">G02 X-30.0 Y-22.0 R8.0;</td></tr>
<tr><td>N240</td><td colspan="4">G03 X-66.0 Y-22.0 R18.0;</td></tr>
<tr><td>N250</td><td colspan="4">G00 Z10.0;</td><td colspan="3">提刀至工件上方10mm</td></tr>
<tr><td>N260</td><td colspan="4">G40 X0 Y0;</td><td colspan="3">移刀至点O(0,0)上方，同时撤销刀具半径补偿</td></tr>
<tr><td>N270</td><td colspan="4">Z2.0;</td><td colspan="3">快速下刀至工件上方2mm</td></tr>
<tr><td>N280</td><td colspan="4">G01 Z-4.8 F120;</td><td colspan="3">以120mm/min的速度下刀深4.8mm，开始内腔粗加工</td></tr>
<tr><td>N290</td><td colspan="4">G41 X-20.0 D01;</td><td colspan="3">移刀至点C(-20,0)，同时调用D01建立刀具半径补偿</td></tr>
<tr><td>N300</td><td colspan="4">G03 I20.0 J0 F100;</td><td colspan="3">逆时针方向铣削整圆，粗加工内腔</td></tr>
<tr><td>N310</td><td colspan="4">G00 Z2.0;</td><td colspan="3">提刀至工件上方2mm</td></tr>
<tr><td>N320</td><td colspan="4">G40 X0 Y0;</td><td colspan="3">移刀至点O(0,0)上方，同时撤销刀具半径补偿</td></tr>
<tr><td>N330</td><td colspan="4">G01 Z-4.8 F120;</td><td colspan="3">以120mm/min的速度下刀深4.8mm，准备内腔半精加工</td></tr>
</table>

（续）

零件名称	平面轮廓加工案例零件	零件图号	3-1-2	工序卡编号	3.1.2	编程员	

程序段号	指令码	备注
N340	G41 X-20.0 D02;	移刀至点 $C(-20,0)$，同时调用 D02 建立刀具半径补偿
N350	G03 I20.0 J0 F100;	逆时针方向铣削整圆，半精加工内腔
N360	G00 Z2.0;	提刀至工件上方 2mm
N370	G40 X0 Y0 M05 M09;	回点 O 上方同时撤销刀具半径补偿，主轴停转，关闭切削液
N380	G91 G28 Z0 ;	Z 向回机床参考点，取消刀具长度补偿
N390	M30;	粗加工程序结束

表 3-1-4 O3122（精加工）数控加工程序单

零件名称	平面轮廓加工案例零件	零件图号	3-1-2	工序卡编号	3.1.2	编程员	

程序段号	指令码	备注
N10	G54 G90 G00 X0.0 Y0.0 S1200 M03;	精加工开始前测量半精加工所得轮廓尺寸和深度尺寸，根据公差要求修改 H03 和 D03 补偿值 调用 G54 零点偏置，绝对值编程，快速移刀至点 $O(0,0)$ 上方，主轴以 1200r/min 的速度正转
N20	G41 X-30.0 Y-50.0 D03;	快速移刀至点 $A(-30,-50)$ 处，同时调用 D03 建立刀具半径左补偿
N30	G43 H03 Z30.0;	调用 H03 刀具长度补偿，快速下刀至工件上方 30mm 处
N40	G00 Z2.0 M08;	快速下刀至工件上方 2mm 处，打开切削液
N50	G01 Z-10.0 F100;	以 100mm/min 的速度下刀深 10mm，开始外轮廓精加工
N60	G01 Y22.0;	外轮廓精加工
N70	G02 X-22.0 Y30.0 R8.0 ;	
N80	G01 X22.0;	
N90	G02 X30.0 Y22.0 R8.0;	
N100	G01 Y-22.0;	
N110	G02 X22.0 Y-30.0 R8.0;	
N120	G01 X-30.0;	
N130	Y30.0;	
N140	X30.0;	
N150	Y-30.0;	
N160	X-50.0;	
N170	G00 Z10.0;	提刀至工件上方 10mm
N180	G40 X0 Y0;	快速移刀至点 O 上方，同时撤销刀具半径补偿
N190	G00 Z2.0;	快速下刀至工件上方 2mm

（续）

<table>
<tr><td>零件名称</td><td>平面轮廓加工案例零件</td><td>零件图号</td><td>3-1-2</td><td>工序卡编号</td><td>3.1.2</td><td>编程员</td><td></td></tr>
<tr><td>程序段号</td><td colspan="3">指　令　码</td><td colspan="4">备　　注</td></tr>
<tr><td>N200</td><td colspan="3">G01　Z-10.0　F100;</td><td colspan="4">以 100mm/min 的速度下刀至深 10mm 处</td></tr>
<tr><td>N210</td><td colspan="3">X-10.0　Y0;</td><td colspan="4">移刀至点 C_1(-10,0)处</td></tr>
<tr><td>N220</td><td colspan="3">G03　I10.0　J0;</td><td colspan="4">逆时针方向铣削 ϕ20mm 整圆回至点 C_1(-10,0)处</td></tr>
<tr><td>N230</td><td colspan="3">G01　X0;</td><td colspan="4">移刀至点 O</td></tr>
<tr><td>N240</td><td colspan="3">G41　G01　X-20.0　Y0　D03;</td><td colspan="4">调用 D03 刀具半径左补偿直线切削至点 C_2(-20,0)处</td></tr>
<tr><td>N250</td><td colspan="3">G03　I20.0　J0;</td><td colspan="4">逆时针方向铣削 ϕ40mm 内腔</td></tr>
<tr><td>N260</td><td colspan="3">G00　Z100　M09;</td><td colspan="4">快速提刀至工件上方 100mm,关闭切削液</td></tr>
<tr><td>N270</td><td colspan="3">G40　X0　Y0　M05;</td><td colspan="4">快速移刀至点 O(0,0)上方同时撤销刀具半径补偿,主轴停转</td></tr>
<tr><td>N280</td><td colspan="3">G91　G28　Z0;</td><td colspan="4">Z 向回机床参考点</td></tr>
<tr><td>N290</td><td colspan="3">M30;</td><td colspan="4">程序结束</td></tr>
</table>

3. 零件加工

1）开机，回参考点。

2）调校机用虎钳钳口方向与机床 X 轴平行，控制误差在±0.01mm 以内，并固定机用虎钳。

3）正确安装毛坯和刀具。

4）对刀，设置工件坐标系 G54 和刀具长度补偿参数 H01。

5）输入程序。

6）模拟加工。

7）自动加工。

8）检测零件。

相关知识

3.1.1　刀具半径补偿指令 G41/G42/G40

在数控铣床上进行轮廓铣削时，由于刀具半径的存在，刀具中心轨迹与工件轮廓并不重合。例如要加工如图 3-1-6 所示的轮廓线 AB，铣刀中心应沿着轨迹线 CD 进给，即刀具中心要偏离零件轮廓（编程轨迹）一定的距离，这种偏离称为偏移。图 3-1-6 中的箭头表示偏移矢量，其大小为刀具半径，方向为零件轮廓曲线（编程轨迹）上在该点的法线方向，并指向刀具中心。矢量的方向是随着零件轮廓曲线（编程轨迹）的变化而变化的。

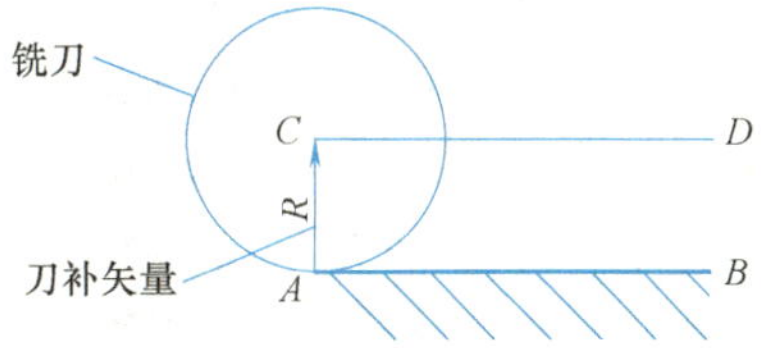

图 3-1-6　刀具偏移

人工计算刀具中心轨迹编程，计算相当复杂，且刀具直径变化时必须重新计算并修改程序。当数控系统具备刀具半径补偿功能时，编程只需按工件轮廓进行，数控系统将自动计算刀具中心轨迹，使刀具偏离工件轮廓一个半径值，即进行刀具半径补偿。

在钻孔、铰孔加工时，刀具为定尺寸刀具，被加工孔的直径由刀具保证，刀具的轴线与孔的中心线重合，因此不需要刀具半径补偿。镗孔时也不能使用刀具半径补偿功能。

1. 不同平面内的刀具半径补偿

刀具半径补偿在用 G17、G18、G19 指令选择的工作平面内进行。比如当 G17 指令执行后，刀具半径补偿仅影响 *X*、*Y* 轴的移动，而对 *Z* 轴不起补偿作用。

2. 建立刀具半径补偿

刀具半径补偿分刀具半径左补偿和刀具半径右补偿。刀具半径补偿方向的判定如图 3-1-7 所示；沿刀具进给方向看，刀具中心在零件轮廓的左侧称为刀具半径左补偿（左刀补），在右侧称为刀具半径右补偿（右刀补）。

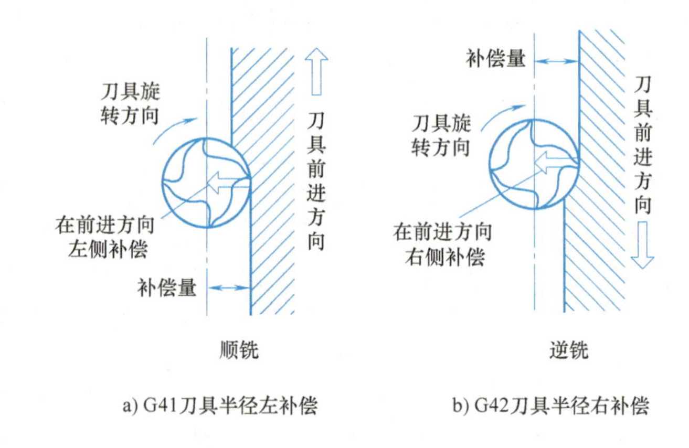

图 3-1-7　刀具半径补偿方向的判定

补偿量可以在补偿量存储器 OFFSET 中设定，程序代码为 D。

G41——刀具半径左补偿指令。

G42——刀具半径右补偿指令。

编程格式：G17　G41/G42　G01/G00　X__　Y__　D__　F__;

G18　G41/G42　G01/G00　X__　Z__　D__　F__;

G19　G41/G42　G01/G00　Y__　Z__　D__　F__;

其中，X、Y、Z 表示轮廓曲线（编程轨迹）上终点的坐标值；D 为偏移代码，取值范围 D00 ~ D99，其中 D00 的偏移量始终为 0，D01 ~ D99 根据需要使用，其中存放刀具半径值；F 为进给速度。

说明：

1）在进行刀具半径补偿前，必须用 G17、G18 或 G19 指定补偿是在哪个平面上进行。坐标必须与指定平面中的轴相对应。在多轴联动控制中，投影到补偿平面上的刀具轨迹受到补偿。平面选择的切换必须在补偿取消方式下进行，若在补偿方式进行，则报警。

2）执行 G41/G42 指令前一定要将刀具半径值用“OFFSET”功能键置入刀具补偿寄存器的参数表中，补偿只能在所选定的插补平面内（G17、G18 或 G19）进行。

3）G41、G42、G40 指令均为模态指令。

4）调用和取消刀具补偿指令是在刀具的移动过程中完成的。

5）刀具补偿指令不能写在 G02/G03 程序段中，必须在直线插补或快速定位方式中加入 G41 或 G42，即 G41 或 G42 前面必须与 G00 或 G01 联用补偿才能实现。

6）刀具半径补偿用 D 代码来指定偏置量。D 代码是模态值，一经指定后长期有效，必须由另一个 D 代码来取代或者使用 G40 或 D00 来取消（D00 的偏置量永远为 0）。

7）D代码的数据有正、负符号，随着D代码数据正、负符号的变化，G41/G42的功能可以互换。

8）在更换刀具时，一般应取消原来的偏置量；如果在原偏置状态下改变偏置量，则会得到如图3-1-8所示的加工轨迹。在N_2段，A点按N_1段偏置量计算转角向量，从N_3段开始，B点按N_2段偏置量计算转角向量。

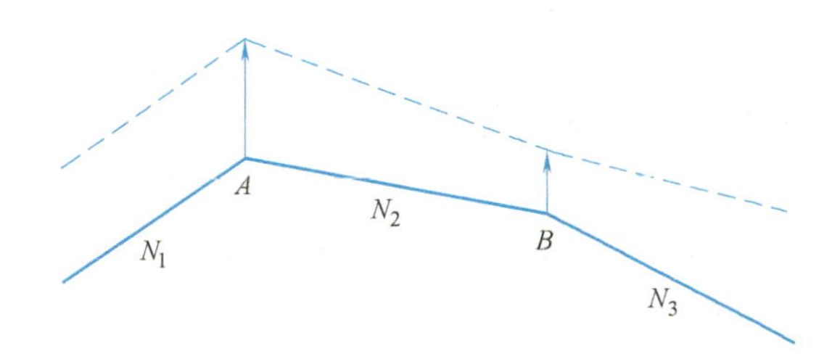

图3-1-8　原偏置状态下改变偏置量的路径

9）在圆周运动G02/G03时，不能改变D代码的数据或改变补偿的左右方向。

10）加工小于刀具半径的内角或小于刀具半径的沟槽时会产生过切，如图3-1-9、图3-1-10所示。连续进给时在发生过切的程序段刚开始处会停止，数控装置同时发出警报；如果运行单程序段，则在过切发生处发出警报。

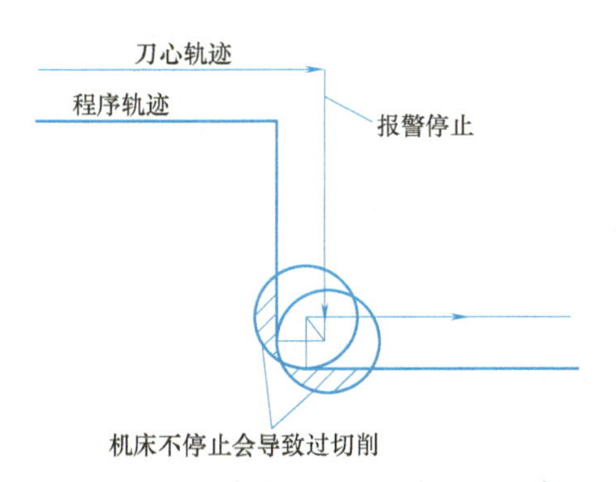

图3-1-9　刀具半径大于工件内凹圆弧半径

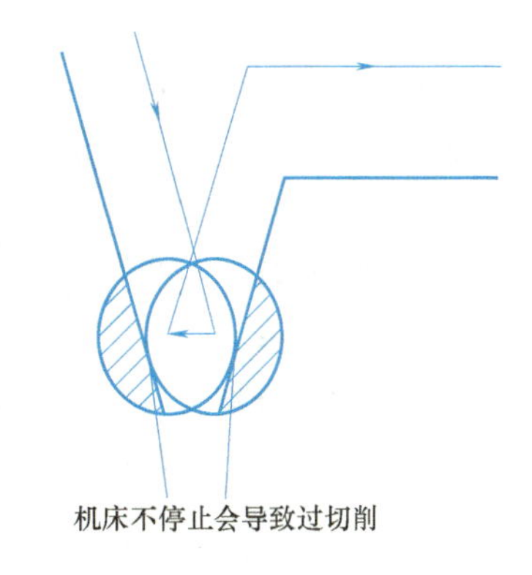

图3-1-10　刀具半径大于工件槽底宽度

3. 取消刀具半径补偿

编程格式：G40　G01　α__　β__　F__；

其中，α、β为X、Y、Z中的任意两根轴，表示刀具移至终点时的坐标值。

说明：

1）系统刚接通或执行过“复位”动作及程序终结时，半径补偿均处于取消状态。此时刀具中心轨迹与编程轨迹一致。

2）G40指令总是和G41或G42指令配合使用。一个程序中，在程序终结之前必须用G40指令来取消刀具半径补偿方式，否则会出现报警。

3）刀具半径补偿取消时也要用G00或G01指令，不能用G02或G03指令。

4）取消刀具半径补偿指令G40，必须与G00或G01联用，使刀具中心轨迹与编程轨迹重合。

5）G40、G41、G42 是同组的模态指令，可相互注销。

4. 调用刀具半径补偿加工的过程

1）刀补建立　在刀具从起点接近工件时，刀心轨迹从与编程轨迹重合过渡到与编程轨迹偏离一个偏置量。

2）刀补进行　刀具中心始终与编程轨迹相距一个偏置量直到刀补取消。

3）刀补取消　刀具离开工件，刀心轨迹过渡到与编程轨迹重合。

[例 3.1.1]　在 G17 选择的平面（XY 平面）内，使用刀具半径补偿完成轮廓加工编程，如图 3-1-11 所示。

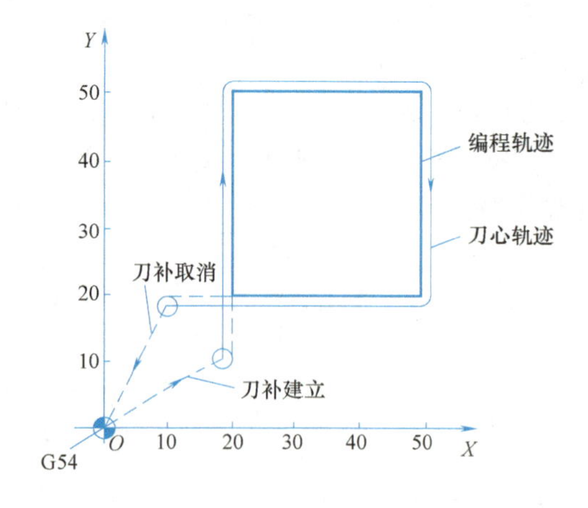

图 3-1-11　刀具半径补偿应用例题

程序如下（刀具的半径值事先存储在刀具补偿量存储器中）：

```
O00305
N10  G90  G54  G00  X0  Y0  S800  M03  F50.;
N15  G43  G00  Z50.0  H01;        （起始高度，同时建立刀具长度补偿）
N20            Z2.0;              （安全高度）
N25  G41  X20.0  Y10.0  D01;      （刀具半径补偿，D01 为刀具半径补偿号）
N30  G01  Z-10.0;                 （下刀，切深 10mm）
N35       Y50.0;
N40       X50.0;
N45       Y20.0;
N50       X10.0;
N55  G28  Z0;                     （抬刀到机床参考点高度）
N60  G40  X0  Y0  M05;            （取消刀具补偿）
N65  M30;
```

5. 使用刀具半径补偿的注意事项

使用刀具半径补偿时需避免过切削现象，应注意以下三种情况：

1）使用刀具半径补偿和取消刀具半径补偿时，刀具必须在所补偿的平面内移动，移动距离应大于刀具补偿值。

2）加工半径小于刀具半径的内圆弧时，进行半径补偿将产生过切削，如图 3-1-9 所示。只有过渡圆角 $R \geqslant$ 刀具半径 r+精加工余量的情况下才能正常切削。

3）被铣削槽底宽小于刀具直径时将产生过切削，如图 3-1-10 所示。

6. 刀具半径补偿的其他用途

1）当实际使用的刀具半径与开始加工时设定的刀具半径不符合时，例如刀具重磨或磨损，仅改变刀具半径存储器 D 中的半径值即可，不必重新编程。

2）同一把铣刀，改变键入的半径值，可用同一程序进行粗、精加工；改变键入的半径值的正负号，可加工阴阳模。

3）同一把刀具可有不同的 D 存储器单元，即可有不同的补偿设定值，便于加工。

［例 3.1.2］　如图 3-1-12 所示，刀具为 ϕ20mm 立铣刀，现零件粗加工后给精加工留单边余量为 1.0mm，则粗加工刀具半径补偿 D01 的值为

$$R_{补}=R_{刀}+1.0\text{mm}=(10.0+1.0)\text{mm}=11.0\text{mm}$$

粗加工后实测尺寸为 L+0.08mm，则精加工刀具半径补偿 D11 的值应为

$$R_{补}=\left[11.0-\frac{+0.08+\left(\dfrac{0.06}{2}\right)}{2}\right]\text{mm}=10.945\text{mm}$$

则加工后工件实际值为 L−0.03mm。

例子中的+0.08mm 是系统中其他原因造成的误差，一般很小，但必须考虑，有正、负之分。批量加工工件时，编写加工程序应该考虑尺寸公差，对称公差可以不计算，以保障尺寸正态分布，提高产品合格率。

通过改变刀具半径补偿量的方法来弥补铣刀制造的尺寸误差，扩大刀具直径选用范围及刀具返修刃磨的允许误差。此外，通过改变刀具半径补偿值的正负号，还可以用同一程序加工某些需要相互配合的工件（如相互配合的凹、凸模等）。

［例 3.1.3］　如图 3-1-13 所示，用 ϕ12mm 的键槽铣刀，切深为 5mm，完成工件外轮廓的铣削加工。不考虑加工工艺问题，编写加工程序。

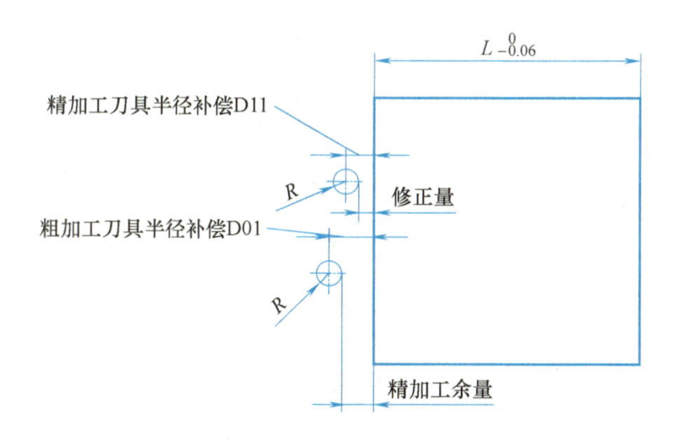

图 3-1-12　同一把刀具利用刀具半径补偿功能进行粗、精加工

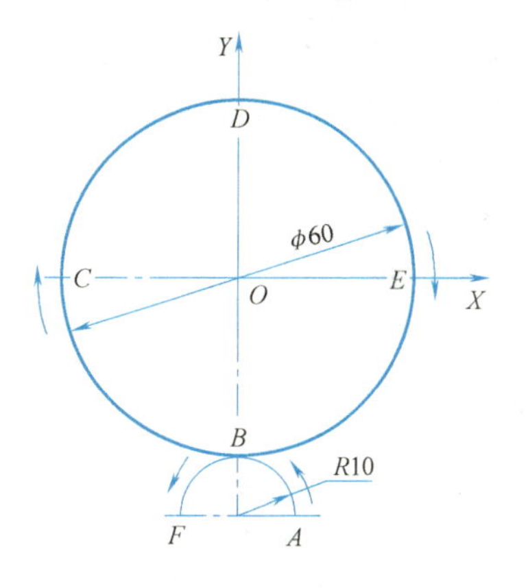

图 3-1-13　切向切入、切向切出外轮廓加工

程序如下：

```
O0006
G90  G54  G00  X0  Y0  S500  M03;
G43  G00  Z100.0  H01;
     Y-40.0;
     Z2.0;
G01  Z-5.0  F50.;
```

```
G41  X10.0  D01  F200.;             (调入一号刀具半径补偿（O→A))
G03  X0  Y-30.0  R10.0  F100.;      (圆弧切入（A→B))
G02  X0  Y-30.0  I0  J30.0;         (铣削整圆（B→C→D→E→B))
G03  X-10.0  Y-40.0  R10.0;         (圆弧切出（B→F))
G00  G40  X0;                       (取消刀具半径补偿)
G00  Z2.0;
G28  Z0;
M05;
M30;
```

3.1.2 加工质量的控制

在机械加工过程中，误差的存在是不可避免的，误差的大小决定了工件的加工质量。零件的机械加工质量包括尺寸精度、几何精度和表面质量。

1. 尺寸及几何精度

影响尺寸及几何精度的主要因素包括以下几个方面：

1）工艺系统的几何误差：原理误差（如数控加工曲线时，采用直线或圆弧进行曲线拟合的方法产生的拟合误差）、机床的几何误差和调整误差、刀具和夹具的制造误差、工件的安装误差以及工艺系统的磨损等。

2）工艺系统的受力变形引起的误差。

3）工艺系统的热变形引起的误差。

4）工件内应力导致的误差。

2. 表面质量

影响表面质量的主要因素包括以下几个方面：

1）机械加工中的振动。

2）材料的切削性能。

3）刀具的几何形状和几何角度。

4）切削用量的选择是否合理。

5）切削液选择是否合理。

3. 控制尺寸误差及几何误差的措施

在机械加工中，为了使加工的工件能够达到图样的要求，提高加工质量，主要可采取以下一些措施：

1）选择机床时，要保证机床的精度能满足工件的精度要求，并定期对机床进行调整，以保证机床精度的稳定性。

2）数控铣床在加工前，要开机预热 20min 以上，使之达到热平衡状态。合理选择冷却方式，减少热变形的影响。

3）合理选择对刀方式及对刀工具，以减少调整误差。

4）在制订工艺方案时，要考虑粗精分开、工艺基准选择合理、装夹定位可靠，选择合理的切削用量和工艺路线。

4. 控制工件表面质量的措施

1）提高系统的抗振性，合理选择切削深度（吃刀量）和切削速度，减少振动的影响。

2）针对不同的工件材料，选择不同的切削液。

3）合理选择刀具的材料及刀具的几何角度。

4）避开容易产生积屑瘤及产生鳞刺的临界参数范围进行加工。

任务实施

1. 任务实施内容

完成如图3-1-1所示零件平面轮廓的加工。填写数控加工刀具卡和数控加工工序卡，编写该平面轮廓的加工程序并在数控铣床上完成零件加工。

2. 上机实训时间

每组3小时。

3. 实训报告

1）填写零件的数控加工刀具卡、数控加工工序卡和数控加工程序单。

2）总结本次加工的经验与不足。

任务3.2　平面型腔数控铣削的编程与加工

学习目标

1. 掌握平面型腔加工的进/退刀方式，以及粗、精加工的刀具路径。
2. 能合理选择平面型腔加工的刀具。
3. 能合理规划平面型腔铣削的工艺路线。
4. 能编制符合技术规范的工艺文件。
5. 能正确编制平面型腔零件的数控加工程序。
6. 能使用数控机床上的程序仿真功能进行程序仿真校验。
7. 能独立完成零件的加工、检测。
8. 能进行零件质量分析。

任务布置

如图3-2-1所示，在120mm×120mm×20mm铝合金方料上铣削3个凹槽，外形已加工到尺寸。要求填写数控加工刀具卡和数控加工工序卡，编写加工程序并在数控铣床上完成零件加工。

任务分析

本任务要求学生在铝合金方料上铣削3个槽，主要考查学生合理选择铣刀和规划平面型腔铣削工艺路线的能力。在程序编制中，如能合理应用刀具半径补偿功能和子程序功能，将会使编制的程序更加简单。

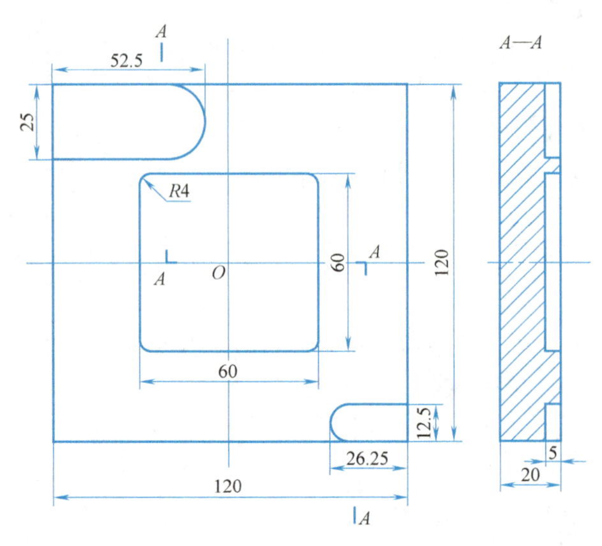

图 3-2-1 平面型腔零件

案例体验

如图 3-2-2 所示，在 80mm×80mm×30mm 铝合金方料上铣削 60mm×60mm×20mm 的型腔，型腔四周倒圆角 *R*6mm。填写数控加工刀具卡和数控加工工序卡，编写加工程序并在数控铣床上完成零件加工。

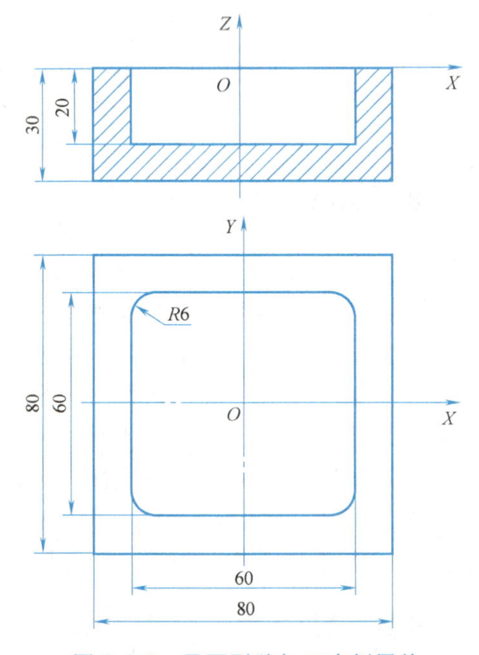

图 3-2-2 平面型腔加工案例零件

1. 案例分析

(1) 图样分析 平面型腔尺寸 60mm×60mm×20mm，以毛坯上表面中心点为工件坐标系原点，公差为自由公差，对型腔表面粗糙度没有要求。

(2) 工艺分析 平面型腔挖槽选用键槽铣刀，采用垂直进刀方式。挖槽分粗、精加工，粗加工分四层铣削，底面和侧面各留 0.5mm 的精加工余量。

1) 准备毛坯。毛坯尺寸 80mm×80mm×30mm，材料为铝合金。因工件形状简单、规则，可直接用机用虎钳在数控铣床上找正并夹紧。

2) 选择刀具。粗加工选用 ϕ20mm 的键槽铣刀，精加工选用 ϕ12mm 的键槽铣刀。数控加工刀具卡见表 3-2-1。

3) 选择切削用量。

粗加工时，主轴转速 1000r/min，进给速度 100mm/min，背吃刀量 4.875mm。

精加工时，主轴转速 2000r/min，进给速度 60mm/min，背吃刀量 0.5mm。

4）填写数控加工工序卡。数控加工工序卡见表 3-2-2。

表 3-2-1　数控加工刀具卡　　编号：3.2.2

零件名称	平面型腔加工案例零件		零件图号	3-2-2	工序卡编号	3.2.2	工艺员	
工步编号	刀具编号	刀具规格、名称	刀具长度偏置号	刀具半径补偿		加工内容	备注	
				补偿号	补偿值			
1	T01	ϕ20mm 键槽铣刀	H01			粗加工型腔	没有采用刀具半径补偿	
2	T02	ϕ12mm 键槽铣刀	H02	D02	6mm	精加工型腔		

表 3-2-2　数控加工工序卡　　编号：3.2.2

零件名称	平面型腔加工案例零件			零件图号	3-2-2	工序名称	平面型腔铣削		
零件材料	铝合金			材料硬度		使用设备	HASS TM-1 系统数控铣床		
使用夹具	机用虎钳			装夹方法	机用虎钳				
程序号	O0321			日期	年　月　日	工艺员			
工步描述									
工步编号	工步内容	刀具号	刀具长度补偿号	刀具规格/mm	主轴转速/(r/min)	进给速度/(mm/mim)	切削深度/mm	加工余量/mm	备注
1	粗加工	T01	H01	键槽铣刀	1000	100	19.5	—	分四次切削，每次背吃刀量为 4.875mm
2	精加工	T02	H02	键槽铣刀	2000	60	0.5	0.5	

2. 程序编制

（1）工件坐标系原点的选择　设定工件坐标系原点 O 为毛坯上表面中心点（0，0，0）处，如图 3-2-2 所示。

（2）数学处理　平面 XY 坐标，可以从加工轨迹中直接得到，如图 3-2-3 所示。粗加工

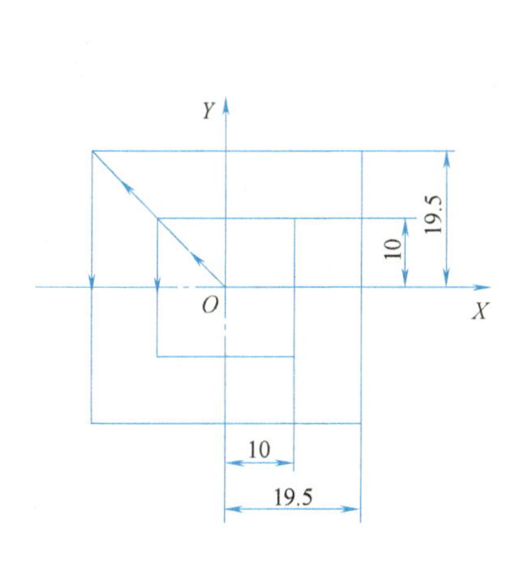

a) 粗加工刀具中心轨迹(未用刀补)

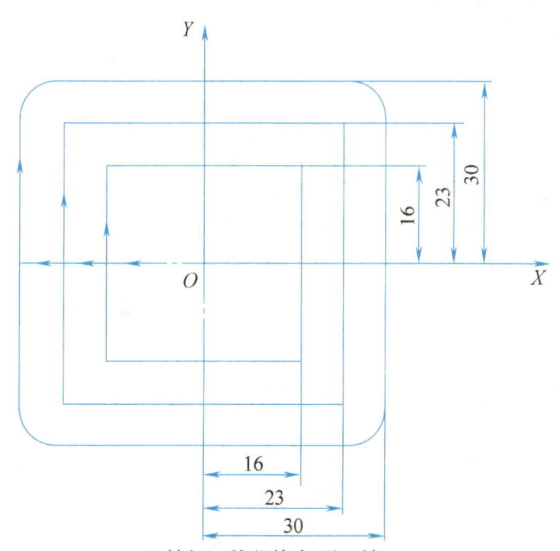

b) 精加工编程轨迹(用刀补)

图 3-2-3　平面型腔案例零件的加工轨迹

分4层切削，由于每层的平面轨迹都相同，为简化程序，将粗加工时的平面轨迹编写成子程序。粗加工时，总的切削深度为19.5mm，所以每层的背吃刀量为4.875mm。编程时，深度方向必须采用增量方式，以保证每次进退刀的相对距离相等。

（3）编制加工程序　数控加工程序单见表3-2-3。

表3-2-3　O0321数控加工程序单　　编号：3.2.2

零件名称	平面型腔加工案例零件	零件图号	3-2-2	工序卡编号	3.2.2	编程员	
程序段号	指令码			备注			
N10	G54　G90　G00　X0　Y0　S1000　M03　T01;			粗加工主轴转速1000r/min，刀具直径20mm			
N20	G43　H01　Z30.0;			快速下刀至Z3.0调用H01刀具长度偏置			
N30	G00　Z3.0　M08;			快速下刀至Z3.0，打开切削液			
N40	M98　P040002;			调用四次子程序，分四层进行平面型腔粗加工，四周和底面留有0.5mm的精加工余量			
N50	G91　G28　Z0.;			回机床参考点			
N60	M00;			手工换2号刀具，加工中心用"M06 T02"换刀。			
N70	M03　S2000;			精加工主轴转速2000r/min			
N80	G43　H02　Z30.0;			调用2号刀具长度偏置			
N90	G90　G01　Z-20.0　F60;			采用刀具半径补偿功能，精加工平面型腔，刀具直径ϕ12mm			
N100	G42　G01　X-16.0　Y0　F60　D02;						
N110	Y16.0;						
N120	X16.0;						
N130	Y-16.0;						
N140	X-16.0;						
N150	Y0;						
N160	X-23.0;						
N170	Y23.0;						
N180	X23.0;						
N190	Y-23.0;						
N200	X-23.0;						
N210	Y0;						
N220	X-30.0;						
N230	Y-24.0;						
N240	G02　X-24.0　Y30.0　R6.0;						
N250	G01　X24.0;						
N260	G02　X30.0　Y24.0　R6.0;						
N270	G01　Y-24.0;						
N280	G02　X24.0　Y-30.0　R6.0;						
N290	G01　X-24.0;						
N300	G02　X-30.0　Y-24.0　R6.0;						
N310	G01　Y1.0;						
N320	G40　G00　X0　Y0　Z50.0;						
N330	G91　G28　Z0;						
N340	M30;						

（续）

零件名称	平面型腔加工案例零件	零件图号	3-2-2	工序卡编号	3.2.2	编程员	
程序段号	指　令　码			备　注			
子程序　O0002；							
N10	G91　G01　Z-7.875　F60；			不采用刀具半径补偿功能，粗加工平面型腔，刀具直径 ϕ20mm。Z 方向分四层铣削，每层的背吃刀量为 4.875mm（安全高度 3mm，共 7.875mm）；由于采用子程序编程，Z 向需采用增量方式编程，保证刀具在 Z 方向上的起点和终点重合。			
N20	G90　X.10.0　Y10.0　F100；						
N30	Y-10.0；						
N40	X10.0；						
N50	Y10.0；						
N60	X-10.0；						
N70	X-19.5　Y19.5；						
N80	Y-19.5；						
N90	X19.5；						
N100	Y19.5；						
N110	X-19.5；						
N120	G00　X0　Y0；						
N130	G91　Z3.0；						
N140	M99；						

3. 零件加工

1）开机，回参考点。

2）调整机用虎钳钳口方向与机床 X 轴平行，控制误差在±0.01mm 以内，并固定机用虎钳。

3）正确安装毛坯和刀具。

4）对刀，设置工件坐标系 G54 原点和刀具长度补偿参数 H01。

5）设置刀具半径补偿参数 D02。

6）输入程序。

7）模拟加工。

8）自动加工（单段运行）。

9）检测零件。

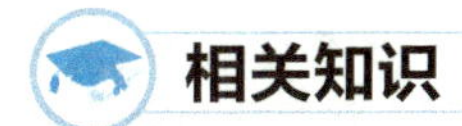

3.2.1　型腔加工中的进刀方式

对于封闭型腔零件的加工，下刀方式主要有垂直下刀、螺旋下刀和斜线下刀 3 种。

1. 垂直下刀

小面积切削和零件表面粗糙度要求不高的情况，可采用键槽铣刀直接垂直下刀并进行切削的方式；大面积切削和零件表面粗糙度要求较高的情况，先采用键槽铣刀（或钻头）垂直进刀，预钻起始孔后，再换多刃立铣刀加工型腔。

2. 螺旋下刀

通过铣刀刀片的侧刃和底刃的切削，避开刀具中心无切削刃部分与工件的干涉，使刀具沿螺旋槽深度方向渐进，从而达到进刀的目的，如图 3-2-4 所示。

3. 斜线下刀

斜线下刀时刀具使用 X、Y、Z 方向的线性坡切削，以达到全部轴向深度的切削，如图 3-2-5 所示。

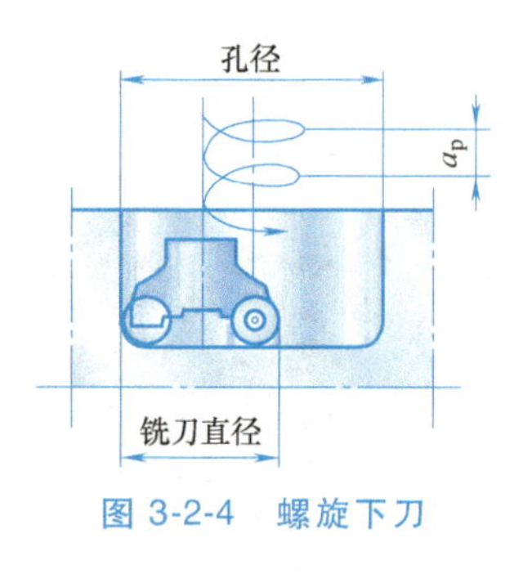

图 3-2-4　螺旋下刀

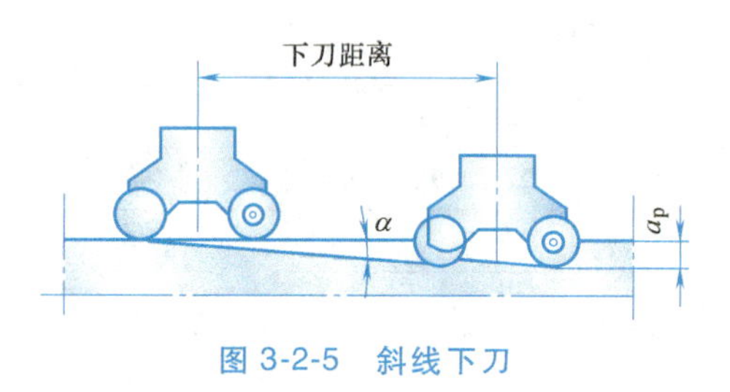

图 3-2-5　斜线下刀

3.2.2　矩形型腔加工中的刀具路径

矩形型腔铣削刀具路径可以有以下三种，如图 3-2-6 所示。

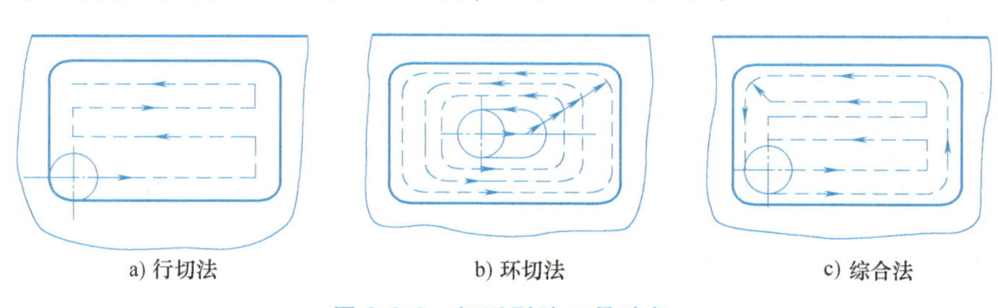

图 3-2-6　矩形型腔刀具路径

采用行切法时，刀具在型腔中往复切削，刀具路径如图 3-2-6a 所示。行切法的特点是刀具路径较短，刀位点计算简单；缺点是两次折返之间在内轮廓表面会有残留，增加了表面粗糙度值。

采用环切法时，刀具在型腔中环绕切削，刀具路径如图 3-2-6b 所示。环切法的特点是轮廓无残留，表面粗糙度值低；缺点是刀具路径较长，刀位点计算相对复杂。

综合法是综合了行切法与环切法优点的切削方法，刀具路径如图 3-2-6c 所示。先用行切法切除型腔内的大部分材料，留下精加工余量，最后用环切法沿内轮廓走一周。综合法可使总的刀具路径较短，同时又获得了低的轮廓表面粗糙度值，缺点是刀位点计算与编程相对复杂。

3.2.3　铣刀的选择

1. 铣刀类型的选择

内轮廓通常用键槽铣刀来加工。在数控铣床上使用的键槽铣刀为整体结构，刀具材料为高速工具钢或硬质合金。与普通立铣刀不同的是，键槽铣刀端面中心处有切削刃，所以键槽铣刀能做轴向进给，起刀点可以在工件内部。键槽铣刀有2、3、4刃等规格，粗加工内轮廓选用2刃或3刃键槽铣刀，精加工内轮廓选用4刃键槽铣刀。与立铣刀相同，键槽铣刀通过弹性夹头与刀柄固定。

2. 铣刀直径的选择

第一，在型腔加工时，铣削拐角的铣刀半径必须小于或等于拐角处的圆角半径，否则将出现如图3-2-7所示的过切或切削不足现象。

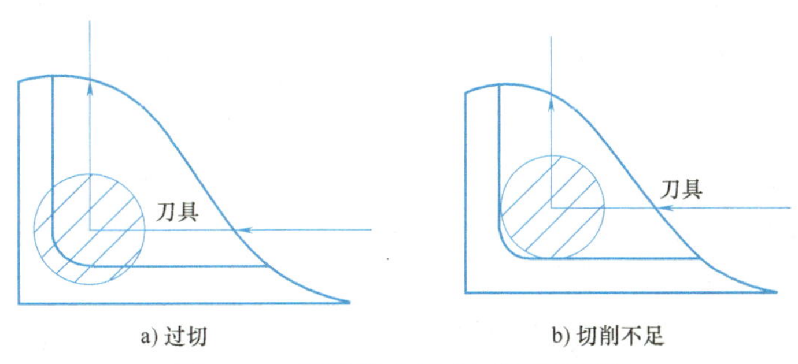

图3-2-7　型腔的过切或切削不足现象

通常加工时选用铣刀半径等于拐角处圆角半径，按尖角尺寸以直线插补方式加工，通过刀具半径补偿实现圆角尺寸。

第二，在型腔加工时，当型腔底面的面积较大时，为提高加工效率，保证型腔底面的加工质量，应选取直径较大的铣刀进行加工。

因此，在选择铣刀直径时，应权衡利弊做出取舍。通常有如下措施：

1）采用尽可能大的圆角结构。在可能的情况下，应与零件设计人员沟通，从加工工艺的角度提出修改建议。建议在满足工作要求的前提下，尽量采用较大的圆角半径。

2）当由于受到圆角半径限制而使铣刀直径不能太大时，可以考虑选择两把铣刀。先用大直径的铣刀铣削型腔底面，只在内轮廓面留有精加工余量；然后使用小直径铣刀精加工内轮廓面，切出圆角。使用这种方法要求两把刀在 Z 方向对刀要非常准确与一致，否则型腔底面将出现接刀痕迹。

3.2.4　型腔加工中的子程序

1. 子程序的概念

（1）子程序的定义　数控机床的加工程序可以分为主程序和子程序两种。所谓主程序是一个完整的零件加工程序，或是零件加工程序的主体部分，它与被加工零件或加工要求一一对应，不同的零件或不同的加工要求，都有唯一的主程序。在编制加工程序时，有时会遇到一组程序段在一个程序中多次出现，或者在几个程序中都要使用它，这个典型的一组程序段可以做成固定程序，并单独加以命名，这组程序段就称为子程序。

子程序一般都不可以作为独立的加工程序使用，它只能通过由主程序调用，实现加工中的局部动作。子程序执行结束后，能自动返回到调用的主程序中。

（2）子程序的嵌套　为了进一步简化程序，可以让子程序调用另一个子程序，这一功能称为子程序的嵌套，如图3-2-8所示。数控系统不同，其子程序的嵌套级数也不相同。

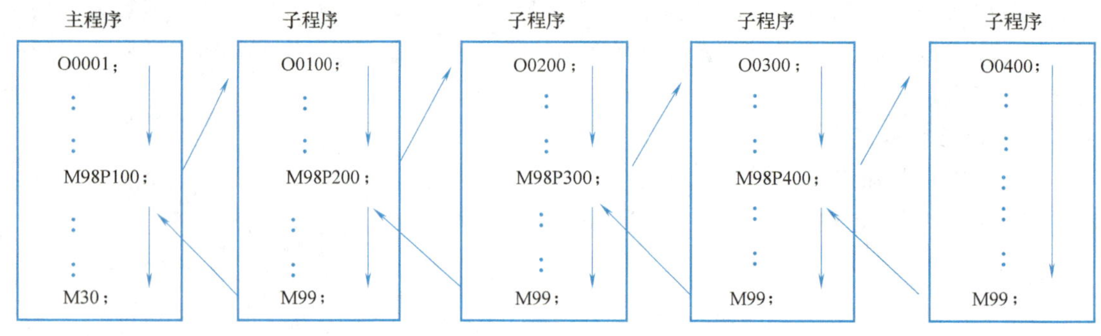

图 3-2-8　子程序嵌套

2. 子程序的格式与调用

指令格式：M98 P_ ××××；

指令功能：调用子程序

指令说明："_"为重复调用的子程序的次数，若只调用一次子程序可省略不写，不同数控系统允许重复调用的次数各不相同，次数范围为 1～9999。"××××"为要调用的子程序号。

3. 子程序结束

指令格式：M99；

指令功能：子程序运行结束，返回主程序。

任务实施

1. 实训目的

1）合理拟订工艺方案并编程。

2）熟练进行机用虎钳找正、工件和刀具的装卸。

3）熟练设置工件坐标系原点偏置参数。

4）熟练设置和调整刀具长度补偿参数。

5）熟练操作数控铣床完成零件的加工、检测。

2. 实训内容

完成图 3-2-1 所示平面型腔铣削的编程与加工。

3. 实训要求

1）仔细分析零件图样，明确图样的加工要求。

2）合理选用切削用量，拟订加工工艺，选择加工刀具。

3）正确找正机用虎钳，正确安装工件和刀具。

4）手工对刀操作，将工件坐标系原点偏置参数和刀具长度补偿参数录入机床。

5）手工编程，模拟并铣削零件。

6）讨论分析零件的加工质量，对不足之处提出改进意见。

4. 实训时间

每组 5 小时。

5. 实训报告要求

1）写出数控铣床上零件自动加工操作的步骤。

2）填写本任务的数控加工刀具卡、数控加工工序卡和数控加工程序单。

补充知识

3.2.5 键槽铣削加工

加工平键槽，一般采用与键槽宽度尺寸相同的键槽铣刀。键槽铣刀结构如图 3-2-9 所示。铣削中，键槽宽度由刀具尺寸保证；键槽长度由走刀长度控制；键槽 *Z* 向深度采用层切法加工，分层切削，*Z* 向层间采用啄钻（垂直）下刀或坡走铣（斜线下刀），铣削出平键槽的深度尺寸。

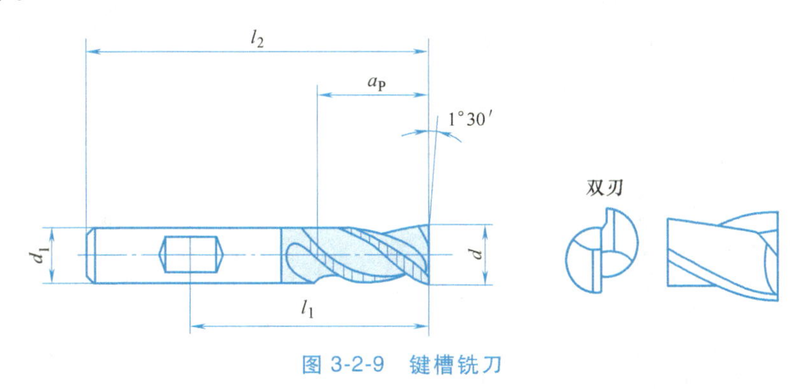

图 3-2-9　键槽铣刀

若键槽精度高，则应采用精密铣削平键槽。由于数控铣削能够精密铣削曲线轮廓，使数控铣削具有高精度铣键槽的手段。精密铣削键槽不同于一般传统铣削平键槽，其工艺特点是采用小于键槽宽度尺寸的键槽铣刀，分粗、精铣两步完成键槽切削。首先粗铣键槽，采用层切法，铣削到槽深度，由于键槽铣刀直径小于键槽宽度，所以粗铣后槽的宽度和长度尺寸均小于设计尺寸；然后用同一把刀具精铣键槽，在 *XY* 平面使键槽铣刀沿键槽轮廓走刀，精铣槽至设计尺寸。

[例 3.2.1]　键槽尺寸如图 3-2-10 所示，要求精密铣削键槽。

本例要求精密铣削键槽，选用 ϕ14mm 键槽铣刀，*Z* 轴方向斜线下刀，采用粗、精两次铣削。粗铣采用层切法，粗铣后槽宽 14mm，留精铣单边余量 0.5mm。精铣时用该键槽铣刀沿槽周边走刀一周，铣去 0.5mm 余量，加工键槽到设计尺寸。精加工的刀具路径如图 3-2-11所示，采用圆弧过渡的方式切入。

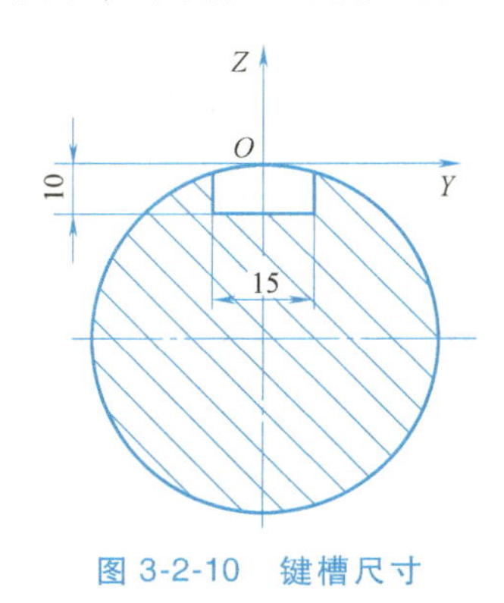

图 3-2-10　键槽尺寸

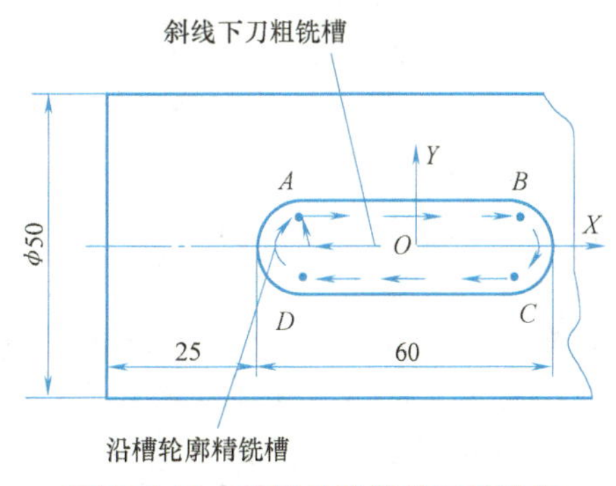

图 3-2-11　精密铣键槽的刀具路径

以轴的上素线、键槽中心点为工件坐标系原点。粗铣键槽采用分层切法。键槽下刀时刀位点位于（-X22.5、Y0、Z0），斜线下刀，层切法刀具路径如图 3-2-12 所示。每一次切削一层，每层背吃刀量（Z 轴方向层间距离）$a_P=[(10-0.5)/4]\text{mm}=2.375\text{mm}$，切削分 4 层，完成粗铣加工。粗铣后在槽的周边和底面留下 0.5mm 的铣削余量。

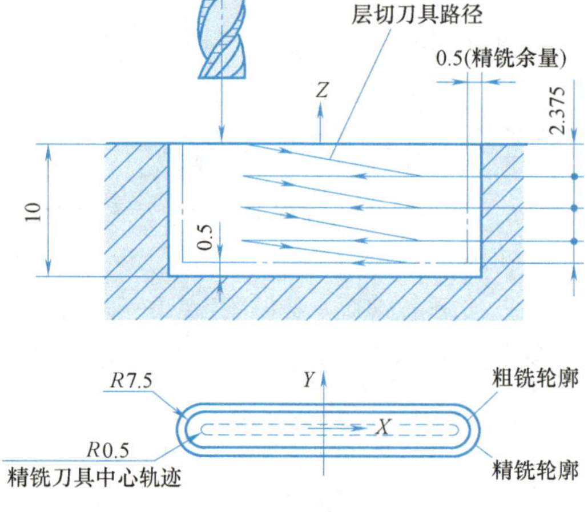

图 3-2-12　斜线下刀铣削键槽示意图

精铣槽刀具路径在 XY 平面上，由于刀具路径简单，采用刀具中心轨迹编程。刀具中心轨迹为 $A \rightarrow B \rightarrow C \rightarrow D \rightarrow A$，在 XY 平面刀具中心轨迹坐标分别为：$A(-23, 0.5)$、$B(23, 0.5)$、$C(23, -0.5)$、$D(-23, -0.5)$。

参考程序：

O4107；程序名

N05 G90 G54 G17 G00 Z100；（程序初始化）

N10 M03 S1000；（主轴正转）

N15 G00 X-22.5 Y0；（定位至粗加工起点）

N20 G43 H01 Z30；（快速下刀）

N25 G00 Z2；（快速下刀到 R 平面）

N30 G01 Z0 F100；（进给至工件表面）

N35 X22.5 Y0 Z-2.375　F50；（粗铣键槽，斜线下刀）

N40 X-22.5；（切削第 1 层）

N45 X22.5 Z-4.75；（粗铣键槽，斜线下刀）

N50 X-22.5；（切削第 2 层）

N55 X22.5 Z-7.125；（粗铣键槽，斜线下刀）

N60 X-22.5；（切削第 3 层）

N65 X22.5 Z-9.5；（粗铣键槽，斜线下刀）

N70 X-22.5；（切削第 4 层）

N75 X-23.0 Y0.5 Z-10；（精铣键槽，切入 A 点）

N80 X23；（切入 B 点）

N85 G02 Y-0.5 R0.5；（切入 C 点）

N90 G01 X-23；（切入 D 点）

N95 G02 Y0.5 R0.5；（切入 A 点）

N100 X-22.5 Y0；（切出工件）

N105 G91 G28 Z0；（返回 Z 向参考点）

N110 G00 X0 Y0；（返回到起点）

N115 M05；（主轴停转）

N120 M30；（程序结束）

3.2.6　圆腔铣削

铣削圆腔一般多采用立铣刀，从圆心点开始铣削。根据所用刀具，可以先预先钻一孔，以便下刀，也可以采用螺旋下刀或斜线下刀，挖腔时，刀具快速定位至 R 平面，从 R 平面转入切削进给；先铣一层，深度为 Q；在同一层中，刀具按宽度（行距）H 进刀，按圆弧走刀，直至腔的尺寸；一层加工完后，刀具快速回到孔中心，再轴向下刀，加工下一层，直至到达孔底尺寸；最后快速退刀，离开孔腔。圆腔铣削刀具路径如图 3-2-13 所示。

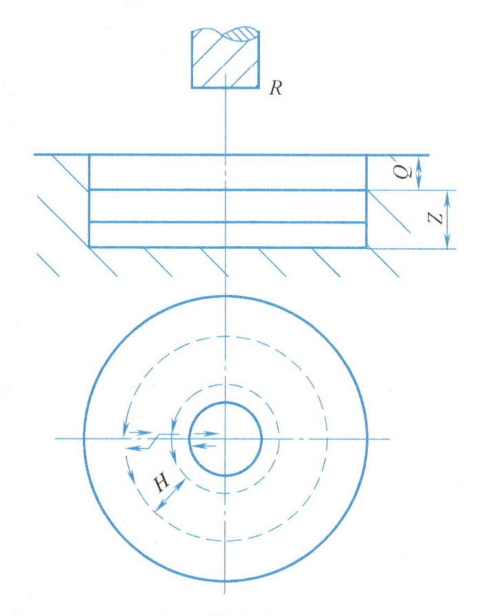

图 3-2-13　圆腔铣削刀具路径

3.2.7　HAAS 系统中的几个专用指令

1. 通用槽铣削指令 G150

编程格式：G150 D_　F_　I_　J_　K_　L_　P_　Q_　R_　S_　X_　Y_　Z_ ；

其中：D——选择切削尺寸；

F——进给速度；

I——X 轴切削增量（必须是正值）；

J——Y 轴切削增量（必须是正值）；

K——精切削公差（必须是正值）；

L——可选择重复次数；

P——定义的外形子程序名；

Q——每行程 Z 轴切削深度（必须是正值）；

R——安全位置；

S——可选择主轴转速；

X——起始孔 X 轴定位；

Y——起始孔 Y 轴定位；

Z——孔的最后深度。

G150 指令如果规定了增量值 I，刀具将通过 X 轴的一系列行程切削出规定的形状，再沿槽壁走一圈进行精加工，刀具路径如图 3-2-14a 所示。如果规定了增量值 J，刀具将通过 Y 轴的一系列行程切削出规定的形状，再沿槽壁走一圈进行精加工，刀具路径如图 3-2-14b 所示。

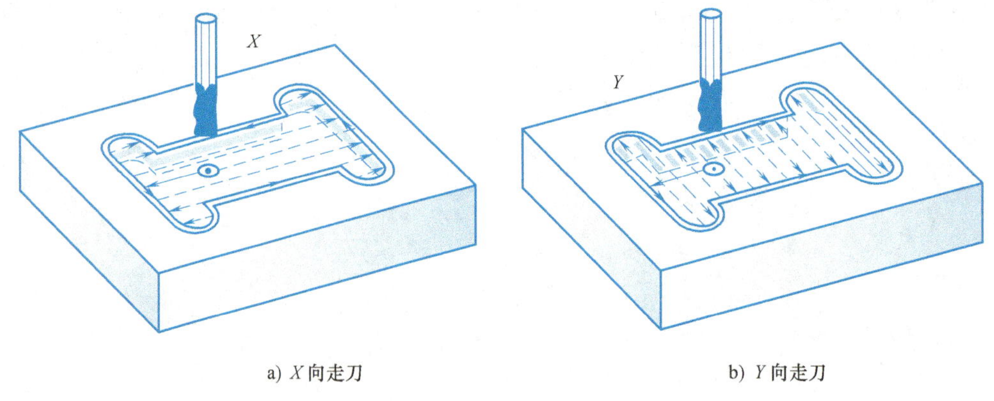

a) X 向走刀　　b) Y 向走刀

图 3-2-14　G150 刀具路径

[例 3.2.2]　铣削如图 3-2-15 所示的 40mm×40mm×5mm 方形槽，键槽铣刀直径为 ϕ5mm。

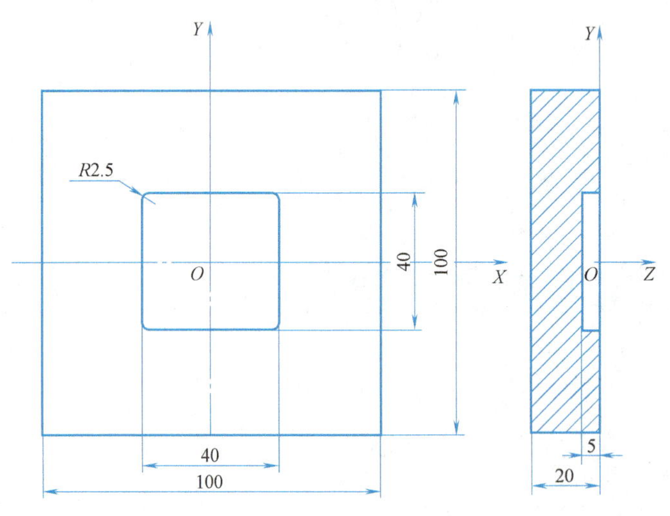

图 3-2-15　方形槽零件图

参考程序：工件坐标系原点设在工件上表面的中心点。

```
O4301；（主程序名）
G90 G54 G00 X0 Y0；
M03 S2000；
G43 H01 Z30.0；
G150 P4302 Z-5 Q2.5 R2 J3 K0.1 G41 D01 F60；（铣削中间方槽）
G40 G00 X0 Y0；
G28 Z0；
M30；
```

```
O4302；（子程序名）
G01 Y20；
X-20；
Y-20；
X20；
Y20；
X0；
M99；
```

说明：子程序中规定的方形槽必须是一个封闭区域，如图 3-2-16 所示。

2. 专用圆形槽铣削指令 G12/G13

（1）G12 顺时针圆形槽铣削

编程格式：G12 D_ I_ K_ L_ Q_ F_ Z_ ；

其中：D——选择刀具半径补偿号；

I——第一个圆的半径，I 值必须大于刀具半径，小于 K 值；

K——完成的圆的半径；

L——重复深度切削的循环次数；

Q——半径增量；

F——进给速度，单位为 in/min 或 mm/min；

Z——切削或增量深度。

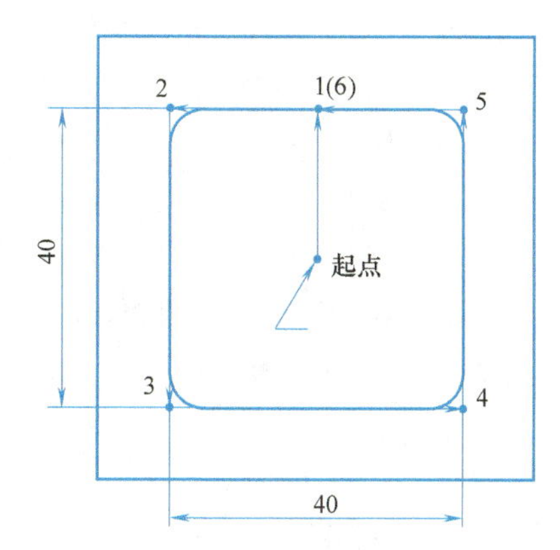

图 3-2-16 子程序刀具路径

G12 指令用来铣削圆形槽，其动作如图 3-2-17 所示。

（2）G13 逆时针圆形槽铣削 G13 与 G12 的动作基本相同，只是旋转方向不一样。

[例 3.2.3] 应用 G13 指令编写如图 3-2-18 所示的圆形槽铣削程序，选用 ϕ10mm 的键槽铣刀。

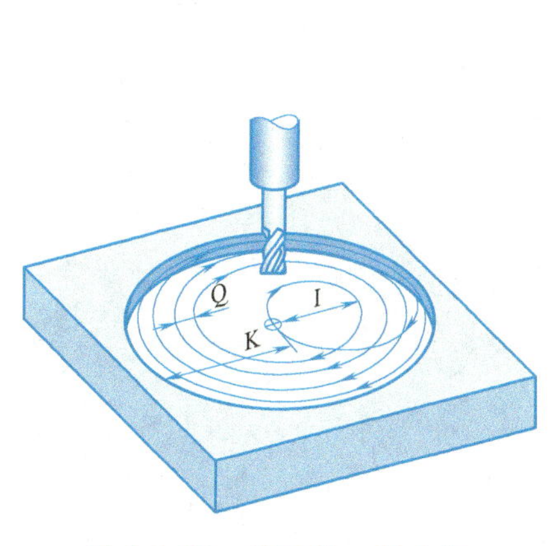

图 3-2-17 G12 的刀具路径

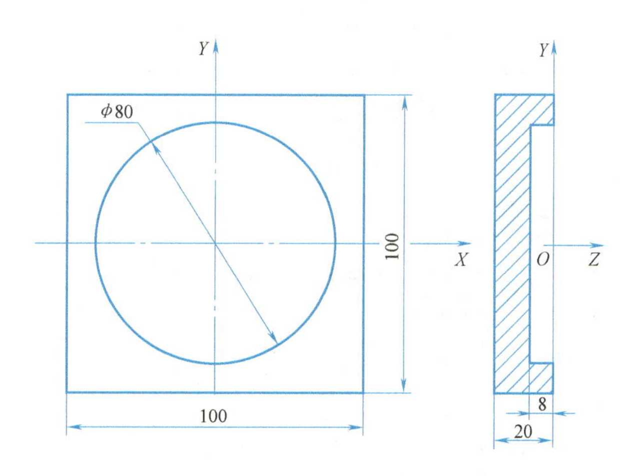

图 3-2-18 圆形槽

参考程序：

```
O4202；（程序名）
G00 G90 G54 X0 Y0 S1000 M03；
G43 H01 Z30.0  M08；
G01 Z0 F100；
G13 G91 Z-2 I8 K40 Q8 L4 D01 F40；（分四层进行圆形槽铣削，每层 Z 向下刀 2mm）
G00 G90 Z50 M09；
G28 Y0 Z0；
M30；
```

3. 镜像加工指令

编程格式：G101 X0/ Y0/Z0；

G100；

其中：G101 X0——关于 *X* 轴对称；

G101 Y0——关于 *Y* 轴镜像；

G101 X0 Y0 Z0——关于原点镜像；

G100——取消镜像功能。

[例 3.2.4]　应用镜像功能编制如图 3-2-19 所示轮廓的加工程序，切削深度为 5mm。

参考程序：

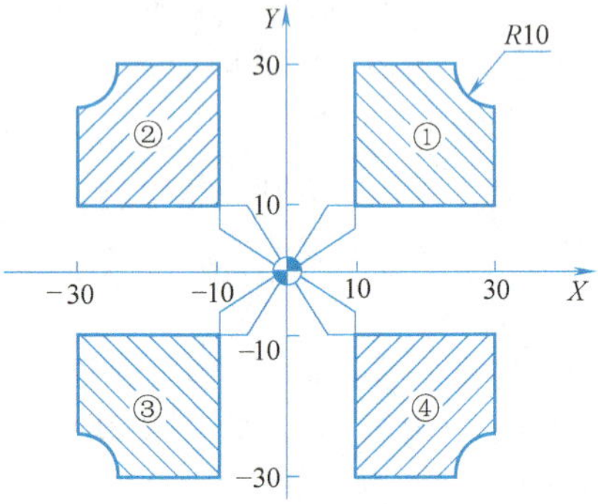

```
O4203；（主程序名）
G54 G90 G17 G00 X0 Y0 M03 S1000；
G43 H01 Z30.0；
M98 P4204；（调用子程序加工第一象限的凸台）
G101 X0；（关于 X 轴镜像）
M98 P4204；（调用子程序加工第四象限的凸台）
G101 X0 Y0；（关于原点镜像）
M98 4204；（调用子程序加工第三象限的凸台）
G101 Y0；（关于 Y 轴镜像）
M98 4204；（调用子程序加工第二象限的凸台）
G100；（取消镜像功能）
G28 Z0；
M30；
O4204；（子程序名）
G41 G00 X10.0 Y4.0 Z5.0 D01；（定义第一象限的走刀轨迹）
G01 Z-5 F100；
Y30.0；
X20.0；
G03 X30.0 Y20.0 R10.0；
G01 Y10.0；
X4.0；
G00 Z50.0；
```

图 3-2-19　镜像加工示例图

G40 X0 Y0;

M99;

4. 比例缩放指令（G51/G52）

编程格式

G51　X_　Y_　Z_　P_　;

G50;

其中：X、Y、Z——比例缩放中心，以绝对值指定；

　　P—— 缩放比例；

　　G50——取消比例缩放功能。

X、Y、Z 坐标按照相同的比例 P 进行放大或缩小，如图 3-2-20 所示。图中：

$P_1P_2P_3P_4$：程序中给定的图形；

$P_1'P_2'P_3'P_4'$：经比例缩放后的图形；

P_0：比例缩放中心点（由 X、Y、Z 规定）。若省略 X、Y、Z，则用刀具当前位置作为比例缩放中心。

[例 3.2.5]　缩小图形编程。设缩放中心点在（40，40），按同一倍数 2/3 将外圈图形缩小为有阴影线的图形，如图 3-2-21 所示。

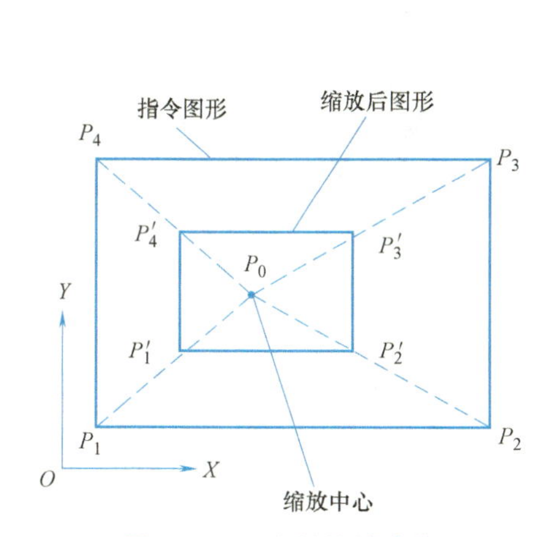

图 3-2-20　比例缩放功能

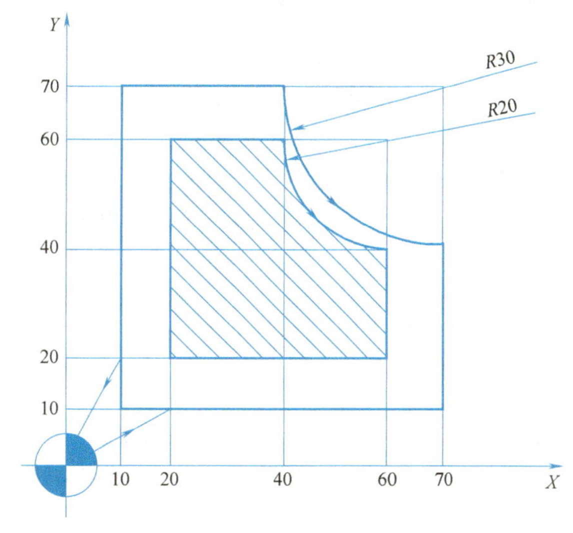

图 3-2-21　缩放功能示例

参考程序：

O4307；主程序名

G90 G54 G00 X0 Y0 M03 S1000;

G43 H01 Z30.0 M08;

G51 X40.0 Y40.0 P（2/3）；（将图形缩小 2/3）

M98 P8000；（调用子程序加工内圈）

G50；（取消缩放功能）

G91 G28 Z0;

M30；（程序结束）

```
O8000;（子程序名（定义外圈轮廓轨迹））
G01 Z-2.0 F100;
G41 G00 X10.0 Y10.0 D01;
G01 Y70.0;
X40.0
G03 X70.0 Y40.0 R30.0 F80;
Y10.0;
X-10.0;
G40 G00 X0 Y0;
M99;
```

5. 坐标旋转指令 G68、G69

编程格式

G68 X_ Y_ R_ ;

G69;

其中：X、Y——旋转中心，以绝对值指定；

R——旋转角度，单位为（°），逆时针为正，顺时针为负；

G69——取消坐标旋转。

使用 G68、G69 指令时应注意的问题：

1）在坐标旋转取消指令 G69 以后的第一个移动指令必须用绝对值指定，如果采用增量值指令，则不执行正确的移动。

2）CNC 数据处理的顺序是：程序镜像→比例缩放→坐标系旋转→刀具半径补偿，所以在指定这些指令时，应按顺序指定，取消时，按相反顺序，指令格式如下：

```
……
G101
G51
G68
G41/G42
……
G40
G69
G50
G100
```

[例 3.2.6] 如图 3-2-22 所示，图形 *A* 先执行比例缩放指令，将其放大 2 倍得到图形 *B*，再将图形 *B* 绕（20，20）旋转 300°，旋转后得到图形 *C*。凸台高度为 2mm，试编写图形 *C* 的加工程序。

参考程序：

```
O4309;（程序）
G90 G54 G00 X50.0 Y50.0 M03 S1000;
G43 H01 Z30.0 M08;
```

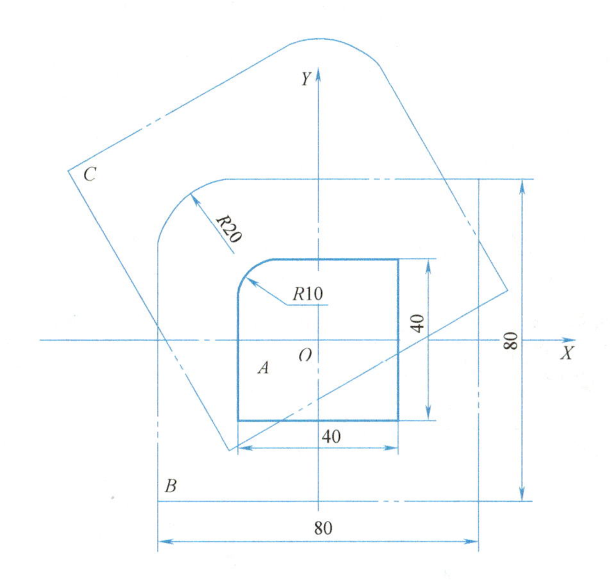

图 3-2-22　坐标旋转示例

```
G01 Z-2.0 F100;
G51 X0 Y0 P2;（图形放大 2 倍，得图形 B）
G17 G68 X20.0 Y20.0 R300;（坐标旋转 300°，得图形 C）
G41 G01 X20.0 Y20.0 F100 D01（刀具半径补偿，走图形 A 的轨迹）
Y-20.0;
X-20.0;
Y10.0;
G02 X-10.0 Y20.0 R10.0;
G01 X20;
G00 Z50;
G40 G69 G50（取消刀补、取消坐标系旋转、取消比例缩放）
G91 G28 Z0;
M30;
```

任务拓展

1. 编写程序，加工如图 3-2-23 所示的零件。

2. 编写程序，加工如图 3-2-24 所示的圆形腔。

3. 编写程序，加工如图 3-2-25 所示的矩形槽。

4. 使用缩放功能编写如图 3-2-26 所示轮廓的加工程序。已知三角形 *ABC* 的顶点为 *A*（10，30）、*B*（90，30）、*C*（50，110），三角形 *A'B'C'* 是缩放后的图形，其中缩放中心为 *D*（50，50），缩放系数为 0.5。

5. 利用坐标旋转功能编写程序，加工如图 3-2-27 所示零件的外形轮廓，下刀深度 2mm。

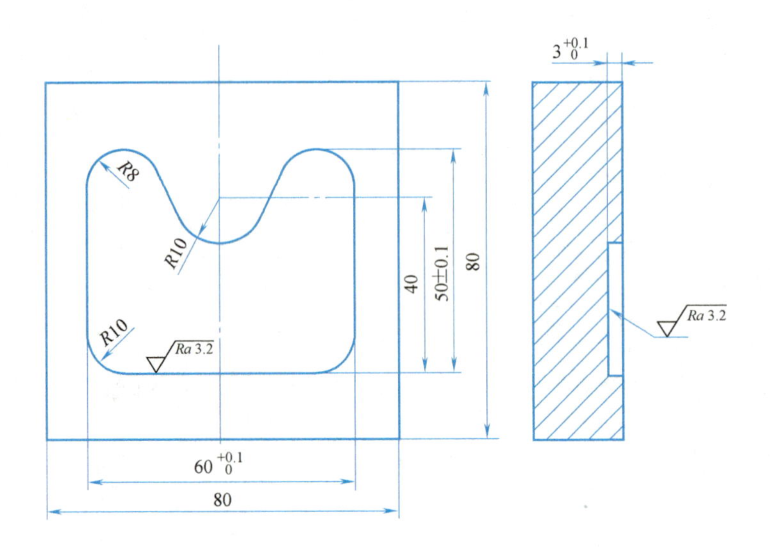

图 3-2-23　拓展加工零件 1

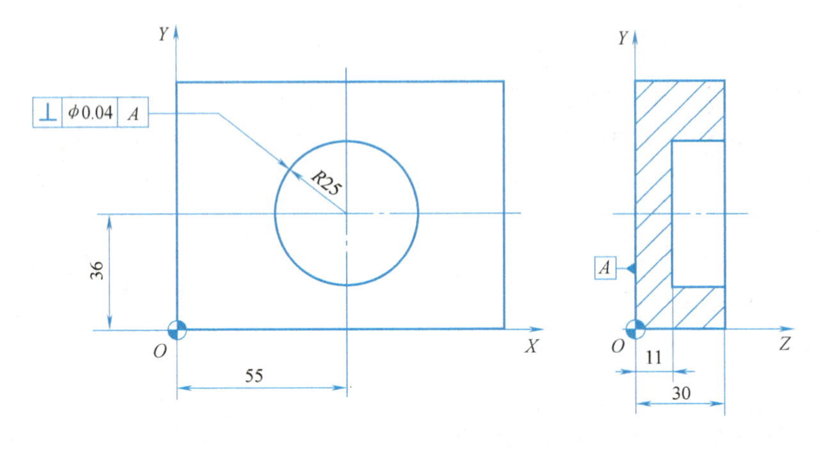

图 3-2-24　拓展加工零件 2

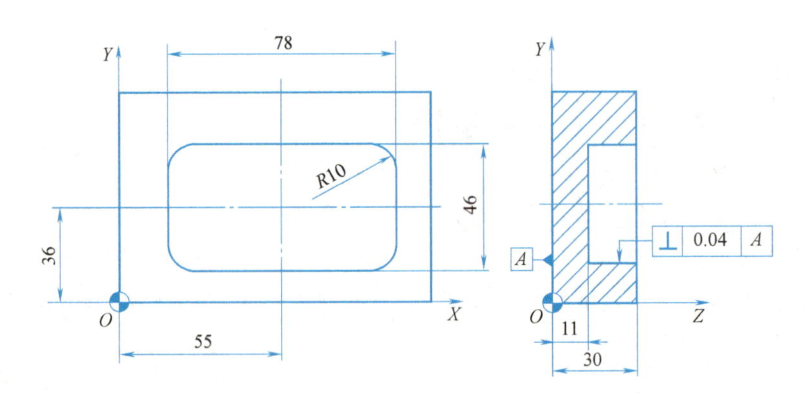

图 3-2-25　拓展加工零件 3

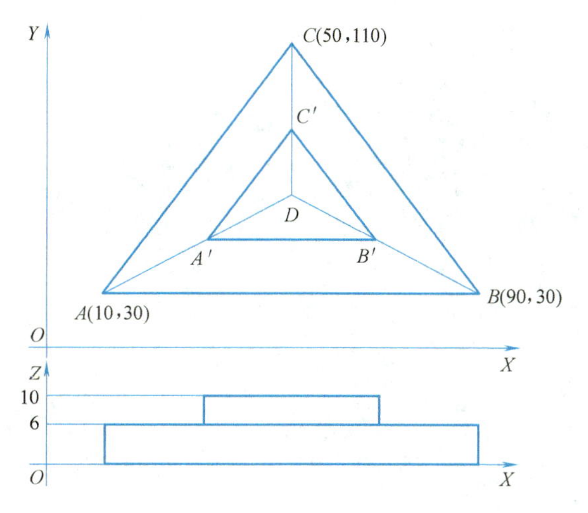

图 3-2-26　拓展加工零件 4

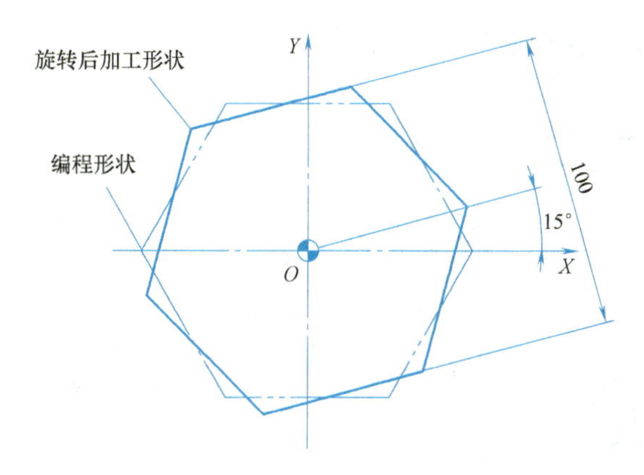

图 3-2-27　拓展加工零件 5

项目 4

数控铣床上钻孔、镗孔的编程与加工

任务 4.1　数控铣床上钻孔的编程与加工

学习目标

1. 掌握根据零件图样进行工艺分析与技术要求分析的方法。
2. 掌握孔加工切削用量的选择方法。
3. 掌握孔加工固定循环指令和应用。
4. 能根据孔的技术要求合理选择加工方法和刀具。
5. 能进行深孔和浅孔的加工。

任务布置

如图 4-1-1 所示，在 100mm×100mm×20mm 方料上钻 4×ϕ10mm 的孔。零件材料为铝合金，零件外形已加工到尺寸。要求填写数控加工刀具卡和数控加工工序卡，编写加工程序并在数控铣床上完成零件加工。

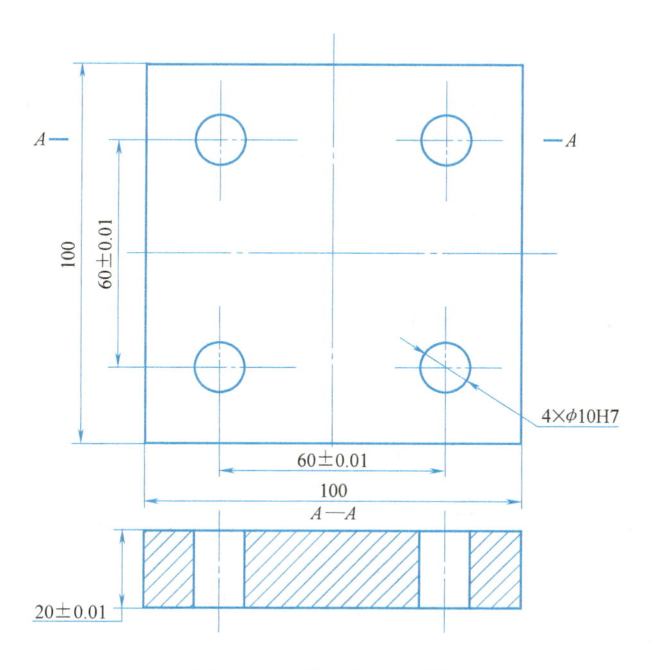

图 4-1-1　钻孔加工零件

任务分析

本任务要求学生在铝合金方料上钻 4 个 ϕ10H7 的通孔，主要考查学生根据孔的技术要求正确选择加工方法和刀具的能力。在程序编制中，如能充分应用数控系统提供的孔加工固定循环功能，将使编程更加简单。

案例体验

如图 4-1-2 所示，在 50mm×50mm×10mm 方料上加工 4 个 ϕ10H7 的孔，零件材料为铝合金，外形已加工到尺寸。要求填写数控加工刀具卡和数控加工工序卡，编写加工程序并在数控铣床上完成零件加工。

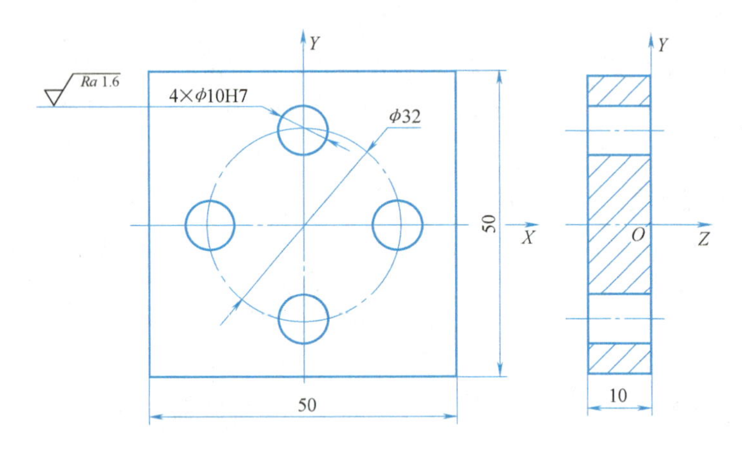

图 4-1-2　钻孔加工案例零件

1. 案例分析

（1）图样分析　零件需完成四个 ϕ10H7 孔的加工。孔的深度为 10mm，孔径尺寸精度和表面粗糙度要求较高，孔深、孔间距的等尺寸精度要求较低；毛坯材料为铝合金，所有外表面已加工到尺寸。

（2）工艺分析

1）加工方案。钻中心孔→钻孔→铰孔。

2）准备毛坯。毛坯尺寸 50mm×50mm×10mm，材料为铝合金。因工件形状简单、规则，可直接用机用虎钳在数控铣床上找正并夹紧。

3）选择刀具。用 A2 中心钻钻 4 个 ϕ10mm 的中心孔；用 ϕ9.8mm 钻头钻 4 个 ϕ10mm 的通孔；用 ϕ10mm 铰刀铰 4 个 ϕ10mm 的孔。数控加工刀具卡见表 4-1-1。

表 4-1-1　数控加工刀具卡　　　编号：4.1.2

零件名称	钻孔加工案例零件		零件图号	4-1-2	工序卡编号	4.1.2	工艺员	
工步编号	刀具编号	刀具规格、名称	刀具长度补偿号	刀具半径补偿		加工内容		备注
				补偿号	补偿值			
1	T01	A2 中心钻	H01			钻四个中心孔		
2	T02	ϕ9.8mm 钻头	H02			钻四个通孔		
3	T03	ϕ10mm 铰刀	H02			铰四个孔		

4）选择切削用量。

钻中心孔时，主轴转速 1500r/min，进给速度 80mm/min，钻孔深度 2mm。

钻通孔时，主轴转速 800r/min，进给速度 80mm/min，钻孔深度 13mm。

铰孔时，主轴转速 1000r/min，进给速度 100mm/min，铰孔深度 10mm。

5）填写数控加工工序卡。数控加工工序卡见表 4-1-2。

表 4-1-2　数控加工工序卡　　编号：4.1.2

零件名称	钻孔加工案例零件	零件图号	4-1-2	工序名称	孔加工
零件材料	铝合金	材料硬度		使用设备	HASS TM-1 系统数控铣床
使用夹具	机用虎钳	装夹方法	机用虎钳		
程序号	O0411	日期	年　月　日	工艺员	

工步描述									
工步编号	工步内容	刀具号	刀具长度补偿号	刀具规格	主轴转速/(r/min)	进给速度/(mm/mim)	背吃刀量/mm	加工余量/mm	备注
1	钻中心孔	T01	H01	A2 中心钻	1500	80			
2	钻通孔	T02	H02	ϕ9.8mm 钻头	800	80			
2	铰孔	T03	H03	ϕ10mm 铰刀	1000	100			

2. 程序编制

（1）工件坐标系原点的选择　工件坐标系建立在工件上表面中心位置，如图 4-1-2 所示。

（2）数学处理　四个孔的中心位置坐标分别为（16，0）、（0，16）、（-16，0）、（0，-16）。

（3）编制加工程序　根据拟订的工艺方案编制加工程序，填写数控加工程序单，见表 4-1-3。

表 4-1-3　O0411　数控加工程序单　　编号：4.1.2

零件名称	钻孔加工案例零件	零件图号	4-1-2	工序卡编号	4.1.2	编程员	

程序段号	指令码	备注
主程序　O0411；		
N10	G90 G94 G40 G17 G54;	程序初始化
N20	G91 G28 Z0;	刀具 Z 向回参考点
N30	T01 M06;	换 1 号刀
N40	G90 G00 X15.0 Y10.0;	刀具快速定位
N50	G43 H01 Z50.0;	采用刀具长度偏置进行 Z 向进刀
N60	M03 S1500 M08;	主轴正转、切削液开
N70	G98 G81 X16 Y0 Z-5.0 R5 F80;	采用 G81 固定循环，用中心钻对四个孔定位
N80	X0 Y16.0;	
N90	X-16.0 Y0;	
N100	X0 Y-16.0;	
N110	G80;	取消固定循环
N120	G91 G28 Z0;	回 Z 向参考点
N130	T02 M06;	换 2 号刀
N140	G90 G00 X15.0 Y10;	刀具快速定位，刀具快速移动到 X15.0、Y10.0 处

（续）

零件名称	钻孔加工案例零件	零件图号	4-1-2	工序卡编号	4.1.2	编程员	
程序段号	指令码				备 注		
主程序 O0411;							
N150	G43 H02 Z50.0;				采用刀具长度偏置进行 Z 向进刀		
N160	M03 S800;				主轴正转		
N170	G98 G83 X16 Y0 Z-13.0 R5 F80;				采用 G83 固定循环，用 ϕ9.8mm 的麻花钻加工四个 ϕ10mm 的通孔		
N180	X0 Y16.0;						
N190	X-16 Y0.0;						
N200	X0 Y-16.0;						
N210	G80;				取消固定循环		
N220	G91 G28 Z0;				回 Z 向参考点		
N230	T03 M06;				换 3 号刀		
N240	G43 H03 Z50.0;				采用刀具长度偏置进行 Z 向进刀		
N250	M03 S1000;				主轴正转		
N260	G98 G90 G81 X16.0 Y0 Z-10.0 R5.0 F100;				采用 G81 固定循环，用 ϕ10H7 的铰刀铰四个 ϕ10mm 的孔		
N270	X0 Y16.0;						
N280	X-16 Y0.0;						
N290	X0 Y-16.0;						
N300	G80 M09;				取消固定循环		
N310	G91 G28 Z0;				回参 Z 向考点		
N320	M30;				程序结束		

3. 零件加工

1）开机，回参考点。

2）调整机用虎钳钳口方向与机床 X 轴平行，控制误差在±0.01mm 以内，并固定机用虎钳。

3）正确安装毛坯和刀具。

4）对刀，设置工件坐标系 G54 原点和刀具长度补偿参数 H01、H02、H03。

5）输入程序。

6）模拟加工。

7）自动加工（单段运行）。

8）检测零件。

相关知识

4.1.1 孔的种类及常用的加工方法

按孔的深浅分浅孔和深孔两类：当长径比 L/D（孔深与孔径之比）小于 5 时为浅孔，大于等于 5 时为深孔。浅孔加工可直接编程或调用钻孔循环（G81 或 G82）加工；深孔加工因排屑、冷却困难，钻削时应调用深孔钻削循环（G73 或 G83）加工。

按工艺用途分，孔有以下几种，其特点及常用加工方法见表 4-1-4。

表 4-1-4 孔的种类及其常用加工方法

序号	种类	特　点	加 工 方 法
1	中心孔	定位作用	钻中心孔
2	螺栓孔	孔径大小不一，精度较低	钻孔、扩孔、铣孔
3	工艺孔	孔径大小不一，精度较低	钻孔、扩孔、铣孔
4	定位孔	孔径较小，精度较高，表面质量高	钻孔、铰孔
5	支承孔	孔径大小不一，精度较高，表面质量高	钻孔、镗孔（钻孔、铰孔）
6	沉头孔	精度较低	锪孔

4.1.2 孔加工刀具

1. 中心钻

中心钻可分为 A 型中心钻和 B 型中心钻，如图 4-1-3 所示。

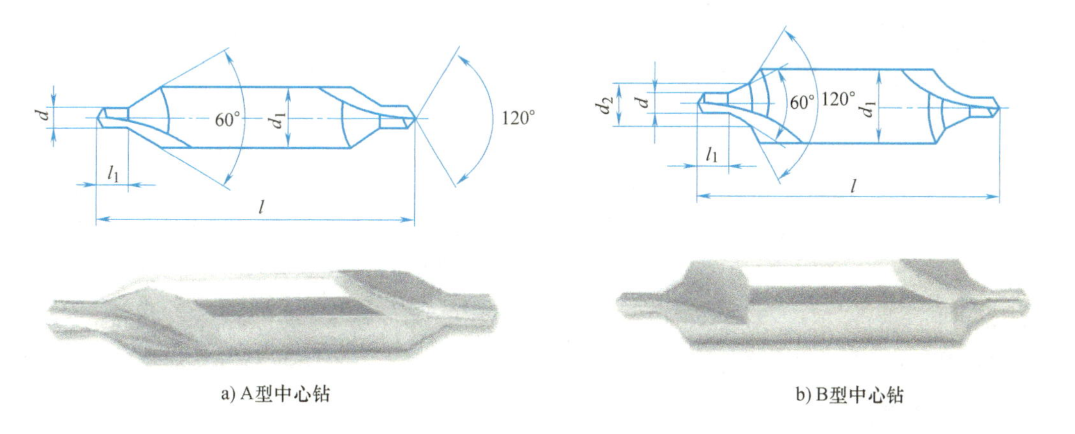

a) A型中心钻　　b) B型中心钻

图 4-1-3 A 型和 B 型中心钻

2. 麻花钻

麻花钻是钻孔最常用的刀具，钻头一般用高速工具钢制成，目前镶硬质合金的钻头也得到了较为广泛的应用。

（1）麻花钻的组成部分　麻花钻由柄部、颈部和工作部分组成，如图 4-1-4 所示。

柄部是钻头的夹持部分，装夹时起定心作用，切削时起传递转矩的作用。麻花钻的柄部有锥柄（图 4-1-4a）和直柄（图 4-1-4b）两种。颈部是柄部和工作部分的连接段，颈部较大的钻头在颈部标注有商标、钻头直径和材料牌号等信息。工作部分是钻头的主要部分，由切削部分和导向部分组成，起切削和导向作用。

（2）麻花钻工作部分的结构　麻花钻工作部分结构如图 4-1-5 所示。它有两条对称的主切削刃，两条副切削刃和一条横刃。麻花钻钻孔时，相当于两把反向的车刀同时切削，所以它的几何角度的概念与车刀基本相同。麻花钻工作部分的几何要素包括螺旋角（β）、前刀面、主后刀面、主切削刃、顶角（$2k_r$）、前角（γ_o）、后角（α_o）、横刃、横刃斜角（ψ）和棱边等。

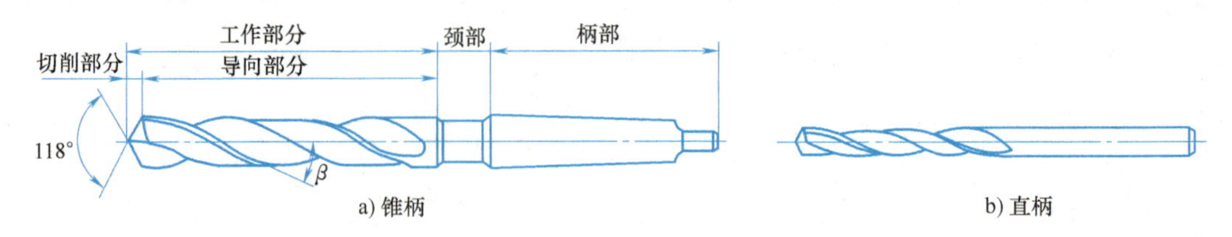

图 4-1-4　麻花钻的结构

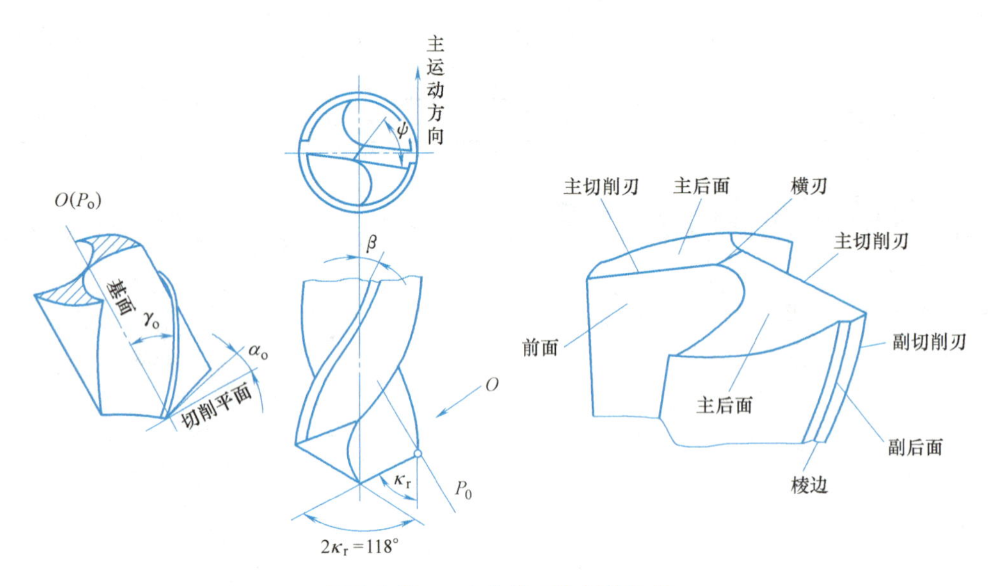

图 4-1-5　麻花钻工作部分结构

3. 扩孔钻

扩孔钻用于扩大孔径，有高速工具钢扩孔钻和硬质合金扩孔钻两种，如图 4-1-6 所示。扩孔钻的主要特点是：

1）扩孔钻齿数较多（一般有 3~4 刃），导向性好，切削平稳。

2）切削刃不必自外缘一直延伸到中心，没有横刃，可避免横刃对切削的不利影响。

3）扩孔钻钻心粗，刚性好，可选较大的切削用量。

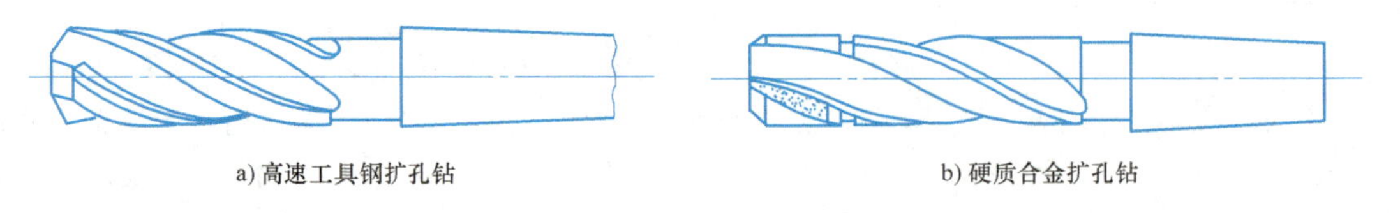

图 4-1-6　扩孔钻

4.1.3　钻孔、扩孔加工的工艺特点

1. 钻孔加工的工艺特点

（1）产生“引偏”　引偏是指加工时因钻头偏斜而引起的孔径扩大、孔不圆或孔中心线歪斜等现象。为了防止或减少钻头切入工件时的引偏，对于直径较小的孔，常在孔的中心处

打样冲眼，以利于钻孔时钻头的定心；直径较大的孔，可先用中心钻或小顶角的短而粗的麻花钻钻出锥坑，然后再用所需的钻头钻孔。大批量生产下，常采用钻模，钻模板上的钻套是为钻头导向的。

（2）排屑困难 钻削是半封闭式切削，主切削刃全部参加切削，其上各点切屑流速相差很大，切屑被迫卷成较宽的螺旋卷，要占据很大空间，但容屑槽尺寸受限制，钻头又被已加工表面所包围，因此排屑很困难。排屑过程中，切屑要与孔壁发生较强的摩擦和挤压，易产生拉毛和损伤孔壁，降低了孔壁的加工质量。有时切屑还可能阻塞在容屑槽里，将钻头扭断。

（3）钻头易磨损 因切屑不易排出，以及切削液难以注入切削区，切屑、刀具与工件间摩擦很大，所以钻削时切削温度较高，刀具磨损剧烈，使钻削用量和生产率的提高受到限制。

钻孔的操作简便，适应性强，应用很广，但钻孔精度较低，属于粗加工。钻孔主要用于质量要求不高的孔的终加工，也可作为质量要求较高的孔的预加工。

2. 扩孔加工的工艺特点

扩孔是用扩孔钻对已经钻出、铸出或锻出的孔作进一步加工，作为精加工（铰孔）前的预加工，也可以作为要求不高的孔的终加工。扩孔的精度比钻孔高，孔的表面也较光滑，尤其是它能够修正被加工孔中心线的歪斜，因此扩孔常用作钻孔后、铰孔前的中间工序。扩孔除了可以加工圆柱形孔之外，还可以用各种特殊形状的扩孔钻来加工孔口，这种加工称为锪孔，所用的特殊形状的扩孔钻称为锪钻。

扩孔钻常和钻头、铰刀或锪钻做成一体，组成钻、扩、锪或钻、铰复合刀具，这样可以使几个工步的加工在一次行程中完成。

4.1.4 孔加工固定循环指令

1. 孔加工固定循环概念

孔加工固定循环动作如图4-1-7所示，通常由以下六个动作组成：

① 动作1（*AB*段） 快速在G17平面定位。

② 动作2（*BR*段） *Z*向快速进给到*R*点。

③ 动作3（*RZ*段） *Z*向切削进给，进行孔加工。

④ 动作4（*Z*点） 孔底部的动作。

⑤ 动作5（*ZR*段） *Z*向退刀。

⑥ 动作6（*RB*段） *Z*向快速回到起始位置。

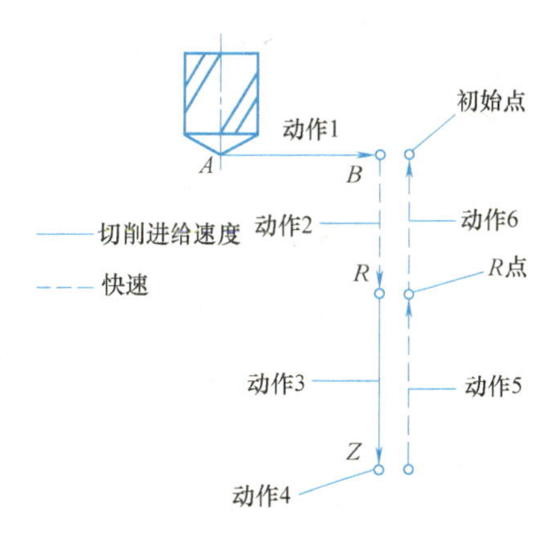

图4-1-7 孔加工固定循环动作

2. 孔加工固定循环指令的基本格式

孔加工固定循环指令的通用编程格式如下：

G73/G74/G76/G81～G89 X_ Y_ Z_ R_ Q_ P_ F_ L_；

其中，X、Y指定孔在*XY*平面内的定位；Z表示孔底平面的位置；

R表示*R*平面所在位置；

Q表示当有间歇进给时，刀具每次进给深度；

P 表示指定刀具在孔底的暂停时间，数字不加小数点，单位为 ms；

F 表示孔加工切削的进给速度；

L 表示指定孔加工循环的次数。

以上是孔加工循环指令的通用格式，并不是每一种孔加工循环的编程都要用到以上格式的所有代码。

取消孔加工循环采用指令 G80。另外，如在孔加工循环中出现 01 组的 G 指令，则孔加工方式也会自动取消。

3. 孔加工固定循环的平面

（1）初始平面　初始平面是为安全进刀而规定的一个平面。初始平面可以设定在任意一个安全高度上。当使用同一把刀具加工多个孔时，刀具在初始平面内的任意移动应不会与夹具、工件凸台等发生干涉。

（2）*R* 平面　*R* 平面又叫 *R* 参考平面，这个平面是刀具下刀时，自快进转为切削进给的高度平面。*R* 平面距工件表面的距离主要考虑工件表面的尺寸变化，一般情况下取 2～5mm。

（3）孔底平面　加工不通孔时，孔底平面就是孔底的 *Z* 向高度。加工通孔时，除要考虑孔底平面的位置外，还要考虑刀具的超越量（一般取 0.3*d*，*d* 为孔径），以保证所有孔深都加工到尺寸。

4. 刀具从孔底的返回方式

当加工到孔底平面后，刀具从孔底平面以两种方式返回，即返回到初始平面和返回到 *R* 平面，分别用指令 G98 与 G99 来决定。

（1）G98 方式　G98 表示返回到初始平面，如图 4-1-8 所示。一般采用固定循环加工孔系时不用返回到初始平面，只有在全部孔加工完后或孔之间存在凸台或夹具等干涉件时，才需回到初始平面。G98 编程格式如下：

G98　G81　X_　Y_　Z_　R_　F_　K_ ；

（2）G99 方式　G99 表示返回到 *R* 平面，如图 4-1-8 所示。在没有凸台等干涉的情况下，加工孔系时，为了节省加工时间，刀具一般返回到 *R* 平面。G99 编程格式如下：

G99　G81　X_　Y_　Z_　R_　F_　K_ ；

5. 固定循环中的绝对坐标与增量坐标

固定循环中 R 值与 Z 值数据的指定与 G90 与 G91 的方式选择有关，而 Q 值与 G90 与 G91 方式无关。

（1）G90 方式　G90 方式中，R 值与 Z 值是指相对于工件坐标系的 *Z* 向坐标值，如图 4-1-9 所示，此时 R 值一般为正值，而 Z 值一般为负值。

（2）G91 方式　G91 方式中，R 值是指从初始平面到 *R* 平面的矢量值，而 Z 值是指从 *R* 平面到孔底平面的矢量值，如图 4-1-9 所示。

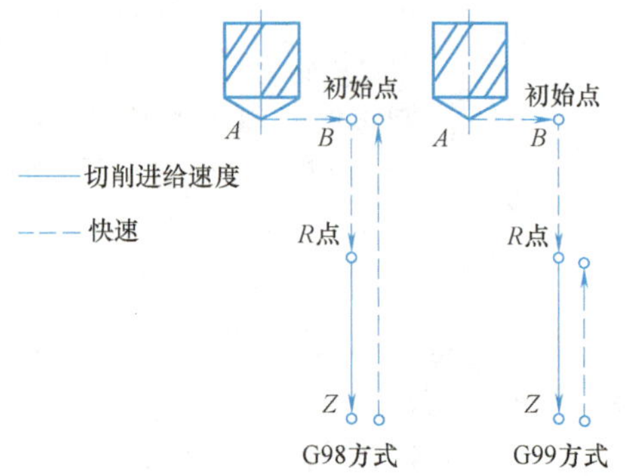

图 4-1-8　孔加工的返回方式

6. 孔加工固定循环及分类

孔加工固定循环通常是由含有 G 指令的一个

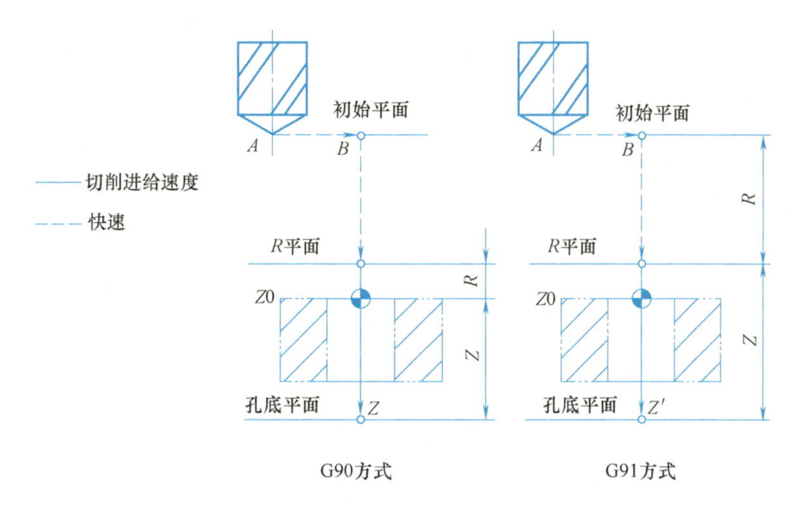

图 4-1-9 孔加工的绝对坐标与相对坐标

程序段完成多个程序段的加工操作，使程序得以简化。孔加工固定循环指令见表 4-1-5。

表 4-1-5 孔加工固定循环指令

G 代码	切入动作	孔底动作	退刀动作	用 途
G73	间歇进给	—	快速	高速深孔加工循环，断屑式
G74	切削进给	暂停→主轴正转	切削进给速度	左旋螺纹攻螺纹循环
G76	切削进给	主轴定向停止	快速	（精）镗循环
G80	—	—	—	取消固定循环
G81	切削进给	—	快速	钻、点钻循环
G82	切削进给	暂停	快速	锪、镗阶梯孔循环
G83	间歇进给	—	快速	深孔加工循环，排屑式
G84	切削进给	暂停→主轴反转	切削进给速度	右旋螺纹攻螺纹循环
G85	切削进给	—	切削进给速度	（粗）镗循环
G86	切削进给	主轴停	快速	（半精）镗循环
G87	切削进给	主轴正转	快速	（背）镗循环
G88	切削进给	暂停→主轴停	手动	（半精或精镗）镗循环
G89	切削进给	暂停	切削进给速度	（锪）镗循环

7. 钻孔加工循环指令

（1）钻孔循环指令 G81

编程格式：G81 X_ Y_ Z_ F_ R_ ;

钻孔循环指令 G81 的动作如图 4-1-10 所示。主轴正转，刀具以进给速度向下运动钻孔，到达孔底位置后，快速退回。

（2）钻孔（锪孔）循环指令

编程格式：G82 X_ Y_ Z_ F_ R_ P_ ;

G82 动作类似于 G81，只是在孔底位置时，刀具不做进给运动，保持旋转状态，使孔的表面更光滑。该指令常用于锪孔或加工台阶孔。

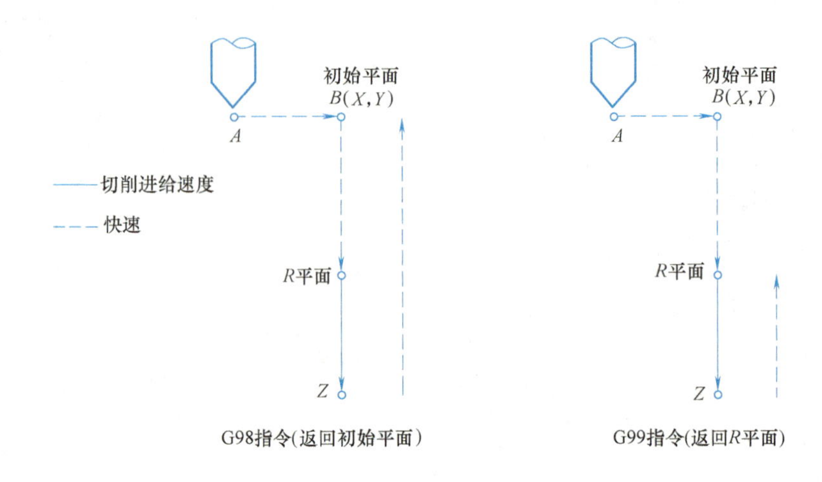

图 4-1-10　钻孔循环指令 G81

(3) 深孔循环指令 G83

编程格式　G83　X_　Y_　Z_　R_　Q_　F_　;

深孔循环指令 G83 如图 4-1-11 所示，说明如下。

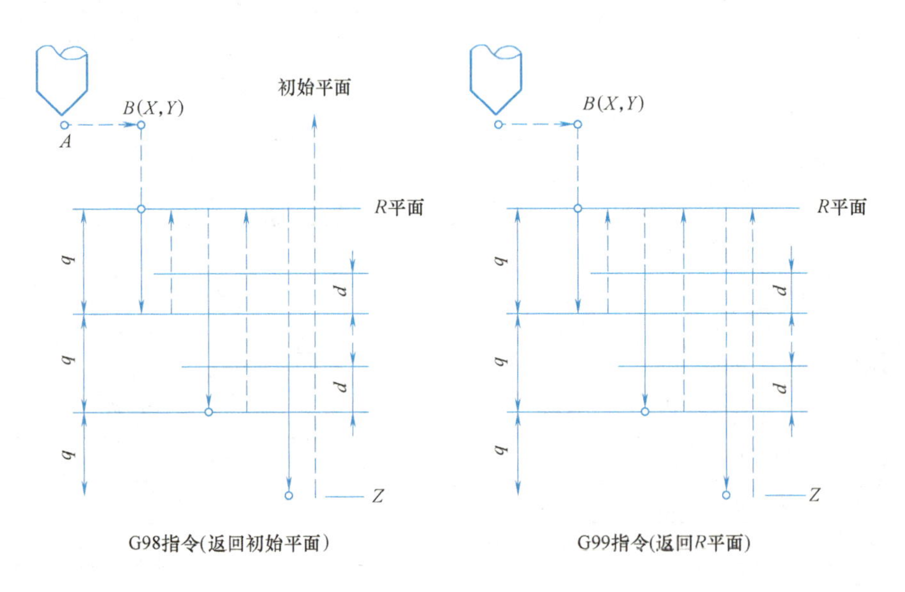

图 4-1-11　深孔循环指令 G83

G83 指令通过 Z 方向的间歇进给来实现断屑与排屑的目的。刀具间歇进给后快速回退到 R 平面，再快速进给到 Z 方向距上次切削位置 d 处，从该点处快进变成工进，工进距离为 $q+d$，q 为每次的进给深度，d 的大小由机床参数设定，无须用户指定。此方式多用于深孔加工。

(4) 深孔循环指令 G73

编程格式　G73　X_　Y_　Z_　R_　Q_　F_　;

深孔循环指令 G73 如图 4-1-12 所示，说明如下。

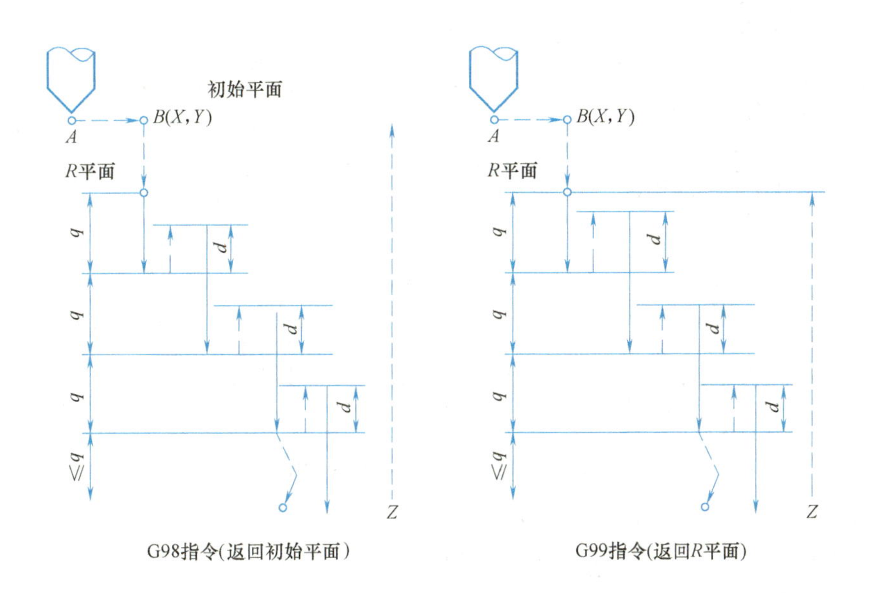

图 4-1-12　深孔循环指令 G73

G73 指令通过 Z 方向的啄式进给，可以较容易地实现断屑和排屑。该钻孔方法因为退刀距离短，因而比 G83 钻孔速度快。

4.1.5　铰孔加工

用刀从工件孔壁上切除微量金属，以提高孔的尺寸精度和减小粗糙度值的加工方法，称为铰孔。铰孔是对未淬硬孔进行精加工的一种方法，它是在扩孔或半精镗孔后进行的一种精加工。

1. 铰刀的几何形状和结构

铰刀的几何形状和结构如图 4-1-13 所示。

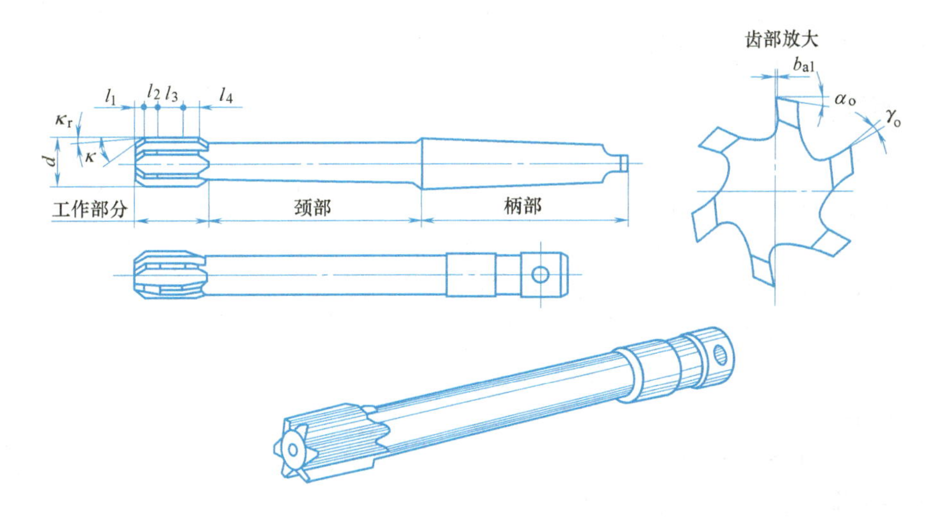

图 4-1-13　铰刀的几何形状和结构

2. 铰刀的结构及各部分的作用（见表 4-1-6）

表 4-1-6　铰刀的结构及各部分作用

结构		作用
柄部		装夹并传递转矩
工作部分	引导部分 l_1	导向
	切削部分 l_2	切削
	修光部分 l_3	定向、修光孔壁、控制铰刀直径和便于测量
	倒锥部分 l_4	减少铰刀与工件已加工表面的摩擦
颈部		标注规格和商标

3. 铰刀的种类和特点

铰刀按使用方法分为手用铰刀和机用铰刀；按所铰孔的形状分为圆柱形铰刀和圆锥形铰刀；按切削部分的材料分为高速工具钢铰刀和硬质合金铰刀。

铰刀是多刃切削刀具，有 6~12 个切削刃，铰孔时导向性好。由于刀齿的齿槽很浅，铰刀的横截面大，因此刚性好。

4. 铰孔的工艺特点

铰孔的质量主要取决于铰刀的结构和精度、加工余量、切削用量和切削液。若加工余量过大，则切削热多，易使孔径扩大，并增大表面粗糙度值；加工余量过小，则无法铰去上道工序留下的刀痕。铰孔生产率高，容易保证孔的精度和表面粗糙度，对于小孔和细长孔更是如此。但铰刀是定值刀具，一种规格的铰刀只能加工一种尺寸和精度的孔，其适应性不如精镗孔。

机铰时，为防止铰刀轴线与机床主轴轴线偏斜，造成孔的几何误差、轴线偏斜或孔径扩大等缺陷，可使铰刀与主轴采用浮动连接。铰孔仅用于提高孔的几何精度，降低表面粗糙度值，而不能校正原孔轴线偏斜等几何误差。孔与其他表面的几何精度应由上道工序保证。

5. 铰孔的应用

铰孔的加工精度可达 IT6~IT7，表面粗糙度值可达 $Ra0.4\sim0.8\mu m$。铰孔适用加工中批、大批、大量生产中不宜拉削的孔，也可加工单件、小批生产中的小孔或细长孔。对于中等尺寸以下较精密的孔，钻—扩—铰是生产中经常采用的典型工艺方案。

任务实施

1. 实训目的

1）合理拟订工艺方案并编程。

2）熟练进行机用虎钳的找正、工件和刀具的装卸。

3）熟练设置工件坐标系原点偏置参数。

4）熟练设置和调整刀具长度补偿参数。

5）熟练操作数控铣床完成零件的加工。

2. 实训内容

完成图 4-1-1 所示钻孔加工零件的编程与加工。

3. 实训要求

1）仔细分析零件图样，明确图样的加工要求。

2）合理选用切削用量，拟订加工工艺，选择加工刀具。

3）正确找正机用虎钳，安装工件和刀具。

4）手工对刀操作，将工件坐标系原点偏置参数和刀具长度补偿参数录入机床。

5）手工编程，模拟并铣削加工零件。

6）讨论分析零件的加工质量，对不足之处提出改进意见。

4. 实训时间

每组4小时。

5. 实训报告要求

1）写出数控铣床上零件自动加工操作的步骤。

2）填写本任务的数控加工刀具卡、数控加工工序卡和数控加工程序单。

补充知识

4.1.6　螺旋铣孔

利用数控系统具有的插补螺旋线轨迹的功能，用立铣刀沿螺旋线轨迹铣孔，切削效率高，通用性强，简称为螺旋铣孔。螺旋铣孔即铣刀刀位点以螺旋线轨迹进给，同时利用铣刀自身旋转提供切削动力以铣削圆孔表面，如图4-1-14所示。

用铣刀铣孔，可以减少孔加工刀具的规格和数量。用铣刀代替粗镗刀和半精镗刀，提高了刀具寿命。

螺旋铣孔程序的动作可以分解为：

① 快速定位到孔中心。

② 快速定位在R平面（慢速下刀高度）。

③ 刀具按螺旋线路径切削至孔底。

④ 为保证孔壁加工质量，精加工可另选一把立铣刀，沿圆弧铣削一周，回到孔中心。若用刀具半径补偿，则须加启动补偿与取消补偿的直线段。若按刀中心轨迹编程，则可不加直线段。如果经过第③步的螺旋铣削，已经达到了孔的加工要求，则不需要本工步。

⑤ 从孔底快速退回到R平面。

⑥ 从孔底快速退回到初始平面。

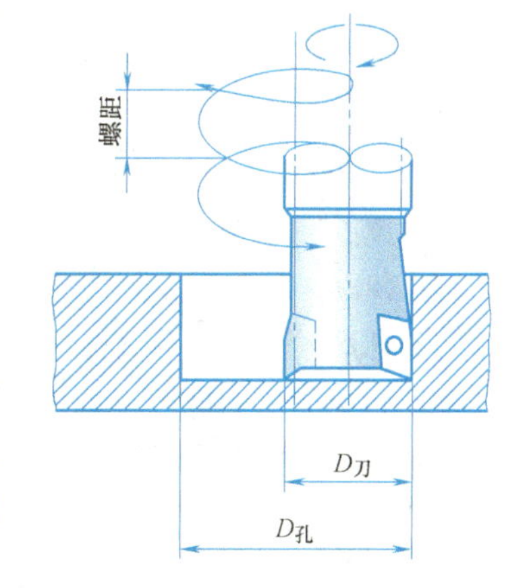

图4-1-14　螺旋铣孔

[例4.1.1]　工件如图4-1-15所示，工件材料为45钢，编写程序加工$\phi24^{+0.1}_{0}$mm的通孔。

本例需完成$\phi24^{+0.1}_{0}$mm的通孔加工，孔的深度为20mm，孔径尺寸精度要求不高，毛坯材料为45钢，所有外表面已加工到尺寸。可采用钻中心孔→钻孔→铣孔的工艺方案，先用A2中心钻钻中心孔，再用$\phi18$mm钻头钻通孔，最后用$\phi12$mm铣刀铣$\phi24$mm的孔。

工件坐标系建立在工件上表面中心位置。编程中不用刀具半径补偿，直接按刀具中心轨迹编程。孔的设计尺寸为$\phi24^{+0.1}_{0}$mm，其半径编程尺寸取12.05mm。铣刀半径为6mm，按刀具中心轨迹编程，立铣刀螺旋线的半径为：(12.05−6)mm=6.05mm。

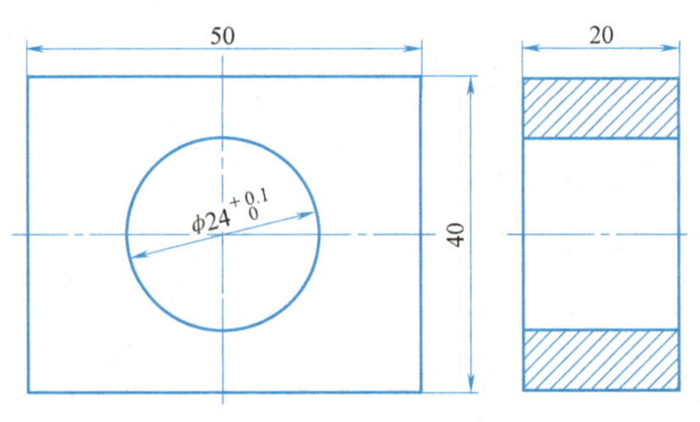

图 4-1-15　铣孔零件

铣刀铣孔采用子程序结构，每执行一次子程序，刀位点轨迹为一个圆周螺旋线，导程为 0.5mm，执行 40 次子程序，则沿孔轴线的加工长度为 0.5×40mm = 20mm。

参考程序：

```
G90 G94 G40 G17 G54;
G91 G28 Z0;
T01 M06;（A2 中心钻）
G00 X0 Y0;
G43 H01 Z50.0;
M03 S1500 M08;
G98 G81 X0 Y0 Z-5.0 R5 F80;
G80;
G91 G28 Z0;
T02 M06;（φ18mm 钻头）
G90 G00 X0 Y0;
G43 H02 Z50.0;
M03 S800;
G98 G83 X0 Y0 Z-25 R5 F80;
G80;
G91 G28 Z0;
T03 M06;（φ12mm 铣刀）
G43 H03 Z50.0;
M03 S1000;
Z5;
G01 Z0 F60;
X6.05 F200;
M98 P400002;
G90 G01 X0 Y0;
M09;
G91 G28 Z0;
M30;
```

```
O0002;（子程序名）
G91 G03 I-6.05 Z-0.5 F200;
M99
```

任务拓展

1. 编写图 4-1-16 所示零件中四个孔的钻孔程序并完成加工，毛坯材料为硬铝。

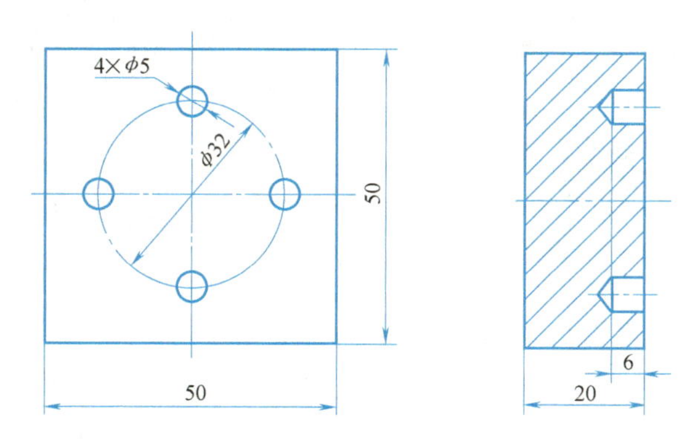

图 4-1-16　拓展加工零件 1

2. 如图 4-1-17 所示零件，材料为 45 钢，零件所有表面已经加工完毕，要求编程加工四个 ϕ12H7 孔。

3. 如图 4-1-18 所示零件，材料为 45 钢，零件外形已加工到尺寸，要求用数控铣削方式完成六个孔的编程与加工。

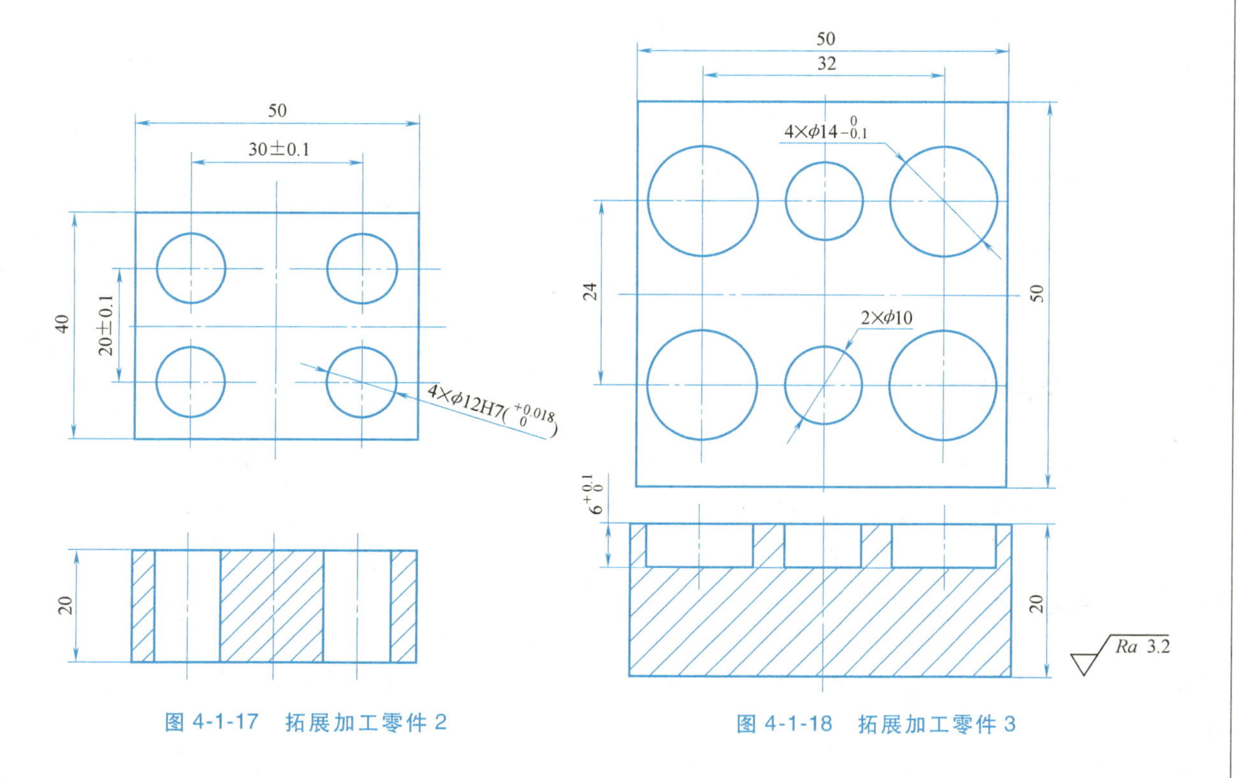

图 4-1-17　拓展加工零件 2

图 4-1-18　拓展加工零件 3

任务 4.2　数控铣床上镗孔的编程与加工

学习目标

1. 了解镗刀的形状、结构、种类。
2. 掌握镗孔切削用量的选择方法。
3. 掌握镗孔固定循环指令的应用。
4. 掌握镗孔的方法。
5. 掌握镗孔尺寸控制及微调镗刀的方法。
6. 能进行镗孔加工、检测及质量分析。

任务布置

如图 4-2-1 所示，在 50mm×40mm×20mm 方料上加工 $\phi 24^{+0.02}_{0}$mm 的孔，零件材料为铝合金，外形已加工到尺寸。要求填写数控加工刀具卡和数控加工工序卡，编写加工程序并在数控铣床上完成零件加工。

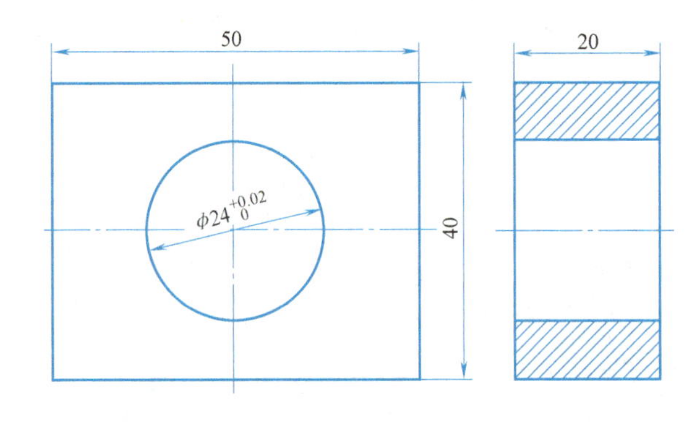

图 4-2-1　镗孔加工零件

任务分析

本任务要求学生在铝合金方料上加工 $\phi24^{+0.02}_{0}$mm 的孔，主要考查学生根据孔的技术要求确定合理的工艺方案和选择合理的刀具的能力，以及镗刀尺寸的微调能力。在编写程序的过程中，应能充分运用数控系统提供的孔加工固定循环指令，使编程更加简单。

案例体验

零件如图 4-2-2 所示，编写程序加工 $\phi30^{+0.033}_{0}$mm 的孔，零件材料为铝合金，外形已加工到尺寸。

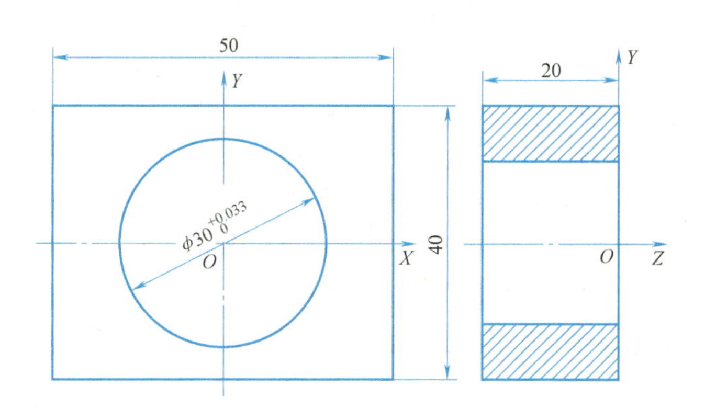

图 4-2-2 镗孔加工案例零件

1. 案例分析

（1）图样分析 该工件材料为铝合金，切削性能好，$\phi30^{+0.033}_{0}$mm 孔的精度要求高，可采用钻、扩、粗镗、半精镗和精镗的方法加工。

（2）工艺分析

1）工艺方案。钻中心孔→扩孔→粗镗→半精镗→精镗。

2）准备毛坯。毛坯尺寸 50mm×40mm×20mm，因工件形状简单、规则，可直接用机用虎钳在数控铣床上找正并夹紧。

3）选择刀具。根据孔的尺寸和加工工艺选择刀具，见表 4-2-1。

表 4-2-1 数控加工刀具卡 编号：4.2.2

零件名称	镗孔加工案例零件		零件图号	4-2-2	工序卡编号	4.2.2	工艺员	
工步编号	刀具编号	刀具规格、名称	刀具长度补偿号	刀具半径补偿		加工内容		备注
				补偿号	补偿值			
1	T01	A3 中心钻	H01			钻中心孔		
2	T02	ϕ13mm 麻花钻	H02			钻通孔		
3	T03	ϕ28mm 扩孔钻	H03			扩孔		
4	T04	ϕ30mm 镗刀	H04			粗镗、半精镗、精镗		

4）选择切削用量。

钻中心孔时，主轴转速 1500r/min，进给速度 80mm/min，钻孔深度 5mm。

钻通孔时，主轴转速 1000r/min，进给速度 80mm/min，钻孔深度 25mm。

扩孔时，主轴转速 500r/min，进给速度 60mm/min，扩孔深度 25mm。

粗镗孔时，主轴转速 500r/min，进给速度 60mm/min，镗孔深度 20mm。

半精镗孔时，主轴转速 500r/min，进给速度 60mm/min，镗孔深度 20mm。

精镗孔时，主轴转速 600r/min，进给速度 40mm/min，镗孔深度 20mm。

5）填写数控加工工序卡见表 4-2-2。

2. 程序编制

（1）工件坐标系原点的选择 工件坐标系原点建立在工件上表面中心位置，如图 4-2-2 所示。

表 4-2-2　数控加工工序卡　　编号：4.2.2

零件名称	镗孔加工案例零件	零件图号	4-2-2	工序名称	孔加工				
零件材料	铝合金	材料硬度		使用设备	HASS TM-1 系统数控铣床				
使用夹具	机用虎钳	装夹方法	机用虎钳夹紧						
程序号	O0421	日期	年　月　日	工艺员					
工步描述									
工步编号	工步内容	刀具号	刀具长度补偿号	刀具规格	主轴转速/(r/min)	进给速度/(mm/mim)	孔加工深/mm	加工余量/mm	备注
1	钻中心孔	T01	H01	A3 中心钻	1500	80	5		
2	钻通孔	T02	H02	ϕ13mm 麻花钻	1000	80	25	17	
3	扩孔	T03	H03	ϕ28mm 扩孔钻	500	60	25	2	
4	粗镗	T04	H04	ϕ30mm 镗刀	500	60	20	0.5	
5	半精镗	T04	H04	ϕ30mm 镗刀	500	60	20	0.1	
6	精镗	T04	H04	ϕ30mm 镗刀	600	40	20		

(2) 编制加工程序

数控加工程序单见表 4-2-3。

表 4-2-3　O0421　数控加工程序单　　编号：4.2.2

零件名称	镗孔加工案例零件	零件图号	4-2-2	工序卡编号	4.2.2	编程员	
程序段号	指令码				备注		
主程序　O0421							
N10	G90 G94 G40 G17 G54;				程序初始化		
N20	G91 G28 Z0;				刀具 Z 向回参考点		
N30	T01 M06;				换 1 号刀		
N40	G90 G00 X0 Y0;				刀具快速定位		
N50	G43 H01 Z50.0;				采用刀具长度补偿进行 Z 向进刀		
N60	M03 S1500;				主轴正转		
N70	M08;				切削液开		
N80	G98 G81 X0 Y0 Z-5.0 R5 F80;				采用 G81 固定循环，用中心钻定位		
N90	G80;				取消固定循环		
N100	G91 G28 Z0;				刀具 Z 向回参考点		
N110	T02 M06;				换 2 号刀		
N120	G90 G00 X0 Y0;				刀具快速定位，刀具快速移动到 X0、Y0 处		
N130	G43 H02 Z50.0;				采用刀具长度补偿进行 Z 向进刀		
N140	M03 S1000;				主轴正转		
N150	G98 G83 X0 Y0 Z-25 R5 F80;				采用 G83 固定循环，用 ϕ13mm 的麻花钻加工通孔		
N160	G80;				取消固定循环		
N170	G91 G28 Z0;				刀具 Z 向回参考点		

（续）

零件名称	镗孔加工案例零件	零件图号	4-2-2	工序卡编号	4.2.2	编程员	
程序段号	指令码				备注		
主程序 O0421							
N180	T03 M06;			换 3 号刀			
N190	G43 H03 Z50.0;			采用刀具长度补偿进行 Z 向进刀			
N200	M03 S500;			主轴正转			
N210	G98 G83 X0 Y0 Z-25 R5 F60;			采用 G83 固定循环，用 ϕ28mm 的扩孔钻加工的扩孔			
N220	G80;			取消固定循环			
N230	G91 G28 Z0;			刀具 Z 向回参考点			
N240	T04 M06;			换 4 号刀			
N250	G90 G43 H04 Z50.0;			采用刀具长度补偿进行 Z 向进刀			
N260	M03 S500;			主轴正转			
N270	G98 G86 X0 Y0 Z-20 R3 F60;			采用 G86 固定循环，用 ϕ30mm 的镗刀粗镗孔			
N280	G80;			取消固定循环			
N290	G91 G28 Z0;			Z 向回参考点			
N300	M30;			程序结束			

注：粗镗结束，检测孔的尺寸，调整镗刀，运行 N250 至 N300 程序段进行半精镗孔至尺寸 ϕ29.8mm；半精镗结束后，检测孔的尺寸，调整镗刀，再次运行 N250 至 N300 程序段进行精镗孔至尺寸 $\phi30^{+0.033}_{0}$mm。精镗时，将主轴转速改为 600r/min，进给速度改为 40mm/min。

3. 零件加工

1）开机，回参考点。

2）调整机用虎钳钳口方向与机床 X 轴平行，控制误差在 ±0.01mm 以内，并固定机用虎钳。

3）正确安装毛坯和刀具。

4）对刀，设置工件坐标系 G54 原点和刀具长度补偿参数 H01、H02、H03、H04。

5）输入程序。

6）模拟加工。

7）自动加工（单段运行）。

8）检测零件。

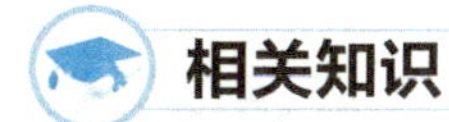

相关知识

4.2.1 镗削加工

镗削加工适于加工中等及大直径的孔。当被加工工件的位置精度要求较高，或需要加工位于同一中心线上的几个孔时，采用镗削加工比较容易达到加工要求。

1. 镗削的工艺特点

镗削主要适宜加工机座、箱体、支架等外形复杂的大型零件上的孔径较大、尺寸精度较高、有位置精度要求的孔系。镗削加工范围广，可以加工单个孔、孔系和通孔等。一把镗刀可加工一定孔径和长度范围内的孔。

2. 镗孔刀具及其选择

镗孔所用刀具为镗刀。镗刀种类很多，按切削刃数量可分为单刃镗刀和双刃镗刀。镗削通孔、阶梯孔和不通孔可选用如图 4-2-3 所示的单刃镗刀。

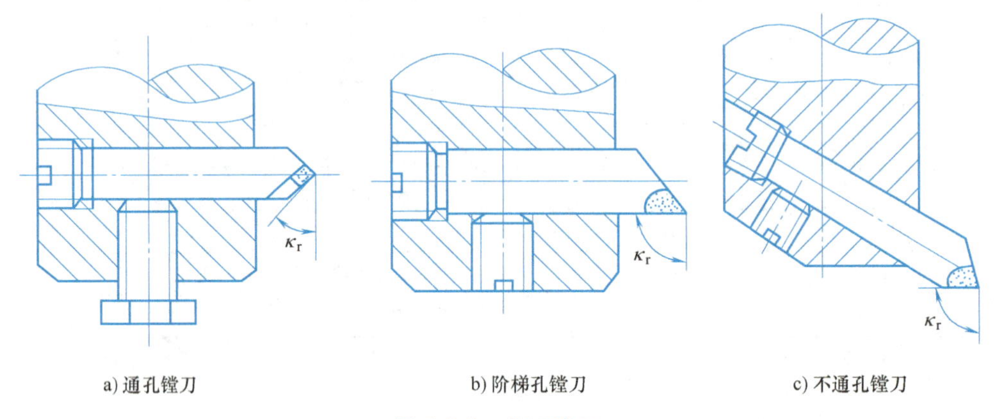

图 4-2-3 单刃镗刀

1—调整螺钉 2—锁紧螺钉

单刃镗刀刀头结构类似车刀，用螺钉装夹在镗刀杆上。调整螺钉 1 用于调整尺寸，锁紧螺钉 2 起锁紧作用。单刃镗刚性差，切削时易引起振动，所以镗刀的主偏角选得较大，以减小径向力。镗铸铁件上的孔或精镗时，一般取 $\kappa_r=90°$；粗镗钢件上的孔时，取 $\kappa_r=60°\sim75°$，以提高刀具寿命。

单刃镗刀所镗孔径的大小要靠调整刀具的悬伸长度来保证，调整麻烦，效率低，只能用于单件小批生产。但单刃镗刀结构简单，适用性较广，粗、精加工都适用。

在孔的精镗中，目前较多地选用精镗微调镗刀。这种镗刀的径向尺寸可以在一定范围内进行微调，调节方便，且精度高，其结构如图 4-2-4 所示。调整尺寸时，先松开拉紧螺钉 6，然后转动带刻度盘的调整螺母 3，等调至所需尺寸，再拧紧拉紧螺钉 6。制造时应保证锥面靠近大端接触（即刀杆 4 的 90°锥孔的角度公差为负值），且与直孔部分同心。导向键 7 与键槽配合间隙不能太大，否则微调时就不能达到较高的精度。

镗削大直径的孔可选用如图 4-2-5 所示的双刃镗刀。这种镗刀的头部可以在较大范围内进行调整，且调整方便，最大镗孔直径可达 1000mm。双刃镗刀的两端有一对对称的切削刃

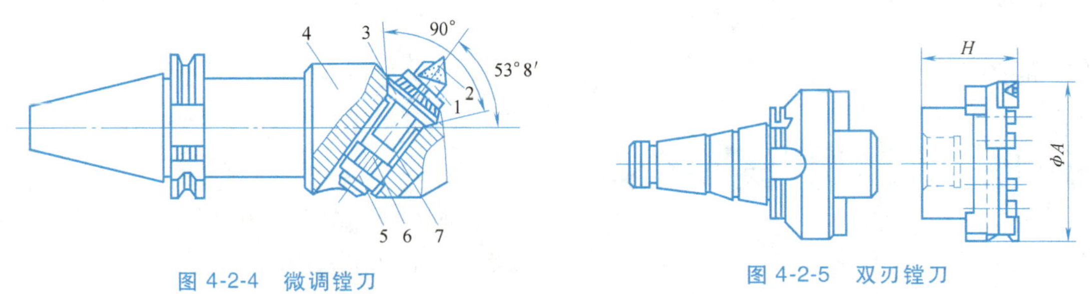

图 4-2-4 微调镗刀

1—刀体 2—刀片 3—调整螺母 4—刀杆

5—螺钉 6—拉紧螺钉 7—导向键

图 4-2-5 双刃镗刀

同时参加切削，与单刃镗刀相比，每转进给量可提高1倍左右，生产率高，同时可以消除切削力对镗杆的影响。

4.2.2　镗刀尺寸控制方法

镗孔时孔径尺寸的控制是通过对刀片进行调整、试切的方式实现的。

（1）调整　松开刀片锁紧螺钉，调节刀头伸出长度后锁紧（图4-2-6）。刀片伸出长度按经验公式计算

$$t=(d_1-d_2)/2$$

$$L=t+d_2。$$

式中　t——刀片伸出长度；

d_1——孔径；

d_2——镗刀杆直径；

L——游标卡尺测量长度（L应比所需尺寸小0.5~0.3mm）。

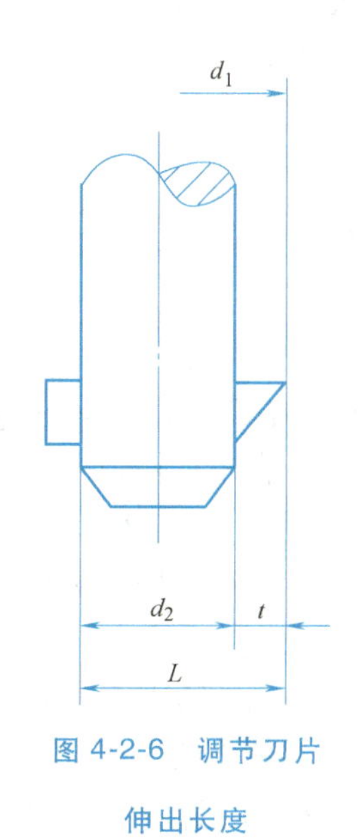

图4-2-6　调节刀片伸出长度

（2）试切　用自动方式使主轴到达孔中心线的位置，在孔口处试切1~2mm，检验孔的中心线位置是否正确；如果刀尖接触到孔的表面则进行测量，再根据测量结果调整刀片伸出长度，仍在孔口处试切1~2mm并测量，直到达到要求。试切法调整镗刀一定要遵循“少进多试”的原则——镗刀尺寸偏大会出现废品。粗镗刀调整精度可在±0.05mm内，精镗刀一定要调整到尺寸公差范围内。

4.2.3　镗孔固定循环

1. 粗镗孔循环（G85、G86、G88、G89）

常用的粗镗孔循环指令有G85、G86、G88、G89四种，其编程格式与孔加工动作基本相同。

编程格式：G85　X_　Y_　Z_　R_　F_；

G86　X_　Y_　Z_　R_　P_　F_；

G88　X_　Y_ Z_　R_　P_　F_；

G89　X_　Y_　Z_　R_　P_　F_；

粗镗孔循环指令的动作如图4-2-7所示。

执行G85指令，刀具以切削进给速度加工到孔底，然后以切削进给速度返回到R平面。该指令除可用于较精密的镗孔加工外，还可用于铰孔、扩孔加工。

执行G86指令，刀具以切削进给速度加工到孔底，然后主轴停转，刀具快速退到R平面后，主轴正转。由于刀具在退回过程中容易在工件表面划出条痕，所以该指令常用于精度或表面粗糙度要求不高的镗孔加工。

G89指令与G85指令基本类似，不同的是G89指令在孔底增加了暂停动作，因此该指

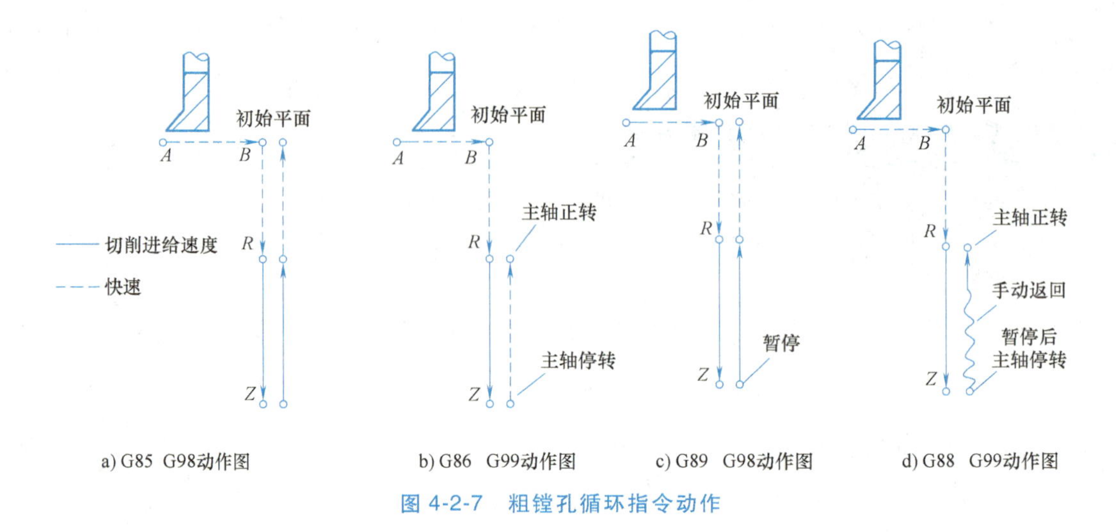

图 4-2-7 粗镗孔循环指令动作

令常用于阶梯孔的加工。

执行 G88 指令，刀具以切削进给速度加工到孔底，刀具在孔底暂停后主轴停转，这时可通过手动方式从孔中安全退出刀具，再开始自动加工，*Z* 轴快速返回 *R* 平面或初始平面，主轴恢复正转。此种方式虽能相应提高孔的加工精度，但加工效率较低。

2. 精镗孔循环指令（G76、G87）

编程格式：G76 X_ Y_ Z_ R_ Q_ P_ F_ ;

G87 X_ Y_ Z_ R_ Q_ F_ ;

指令的动作如图 4-2-8 所示。

G76 指令主要用于精密镗孔加工。执行 G76 指令，刀具以切削进给方式加工到孔底，实现主轴准停，刀具向刀尖相反方向移动 Q 指定的数值，使刀具脱离工件表面，保证刀具不擦伤工件表面，然后快速退刀至 *R* 平面或初始平面，刀具正转。

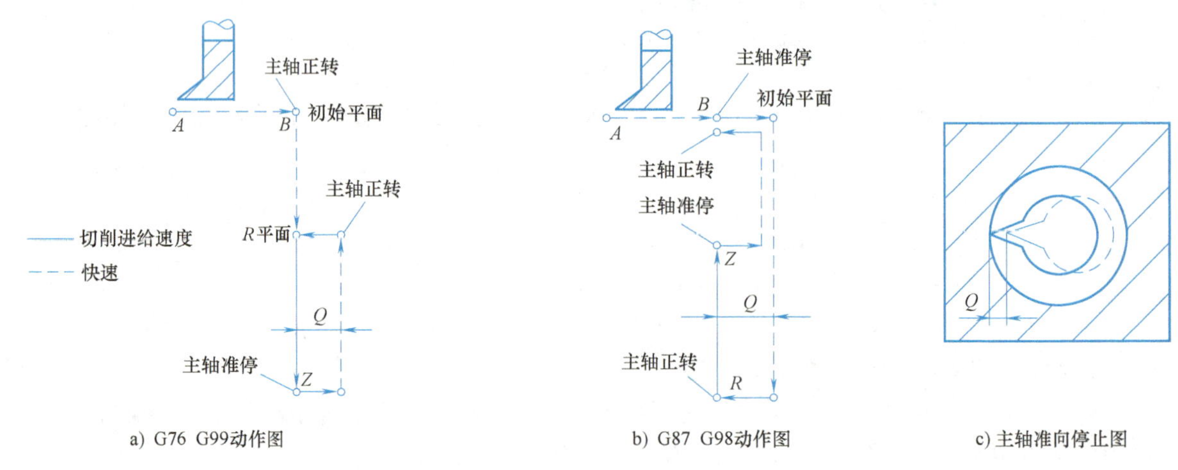

图 4-2-8 精镗孔循环动作

执行 G87 指令，刀具在 G17 平面内定位后，主轴准向停止，刀具向刀尖相反方向偏移 Q 指定的数值，后快速移动到孔底（R 点），在这个位置刀具按原移动量反向移动相同的 Q 指定的数值，主轴正转并以切削进给方式加工到 Z 平面，主轴再次准停，并沿刀尖相反方向偏移 Q 指定的数值，快速提刀至初始平面并按原偏移量返回到 G17 平面的定位点，主轴开始正转，循环结束。由于执行 G87 指令时刀尖无须在孔中经工件表面退出，故加工表面质量较好，所以 G87 指令常用于精密孔的镗削加工。该指令不能用 G99 进行编程。

任务实施

1. 实训目的

1）合理拟订工艺方案并编程。

2）熟练进行机用虎钳的找正，工件和刀具的装卸。

3）熟练设置工件坐标系原点偏置参数。

4）熟练设置和调整刀具长度补偿参数。

5）熟练操作数控铣床完成零件的加工。

2. 实训内容

完成图 4-2-1 所示镗孔加工零件的编程与加工。

3. 实训要求

1）仔细分析零件图样，明确图样的加工要求。

2）合理选用切削用量，拟订加工工艺，选择加工刀具。

3）正确找正机用虎钳，安装工件和刀具。

4）手工对刀操作，将工件坐标系原点偏置参数和刀具长度补偿参数录入数控系统。

5）手工编程，模拟并铣削加工零件；

6）讨论分析零件的加工质量，对不足之处提出改进意见。

4. 实训时间

每组 4 小时。

5. 实训报告要求

1）写出数控铣床上零件自动加工操作的步骤。

2）填写本任务的数控加工刀具卡、数控加工工序卡和数控加工程序单。

补充知识

4.2.4 攻螺纹的方式

数控铣床上攻螺纹的加工方式有两种：弹性攻螺纹和刚性攻螺纹。

（1）弹性攻螺纹　使用浮动式攻螺纹夹头，利用丝锥的自身导向作用完成内螺纹的加工。采用此种方式时，指令 G84 与 G74 中的 F 值无须特别计算。这种方式的前提是必须使用浮动式攻螺纹夹头。

（2）刚性攻螺纹　使用刚性攻螺纹夹头，利用数控系统插补实现内螺纹的加工。刚性攻螺纹必须严格保证主轴转速和刀具进给速度的比例关系：

$$进给速度=主轴转速\times螺纹螺距$$

4.2.5 丝锥的种类和应用

攻螺纹用丝锥进行加工。丝锥分为手用丝锥和机用丝锥两种，常用的机用丝锥有直槽机用丝锥、螺旋槽机用丝锥和挤压机用丝锥等，如图 4-2-9 所示。

图 4-2-9　常用机用丝锥

攻螺纹时，丝锥主要是切削金属，但也有挤压金属的作用。加工塑性好的材料时，挤压作用尤其明显。因此，攻螺纹前的底孔直径必须大于螺纹标准中规定的螺纹内径。一般用下列经验公式计算螺纹底孔直径 d_0。

对钢材及韧性金属：$d_0=d-P$

对铸铁及脆性金属：$d_0=d-(1.05\sim1.1)P$

式中　d_0——底孔直径；

d——螺纹公称直径；

P——螺距。

4.2.6　攻螺纹指令

1. 攻右旋螺纹循环指令 G84

编程格式：G84 X_　Y_　Z_　R_　P_　F_ ；

G84 用于加工右旋螺纹。指令动作如图 4-2-10 所示。执行 G84 指令时，主轴正转进给，在 G17 平面快速定位后快速移动到 R 平面，执行攻螺纹，到达孔底后主轴反转退回。G84 指令攻螺纹操作中，进给倍率调节、进给保持均无效，即使压下进给保持按钮，机床也必须在返回操作结束后才能停止。

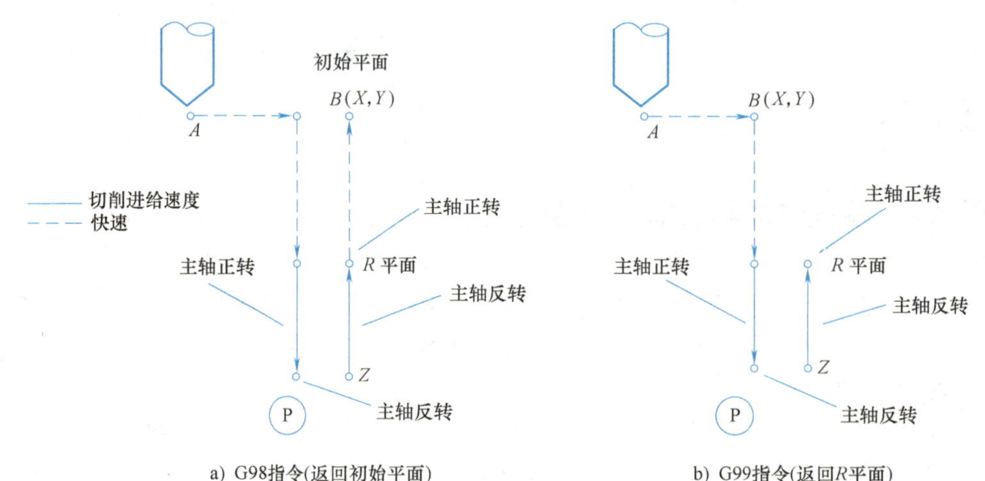

图 4-2-10　攻右旋螺纹循环指令 G84

2. 攻左旋螺纹循环指令 G74

编程格式：G74 X_　Y_　Z_　R_　P_　F_ ；

G74 动作与 G84 基本类似，只是 G74 用于加工左旋螺纹。指令动作如图 4-2-11 所示。执行 G84 指令时，主轴反转进给，在 G17 平面快速定位后快速移动到 *R* 平面，执行攻螺纹，到达孔底后主轴正转退回。在执行 G74 指令前，应使主轴反转。G74 指令攻螺纹操作中，进给倍率调节、进给保持均无效。

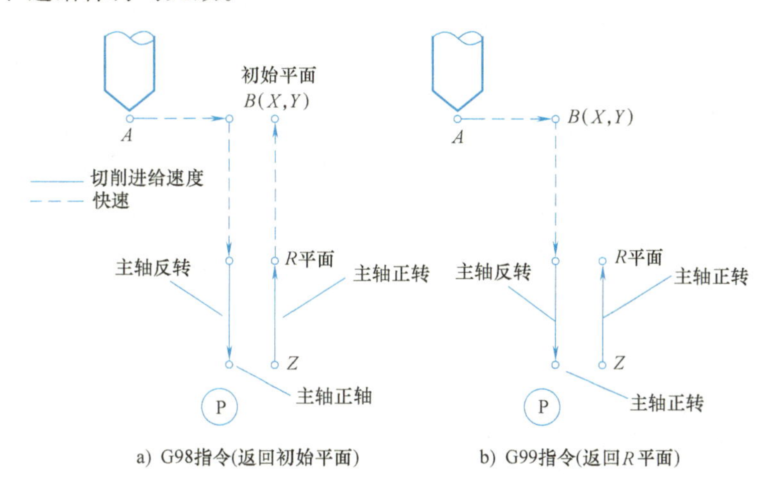

图 4-2-11　攻左旋螺纹循环指令 G74

［例 4.2.1］　应用孔加工固定循环指令，完成如图 4-2-12 所示工件中四个 M18 螺孔的加工。工件材料为 45 钢，外形已加工到尺寸。

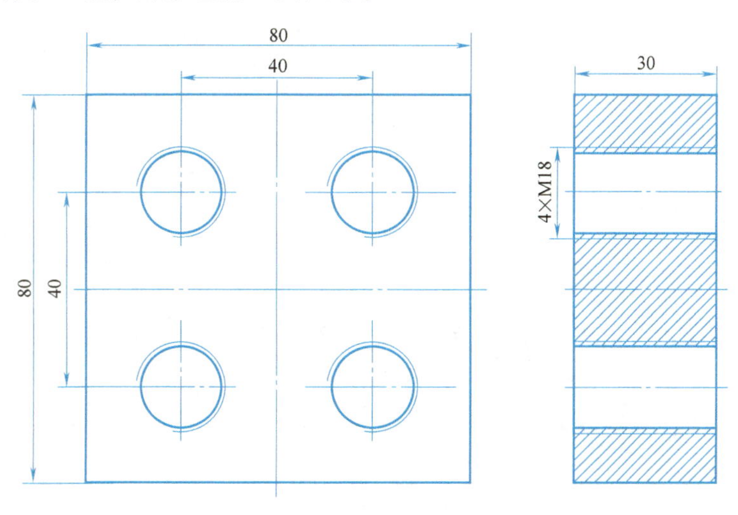

图 4-2-12　攻螺纹零件

本例需加工四个 M18 螺纹通孔，孔的位置精度要求不高，工件材料为 45 钢，切削性较好。采用钻中心孔→扩孔→攻螺纹的工艺方案：用 ϕ6mm 中心钻钻中心孔；用 ϕ16.2mm 麻花钻钻四个 M18 螺纹的底孔；用 ϕ18 丝锥攻四个 M18 螺纹。工件坐标系原点建立在工件上表面中心位置，四个螺纹孔的中心坐标分别为（20，20）、(−20，20)、(−20，−20)、(20，−20)。

参考程序：

```
G90 G94 G40 G17 G54;
G91 G28 Z0;
T01 M06;（换 φ6mm 中心钻）
G90 G00 X15.0 Y10.0;
G43 H01 Z50.0;
M03 S1500 M08;
G98 G81 X20.0 Y20.0 Z-5.0 R5.0 F80;（用 φ6mm 中心钻钻中心孔）
X-20.0 Y20.0;
X-20.0 Y-20.0;
X20.0 Y-20.0;
G80;
G91 G28 Z0;
T02 M06;（换 φ16.2mm 麻花钻）
G90 G00 X20.0 Y20.0;
G43 H02 Z50.0
M03 S800 M08;
G98 G83 X20.0 Y20.0 Z-35.0 R5.0 F60;（用 φ16.2mm 麻花钻钻底孔）
X-20.0 Y20.0;
X-20.0 Y-20.0;
X20.0 Y-20.0;
G80 ;
G91 G28 Z0;
T03 M06;（换 M18 丝锥）
G90 G00 X20.0 Y20.0;
G43 H03 Z50.0
M03 S200 M08;
G98 G84 X20.0 Y20 .0Z-35.0 R5.0 F60;（用 M18 丝锥攻螺纹）
X-20.0Y20.0;
X-20.0 Y-20.0;
X20.0 Y-20.0;
G80 ;
G91 G28 Z0;
M30;
```

任务拓展

1. 如图 4-2-13 所示工件，编写程序完成六个孔的加工。

2. 图 4-2-14 所示为一小型模具型芯配件，材料为 45 钢，外形尺寸已加工完毕，要求加工其中各孔及攻螺纹。

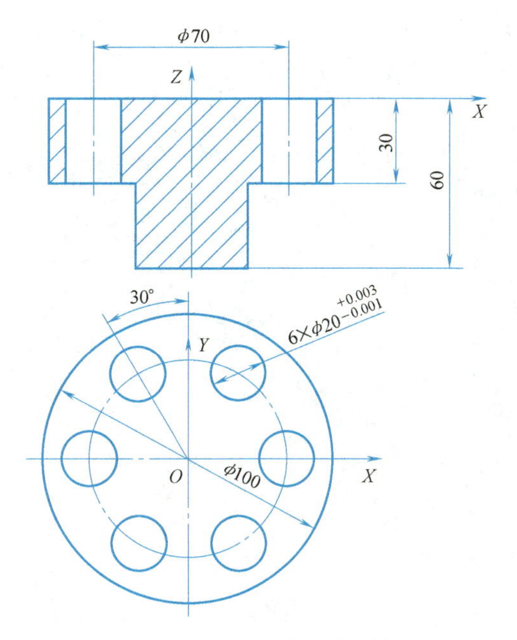

图 4-2-13　拓展加工零件 1

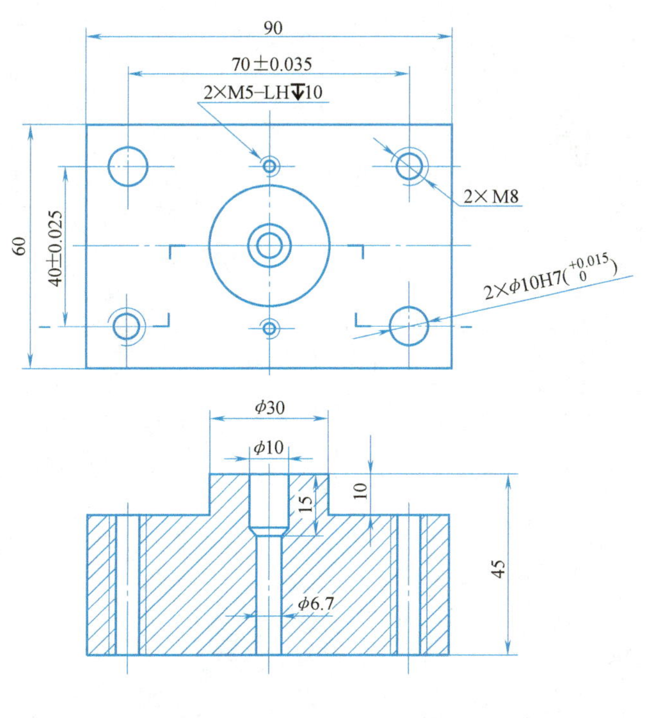

图 4-2-14　拓展加工零件 2

项目5

简单曲面数控铣削的编程与加工

学习目标

1. 掌握宏程序编程的基本概念；
2. 掌握非圆曲线的拟合方法；
3. 掌握常用的宏程序指令；
4. 掌握宏程序的编写方法；
5. 掌握球头立铣刀的加工特点及对刀方法；
6. 掌握刀位点的计算方法；
7. 掌握刀位轨迹处理方法；
8. 能进行简单曲面的加工。

任务布置

如图 5-1 所示，在 80mm×80mm×45mm 方料上加工半径为 35mm 的凹球面，工件材料为硬铝，外形已加工到尺寸。要求填写数控加工刀具卡和数控加工工序卡，编写宏程序并在数控铣床上完成零件加工。

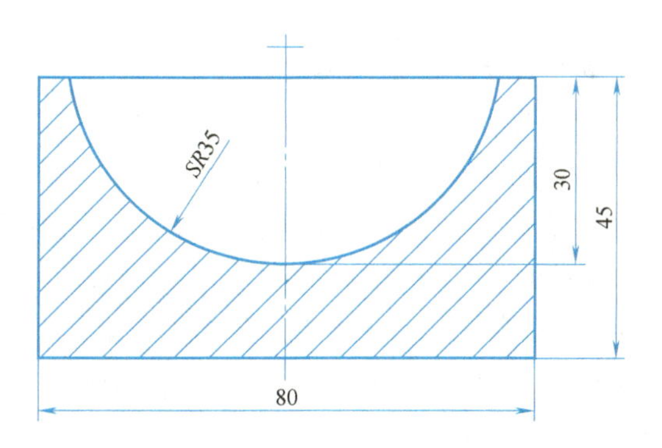

图 5-1 凹球面零件

任务分析

本项目要求学生完成球面的编程与加工，主要考查学生刀位点计算、刀位轨迹处理以及利用宏指令进行程序编制的能力。凹球面的加工可分为粗、精加工两道工序，粗加工使用立铣刀或球头立铣刀，精加工使用球头立铣刀。在刀位控制上，可以采用从下向上的控制方式，主要利用铣刀侧刃切削，表面质量好，端刃磨损较小，有利于控制加工尺寸。

案例体验

如图 5-2 所示的半凸椭球面，工件材料为硬铝，外形已加工到尺寸。要求填写数控加工刀具卡和数控加工工序卡，编写宏程序并在数控铣床上完成零件加工。

1. 零件图样分析

本例需要加工半个凸椭球面。椭球面可用数学表达式表达为：$X^2/40^2+Y^2/30^2+Z^2/20^2=1$，可见半凸椭球面在 X、Y、Z 轴上的半轴分别为 40mm、30mm 和 20mm。加工采用直径为

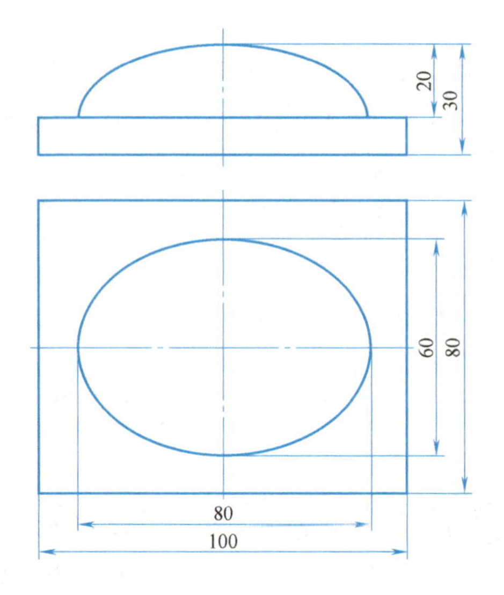

图 5-2 半凸椭球面零件

10mm 的球头立铣刀，实际编程时考虑刀具半径影响，凸椭球面在 X、Y、Z 轴上的半轴分别为 45mm、35mm 和 25mm。毛坯表面有均匀余量，材料为硬铝。

2. 工艺方案

选用 ϕ10mm 的球头立铣刀加工半个凸椭球面。从加工工艺角度看，最合理的加工方式应该是以角度为自变量的等角度水平环绕加工，为了减少刀具起始加工的负荷量，在垂直面内采用自上而下的下插式加工方式，这样程序语句简洁明了。

1）毛坯分析。毛坯尺寸为 100mm×80mm×30mm，因工件形状简单、规则，可直接用机用虎钳在数控铣床上找正并夹紧。

2）刀具选择。数控加工刀具卡见表 5-1。

表 5-1 数控加工刀具卡　　编号：5.2

零件名称	半凸椭球面零件		零件图号	5-2	工序卡编号	5.2	工艺员	
工步编号	刀具编号	刀具规格、名称	刀具长度补偿号	刀具半径补偿		加工内容		备注
				补偿号	补偿值			
1	T01	ϕ10mm 球头立铣刀	H01	D01	5mm	铣削半凸椭球面		

3）切削用量选择。主轴转速 1000r/min，进给速度 100mm/min。

4）填写数控加工工序卡。数控加工工序卡见表 5-2。

3. 程序编制

（1）工件坐标系原点的选择　工件坐标系原点选择在椭球最上表面 A 点（图 5-3），以便调整对刀。

（2）数学分析　对于椭球面的加工，可以看成是一系列长短轴不相同的椭圆叠加而成，编程的关键在于寻找加工深度与椭圆长、短轴之间的关系，采用两轴半加工的原理，实现对椭球面的加工。在 XZ 平面内，半凸椭球投影如图 5-3 所示，长半轴为 40mm，短半轴为

20mm，考虑刀具半径影响，曲线方程为 $X^2/45^2+(Z+25)^2/25^2=1$，加工时刀具由 A 点向 B 点直线逼近插补，完成1/4椭球曲线加工。变量参数#1（角度）的变化范围从90°到0°，为了满足椭球表面的加工质量，变量参数#1的增量为-0.5。参数方程为 $X=\#2=45\times\cos(\#1)$、$Z=\#3=25\times\sin(\#1)-25$。

表5-2　数控加工工序卡　　编号：5.2

零件名称	半凸椭球面零件	零件图号	5-2	工序名称					
零件材料	硬铝	材料硬度		使用设备	HASS TM-1 系统数控铣床				
使用夹具	机用虎钳	装夹方法	机用虎钳						
程序号	O0501	日期	年　月　日		工艺员				
工步描述									
工步编号	工步内容	刀具号	刀具长度补偿号	刀具规格	主轴转速/(r/min)	进给速度/(mm/mim)	背吃刀量/mm	加工余量/mm	备注
1	铣削半凸椭球面	T01	H01	ϕ10mm球头立铣刀	1000	100			

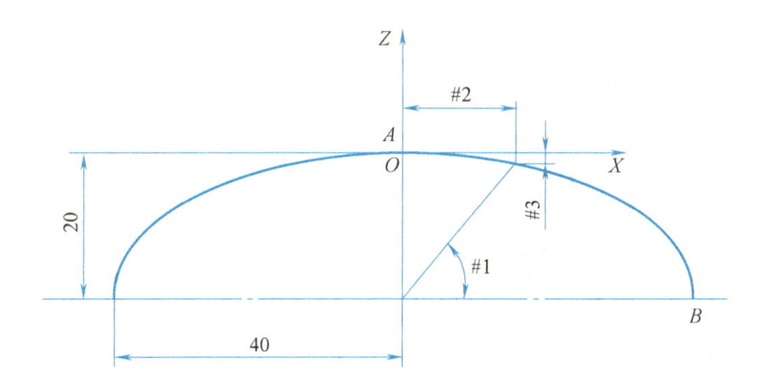

图5-3　XZ平面半凸椭球投影图

在YZ平面半凸椭球投影如图5-4所示，其长半轴为30mm，短半轴为20mm，考虑刀具半径影响，曲线方程为 $Y^2/35^2+(Z+25)^2/25^2=1$，当 $Z=\#3\times\sin(\#1)-25$ 时，Y 应在曲线圆上，此值恰在YZ平面上系列椭圆的短半轴，其大小为 $Y=\#5=(35/25)\mathrm{sqrt}[25^2-(Z+25)^2]=(7/5)\mathrm{sqrt}[25^2-(\#3+25)^2]$。

在XY平面半凸椭球投影为完整的系列椭圆如图5-5所示，其长半轴为 $\#2=45\times\cos(\#1)$，短半轴为 $\#5=(7/5)\mathrm{sqrt}[25^2-(\#3+25)^2]$。刀具由 P 点逆时针直线逼近，完成整圈椭圆曲线加工。变量参数#4变化范围从0°到360°，增量为1°，参数方程（节点坐标）为

$$X=\#6=\#2\times\cos(\#4)$$

$$Y=\#7=\#5\times\sin(\#4)$$

（3）编制加工程序　数控加工程序单见表5-3。

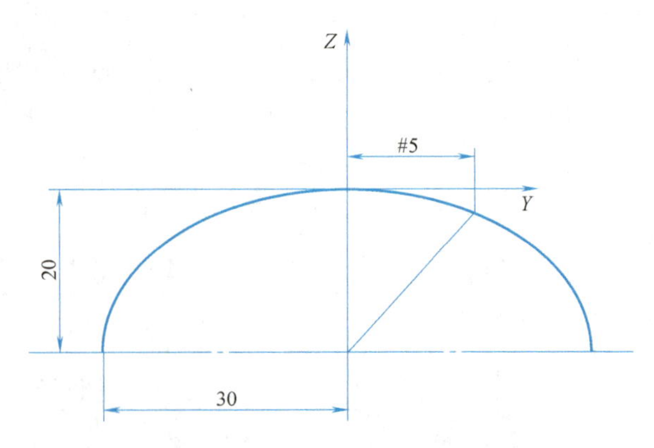

图 5-4　YZ 平面半凸椭球投影图

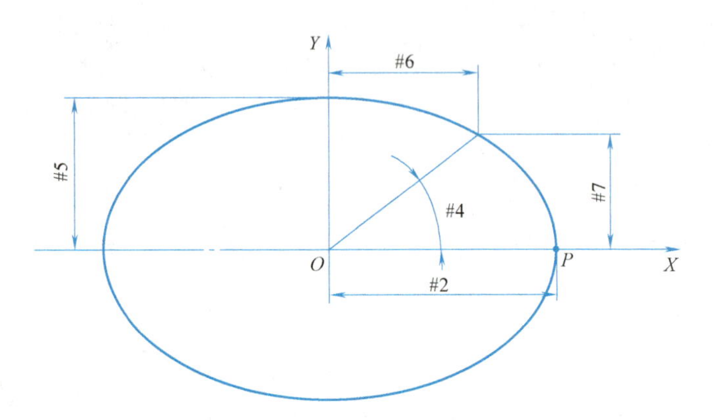

图 5-5　XY 平面半凸椭球投影图

表 5-3　O0501　数控加工程序单　　编号：5.2

零件名称	半凸椭球面零件	零件图号	5-2	工序卡编号	5.2	编程员	
程序段号	指令码				备注		
主程序　O0501							
N10	G54 G00 X0 Y0 Z50.0;				程序初始化		
N20	M03 S1000;				起动主轴		
N30	G00 Z3.0;				快速进给至安全平面		
N40	G01 Z0 F100;				进给至工件表面		
N50	#1=90;				设置 XZ 平面内椭圆插补的初始角度变量		
N60	WHILE [#1 GE 0] DO 1;						
N70	#2=45 * COS[#1];				XZ 平面内 x 坐标值		
N80	#3=25 * SIN[#1]-25;				XZ 平面内 z 坐标值		
N90	G01 X[#2] Z[#3];						
N100	#4=0;				设置 XY 平面内椭圆插补的初始角度变量		
N110	WHILE[#4 LE 360] DO 2;						
N120	#5=[9/7]sqrt[25 * 25-[#3+25] * [#3+25]];				设置 YZ 平面内 y 的坐标值		

（续）

零件名称	半凸椭球面零件	零件图号	5-2	工序卡编号	5.2	编程员	
程序段号	指令码				备注		
主程序　O0501							
N130	#6=#2 * COS[#4];				XY 平面内的 x 坐标值		
N140	#7=#5 * SIN[#4];				XY 平面内的 y 坐标值		
N150	G01 X[#6] Y[#7] F100;				XY 平面内的直线插补		
N160	#4=#4+1;				XY 平面内椭圆角度增量为 1°		
N170	END2;						
N180	#1=#1-0.5;				XZ 平面内椭圆角度增量为 0.5°		
N190	END1;						
N200	G91 G28 Z0;				Z 向回参考点		
N210	M30;				程序结束		

4. 零件加工

1）开机，回参考点。

2）调校机用虎钳钳口方向与机床 X 轴平行，控制误差在±0.01mm 以内，并固定机用虎钳。

3）正确安装毛坯和刀具。

4）对刀，设置工件坐标系 G54 原点和刀具长度补偿参数 H01、H02、H03、H04。

5）输入程序。

6）模拟加工。

7）自动加工（单段运行）。

8）检测零件。

相关知识

5.1 宏程序

宏指令编程是指像高级语言一样，可以使用变量进行算术运算、逻辑运算和函数运算的编程。宏程序是指由用户编写的专用程序，它类似于子程序，可用规定的指令作为代号，以便调用。宏程序与子程序的一个相同点是，一个宏程序可被另一个宏程序调用，最多可有 4 重调用。

1. 宏程序的简单调用格式

宏程序的简单调用是指在主程序中，宏程序可以被单个程序段单次调用。

调用指令格式：G65　P（宏程序号）L（重复次数）（变量分配）

说明：G65 ——宏程序调用指令；

P——被调用的宏程序代号；

L——重复次数为宏程序重复运行的次数，重复次数为 1 时可省略不写；变量分配为宏程序中使用的变量赋值。

2. 宏程序的编写格式

宏程序的编写格式与子程序相同，其格式为：

O~ (0001~8999)；(程序名)

N10 ……　　　　；(指令)

……

M99　　　　　；(宏程序结束)

上述宏程序内容中，除通常使用的编程指令外，还可使用变量、算术运算指令及其他控制指令，变量在宏程序调用指令中赋值。

3. 变量

(1) 变量的分配类型　这类变量中的文字变量与数字序号变量之间有表5-4确定的关系。

表5-4　文字变量与数字序号变量之间的关系

A　#1	D　#7	H　#11	K　#6	R　#18	U　#21	X　#24
B　#2	E　#8	I　#4	M　#13	S　#19	V　#22	Y　#25
C　#3	F　#9	J　#5	Q　#17	T　#20	W　#23	Z　#26

(2) 变量的级别

1) 本级变量#1~#33。作用于宏程序某一级中的变量称为本级变量，即这一变量在同一程序级中调用时含义相同，若在另一级程序（如子程序）中使用，则意义不同。本级变量主要用于变量间的相互传递，初始状态下未赋值的本级变量为空白变量。

2) 通用变量#100~#144，#500~#531。可在各级宏程序中被共同使用的变量称为通用变量，即这一变量在不同程序级中调用时含义相同。因此，一个宏程序中经计算得到的一个通用变量的数值，可被另一宏程序应用。

4. 算术运算指令

变量之间进行运算的通用表达形式是：# i=表达式

(1) 变量的定义和替换

i = # j

(2) 加减运算

i = # j + # k；(加法)

i = # j − # k；(减法)

(3) 乘除运算

i = # j×# k；(乘法)

i = # j / # k；(除法)

(4) 函数运算

i = SIN [# j]；(正弦函数（单位为度）)

i = COS [# j]；(余弦函数（单位为度）)

i = TAN [# j]；(正切函数（单位为度）)

i = ATAN [# j]；(反正切函数（单位为度）)

i = SQRT [# j]；(平方根)

i = ABS [# j]；(取绝对值)

5. 控制指令

（1）条件转移

编程格式：IF［条件表达式］GOTO *n*

如果条件表达式的条件得以满足，则转而执行程序中程序号为 *n* 的相应操作；如果条件不满足，则顺序执行下一段程序。表达式可按如下书写：

#i　EQ　#j；（等于）

#i　NE　#j；（不等于）

#i　GT　#j；（大于）

#i　LT　#j；（小于）

#i　GE　#j；（大于等于）

#i　LE　#j；（小于等于）

（2）重复执行

编程格式：WHILE［条件表达式］DO *m*（*m*=1，2，3…）

……

END *m*

如果条件表达式的条件得以满足，程序段 DO *m* 至 END *m* 即重复执行；如果条件不满足，则执行转到 END *m* 后的程序；如果 WHILE［条件表达式］部分被省略，则程序段 DO *m* 至 END *m* 之间的部分将一直重复执行。

6. 非圆曲线节点的拟合方法

目前，大多数数控系统不具备非圆曲线的插补功能。因此，在加工这些曲线时，通常采用直线段或圆弧线段拟合的方法。在手工编程过程中，常用的拟合方法有等间距法、等插补段法和三点定圆法等几种。

（1）等间距法　在一个坐标轴方向，将拟合轮廓的总增量（如果在极坐标系中，则指极角或极轴的总增量）进行等分后，对其设定节点所进行的坐标值计算方法，称为等间距法，如图 5-6 所示。

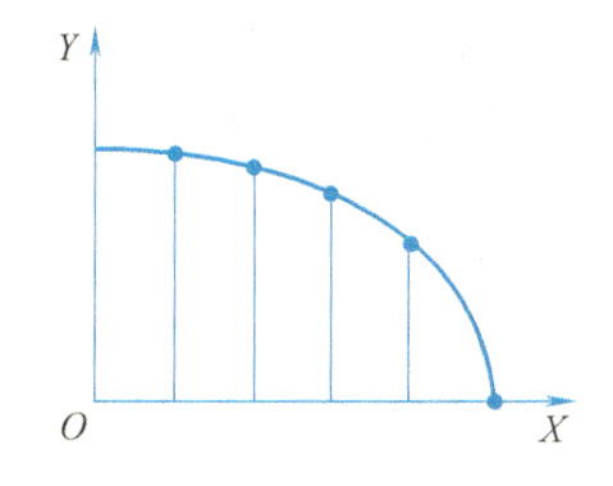

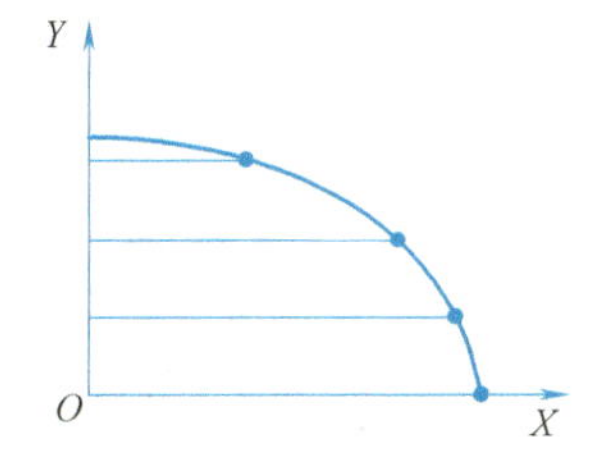

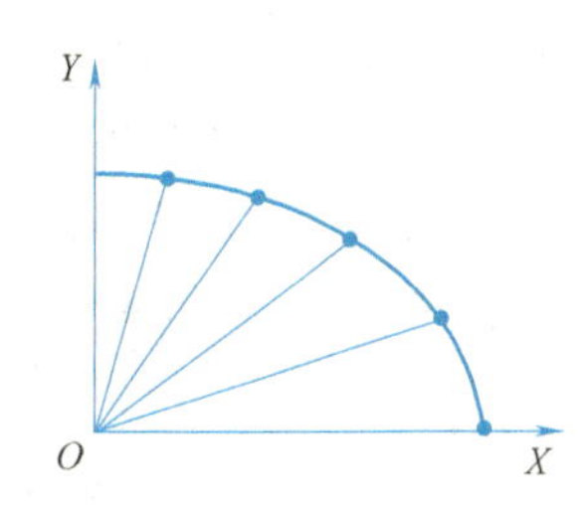

图 5-6　非圆曲线节点的等间距拟合法

在实际编程过程中，采用这种方法容易控制非圆曲线的节点。因此，在数控加工的宏程序（或参数）编程过程中普遍采用这种方法。

（2）等插补段法　当设定其相邻两节点间的弦长相等时，对该轮廓曲线所进行节点坐标值计算的方法称为等插补段法，如图 5-7 所示。

（3）三点定圆法　这是一种用圆弧拟合非圆曲线的计算方法，其实质是过已知曲线上的三点（包括圆心和半径）作一圆。

7. 非圆曲线的拟合误差

不管采用以上三种拟合方法中的哪一种进行曲线拟合计算，均会在拟合过程中产生拟合误差，而且各拟合段的误差大小也不相同，如图 5-8 所示。

在曲线拟合过程中，要尽量控制其拟合误差。通常情况下，拟合误差 δ 应小于或等于编程允许误差 $\delta_{允}$，即 $\delta \leq \delta_{允}$。考虑到工艺系统及计算误差的影响，$\delta_{允}$一般取工件公差的 1/10~1/5。

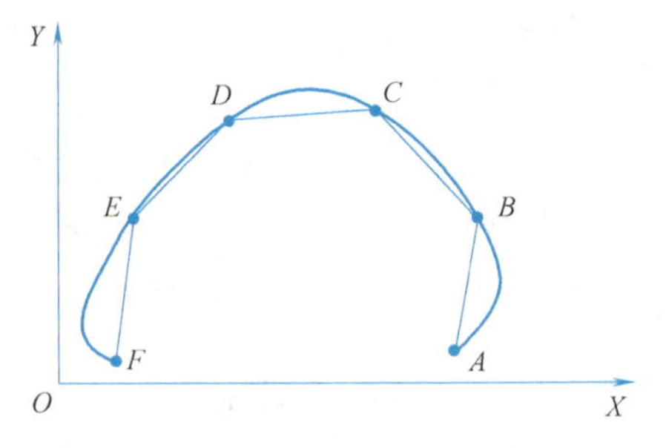

图 5-7 非圆曲线节点的等插补段法

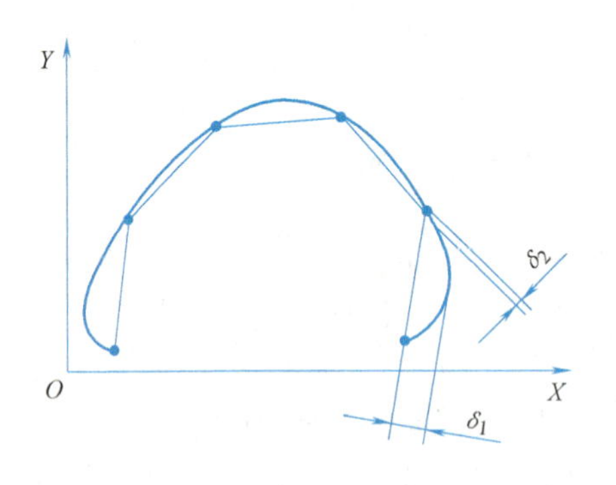

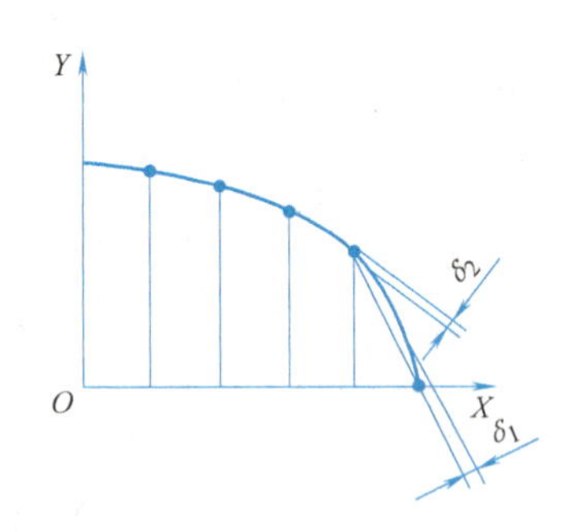

图 5-8 非圆曲线的拟合误差

在实际编程过程中，主要采用以下几种方法来减小拟合误差：

（1）采用合适的拟合方法 相比较而言，采用圆弧拟合的拟合误差要小一些。

（2）减小拟合线段的长度 减小拟合线段的长度可以减小拟合误差，但增加了编程的工作量。

（3）运用计算机进行曲线拟合计算 采用计算机进行曲线的拟合，可在拟合过程中自动控制拟合精度，以减小拟合误差。

[例 5.1] 加工如图 5-9 所示的椭圆凸台，凸台高度为 2mm。

由于数控机床一般只能做直线插补和圆弧插补，而椭圆凸台轮廓为非圆曲线。当遇到工件轮廓是非圆曲线的零件时，数学处理的任务是用直线段或圆弧段去逼近非圆曲线。这时逼近线段与被加工曲线的交点称为节点，图 5-10 所示用直线逼近曲线时，其交点 A、B、C、D 等即为节点。编程时要计算出节点坐标，并按节点划分程序段。用直线插补指令 G01 进行编程时，节点数目的多少，由被加工曲线的形状和允许的插补误差来决定。本例中节点坐标由椭圆的参数方程求解，椭圆的参数方程为：$X = a\cos\phi$，$Y = b\sin\phi$（a、b 分别为椭圆的长半轴、短半轴）。

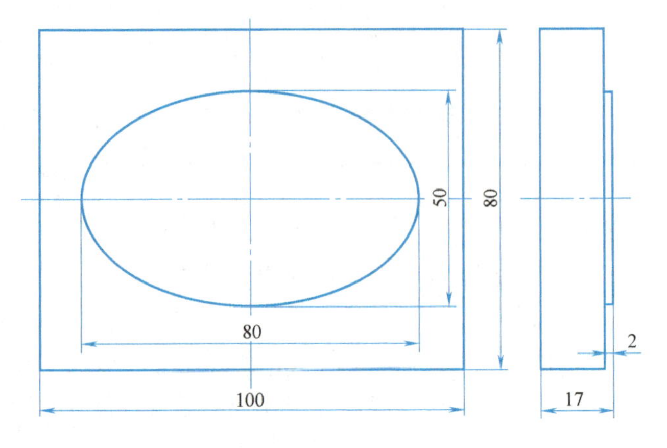

图 5-9 椭圆凸台零件

如图 5-11 所示，先以 a，b 为半径作两个同心圆，再作大圆半径 OF，并与小圆交于 E 点。从 F 点作 X 轴的垂线 FD，再从 E 点作 X 轴的平行线，与 FD 交于 A。把 $\angle FOX$ 作为变量，并用 ϕ 表示，则 A 点的坐标为（$a\cos\phi$，$b\sin\phi$），如果 ϕ 从 0°以角度增量 $\Delta\phi$ 逐渐增大到 2π 时，则 A 点的轨迹就形成了一个完整的椭圆。角度增量 $\Delta\phi$ 的取值需根据加工精度合理选择：取值越小，插补精度越高，但走刀次数增加，加工效率不高。

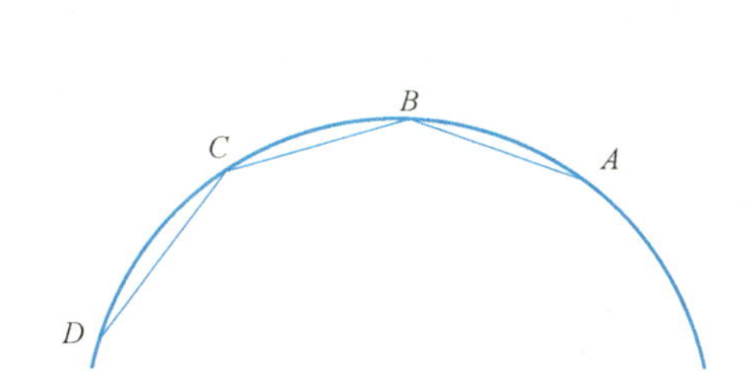

图 5-10　零件轮廓的节点

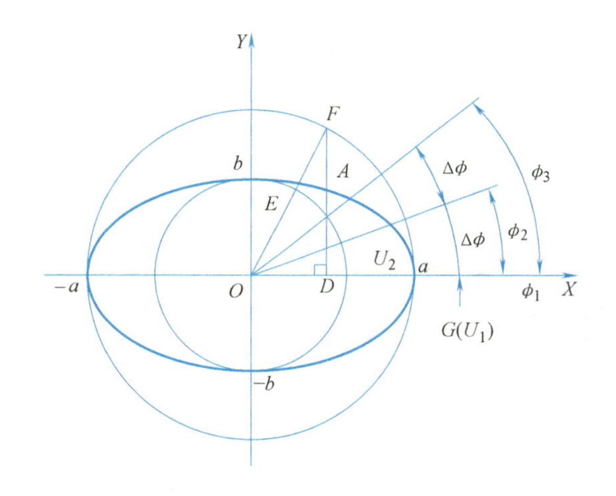

图 5-11　椭圆轮廓分段

参考程序：

```
O0502；（程序名）
N10 G54 G90 G00 X50.0 Y-10.0；
N20 M03 S1000；
N30 G43 H01 Z50.0；
N40 G00 Z2 ；
N50 G01 Z-2 F100；（下刀）
N60 #1=0；（起始角度）
N70 #2=360；（终止角度）
N80 #3=40；（长半轴）
N90 #4=25；（短半轴）
N100 #5=#3 * COS [#1]；（X 点坐标）
N110 #6=#4 * SIN [#1]；（Y 点坐标）
N120 G42 G01 X#5 Y#6 F100；（直线逼近）
N130 #1=#1+1；（角度增量为 1°）
N140 IF [# 1 LE #2] GOTO N100；（如果小于 360°就继续用直线逼近）
N150 G91 G28 Z0；（Z 向回参考点）
N160 G40 G00 X0 Y0；（撤销刀补）
N170 M05；（主轴停转）
N180 M30；（程序结束）
```

5.2 球头立铣刀

球头立铣刀的球头半径等于刀具的半径，如图 5-12 所示。球头立铣刀端面是球面切削刃，刀具能够沿轴向切入工件，也能沿刀具径向切削，主要用于加工三维的型腔或凸、凹模成形表面，也可以用于孔口倒角和平面倒角。

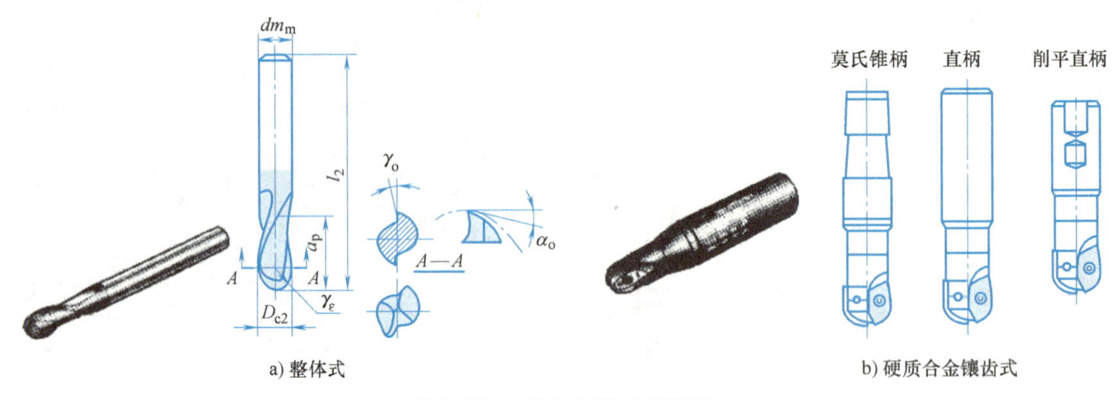

图 5-12　球头立铣刀结构图

（1）圆柱形球头立铣刀的标记　刀具标记为球头立铣刀 12 GB/T 20773—2006，表示刀具直径为 ϕ12mm 的球头立铣刀。

（2）圆锥形球头立铣刀的标记　刀具标记为锥形球头立铣刀 12-7° GB/T 20773—2005，表示刀具直径为 ϕ12mm、圆锥半角为 7°的圆锥形球头立铣刀。

注意：球头立铣刀的刀位点通常设置在轴线与球面的交点或设置在球头的球心，两个刀位点在 Z 方向相差一个刀具半径，编程时根据刀位点的不同，程序要作相应的修改，这一点一定要注意。

［例 5.2］　用 ϕ8mm 球头立铣刀加工如图 5-13 所示的圆角方台零件，圆角方台为 40mm×40mm，方台周边要加工 R2mm 的圆角，编写 R2mm 的加工圆角宏程序。

本例题采用 ϕ8mm 球头立铣刀进行加工。在学习本例题时，要注意比较球头立铣刀与立铣刀在加工时的区别。球头立铣刀与立铣刀在加工时的最大区别是：球头立铣刀始终是球面上的一点与工件接触，刀具的球面与待加工面外切，工件圆角圆心、刀具球心及接触点始终在一条直线上，如图 5-14 所示；而立铣刀是刀具外圆柱面上的点始终与工件接触，接触点与立铣刀的刀位点的在包含 Z 轴的所有平面内的距离始终等于刀具半径值，如图 5-15 所示。

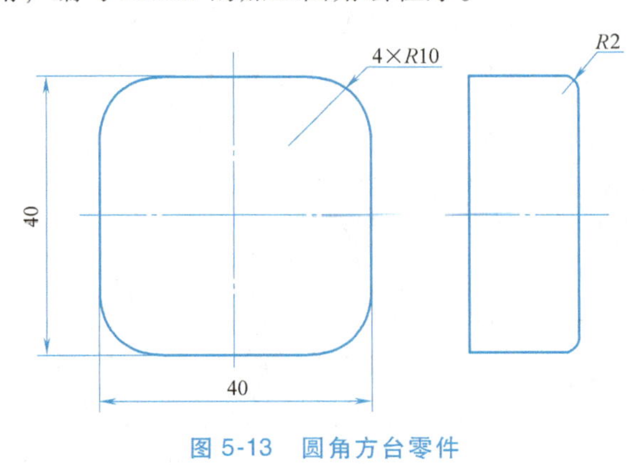

图 5-13　圆角方台零件

由图 5-14 可知，球头立铣刀在包含 Z 轴的所有平面内的刀具半径补偿值 =（#1+#2）×COS（#3）-#2，球头铣刀的球心在 Z 方向的坐标 =#2-（#1+#2）×SIN（#3），角度#3 的变化范围为 0°~90°。

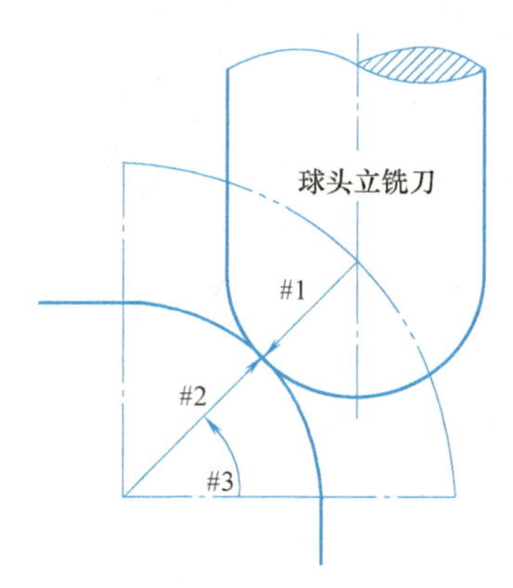

图 5-14　球头立铣刀加工示意图

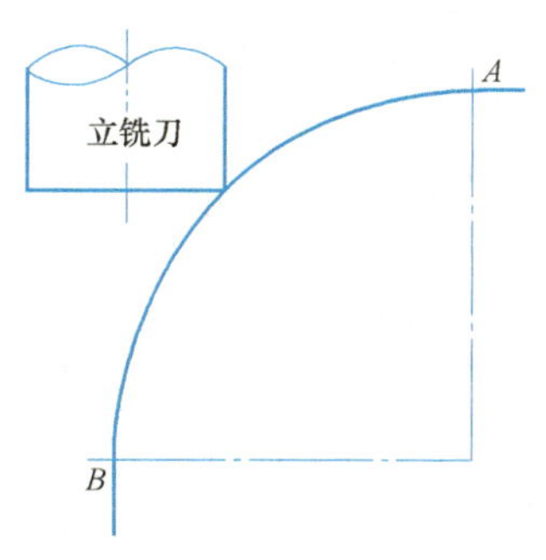

图 5-15　立铣刀加工示意图

参考程序：

```
O0503；（程序名）
G90 G94 G40 G17 G54；（程序初始化）
G00 X-35.0 Y0；（定位至 X-35，Y0）
G43 H01 Z50.0；（刀具 Z 向回参考点快速进给至 Z50）
M03 S1500；（起动主轴）
#1 =2；（圆角半径）
#2=4；（球头立铣刀半径）
#3=0；（起始角度）
WHILE[ #3 LT 90]DO1；（角度小于 90°执行循环）
#4=#2-[#1+#2] * SIN[#3]；（刀位点在 Z 向的坐标）
#5=[#1+#2] * COS[#3]-#2；（刀具半径补偿变量）
G10 L12 P1 R#5；（D01 中的值等于#5 变量的值）
G41 G01 X-30 Y-10 D01 F100；（建立刀补）
Z [-#4]；（下刀）
G03 X-20 Y0 R10；（切入圆弧）
G01 Y10；（圆方台轨迹）
G02 X-10 Y20 R10；
G01 X10；
G02 X20 Y10 R10；
G01 Y-10；
G02 X10 Y-20 R10；
G01 X-10；
G02 X-20Y-10 R10；
G01 Y0；
G03 X-30 Y10 R10；（切出圆弧）
G40 G1 X-35 Y0；（撤销刀补）
#3=#3+0.5；（角度加 0.5°）
```

END1；（循环结束）

G91 G28 Z0；（Z 向回参考点）

M05；（主轴停转）

M30；（程序结束）

注：本程序中球头立铣刀的刀位点设定在球头的球心位置。

任务实施

1. 实训目的

1）合理拟订工艺方案并编程。

2）熟练进行机用虎钳的校正、工件和刀具的装卸。

3）熟练设置工件坐标系原点偏置参数。

4）熟练设置和调整刀具长度补偿参数。

5）熟练操作数控铣床完成任务零件的加工。

2. 实训内容

完成图 5-1 所示凹球面零件的编程与加工。

3. 实训要求

1）仔细分析零件图样，明确图样的加工要求。

2）合理选用切削用量，拟订加工工艺，选择加工刀具。

3）正确找正机用虎钳，正确安装工件和刀具。

4）手工对刀操作，将工件坐标系原点偏置参数和刀具长度补偿参数录入机床。

5）手工编程，模拟并铣削加工零件。

6）讨论分析零件的加工质量，对不足之处提出改进意见。

4. 实训时间

每组 5 小时。

5. 实训报告要求

1）写出数控铣床上零件自动加工操作的步骤。

2）填写本任务的数控加工刀具卡、数控加工工序卡和数控加工程序单。

补充知识

5.3 可编程数据输入指令 G10

刀具补偿值（包括刀具长度补偿和刀具半径补偿）可以通过数控面板手动输入，也可以使用 G10 指令通过程序输入到 CNC 存储器中。

1. 工件补偿种类

L10——长度补偿（H 代码）

L11——长度磨损偏置（H 代码）

L12——半径补偿（D 代码）

L13——半径磨损补偿（D 代码）

2. 指令格式 G10 L10（L11/L12/L13）**P_　R_;**

其中：P——刀具补偿号（范围 P1～P100）；

R——刀具补偿值。

如 G10　L10　P5　R10，表示长度补偿号 H5 中的值为 10；G10　L12　P15 R#5 表示半径补偿号 D15 中的值等于变量#5 代表的值。

[例 5.3]　用 ϕ8mm 立铣刀加工如图 5-13 所示的圆角方台零件，圆角方台为 40mm×40mm，方台周边加工 *R*2mm 的圆角，编写加工 *R*2mm 圆角的宏程序。

本例需要在已加工的圆角方台上进行倒圆角加工，零件材料为硬铝，切削性能较好。选用 ϕ8mm 的立铣刀，借助数控机床的宏程序功能，进行倒圆角加工。

*R*2mm 的圆弧 *AB* 可通过直线拟合完成，如图 5-16 所示。将圆弧 *AB* 按一定规律进行等分，立铣刀切削刃在高度方向按要求下到每个等分点位置，然后按工件轮廓切削加工一周，圆角就可加工完成。在 *XY* 平面内的刀具路径如图 5-17 所示。根据加工精度的要求，将圆弧 *AB* 的等分数不断增加，直线就无限逼近圆弧，达到加工要求。

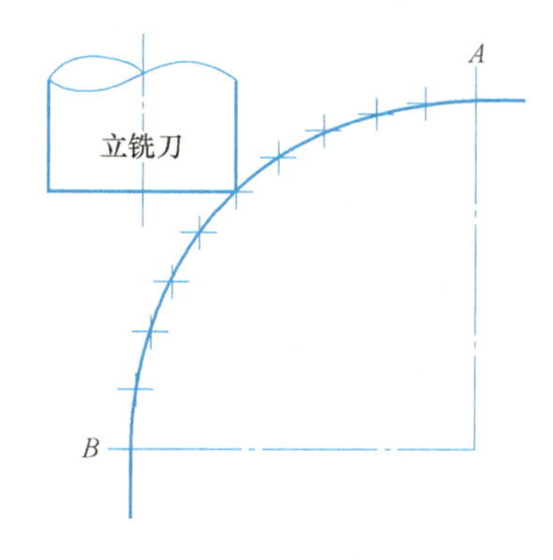

图 5-16　圆弧的直线拟合

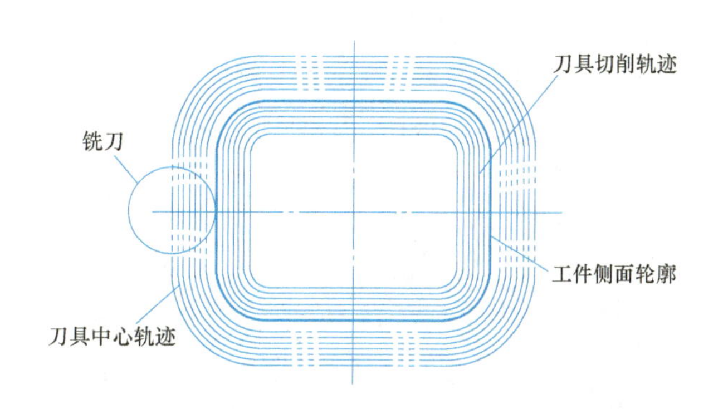

图 5-17　*XY* 平面内的刀具中心轨迹

采用立铣刀进行加工时，从最低面开始（此时在 *Z* 方向上立铣刀端面与圆弧 *AB* 的最低处位于同一平面），以自下而上的方式逐层提升，每层高度上立铣刀的切削刃下端点与圆角的相应点接触，并以顺时针方向走刀（顺铣）。由图 5-18 知，随着刀具沿着圆弧面逐层提升，在每层高度上的刀具半径补偿变量#5 是变化的，只有靠“用程序输入刀具补偿值”的 G10 指令才有可能表达和使用不断变化着的刀具半径补偿值 D01。刀具沿着圆弧面的逐层提升运动，以角度变量#3 作为自变量，每次提升 0.5°，变化范围为 0°～90°。

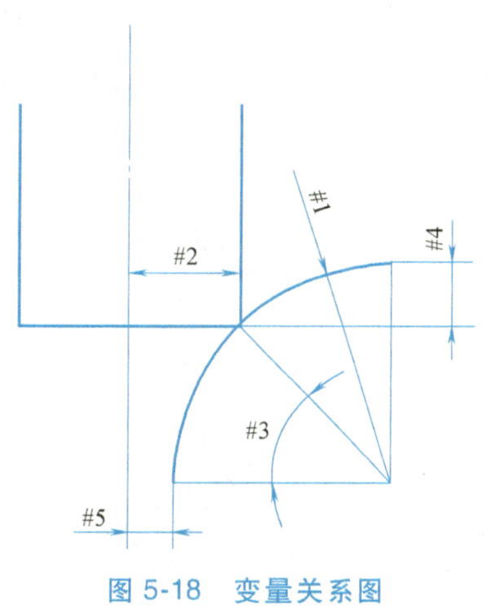

图 5-18　变量关系图

参考程序：

```
G90 G94 G40 G17 G54;
G91 G28 Z0;
G00 X-35.0 Y0;
G43 H01 Z50.0;
M03 S1500;
#1=2;（圆角半径）
```

```
#2=4;(立铣刀半径)
#3=0;(起始角度)
WHILE [ #3 LT 90] DO1;(角度小于 90°执行循环)
#4=#1-#1 * SIN [#3];(Z 向下刀距离)
#5=#2- [#1-#1 * COS [#3]];(刀具半径补偿变量)
G10 L12 P1 R#5;(D01 中的值等于#5 变量的值)
G41 G01 X-30 Y-10 D01 F100;(建立刀补)
Z [-#4];(下刀)
G03 X-20 Y0 R10;
G01 Y10;
G02 X-10 Y20 R10;
G01 X10;
G02 X20 Y10 R10;
G01 Y-10;
G02 X10 Y-20 R10;
G01 X-10;
G02 X-20Y-10 R10;
G01 Y0;
G03 X-30 Y10 R10;
G40 G1 X-35 Y0;
#3=#3+0.5;
END1;
G91 G28 Z0;
M05;
M30;
```

任务拓展

1. 图 5-19 中，在半径为 35mm 的圆周上分布 12 个等间隔的孔，用宏指令体和简单调用编写程序。

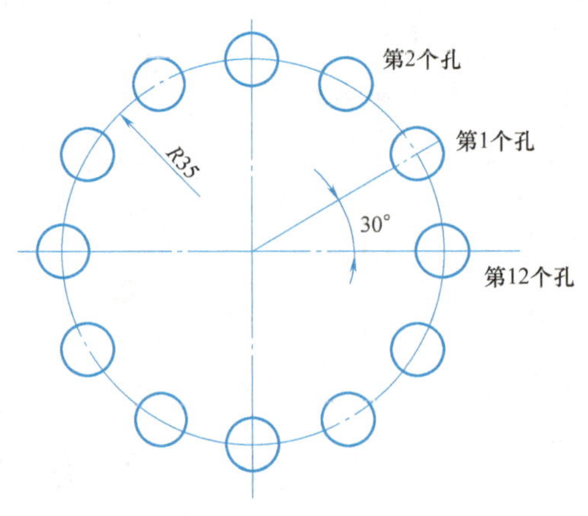

图 5-19　拓展加工零件

2. 用宏程序编写如图 5-20 所示的曲面型腔零件的精加工程序。

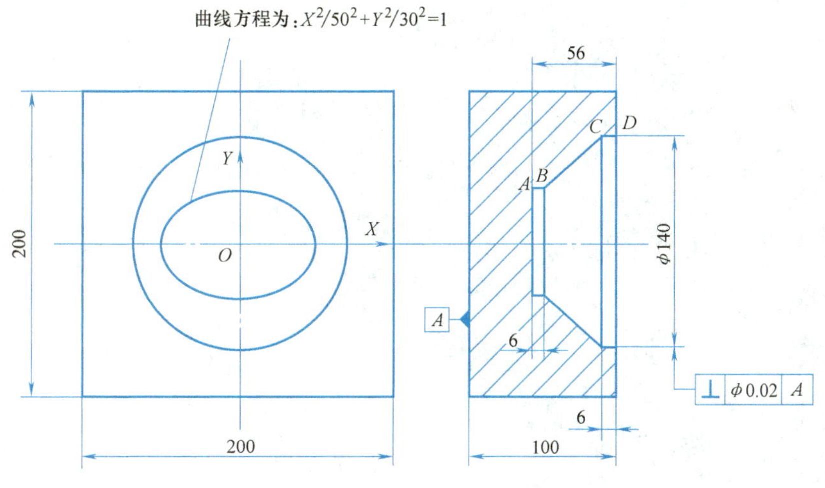

图 5-20　曲面型腔零件

项目6

配合件数控铣削的编程与加工

学习目标

1. 掌握配合件加工的技能、技巧。
2. 掌握几何误差的测量方法。
3. 掌握几何误差的分析方法。
4. 能正确使用铣床的功能实现简便加工。
5. 能利用现有的设备加工出符合国家标准公差等级的零件。

任务布置

加工如图 6-1 所示的配合件，材料为硬铝。要求填写数控加工刀具卡和数控加工工序卡，编写程序并在数控铣床上完成零件加工。技术要求：件 1 与件 2 配合间隙小于 0.04mm，换位后配合间隙小于 0.06mm。

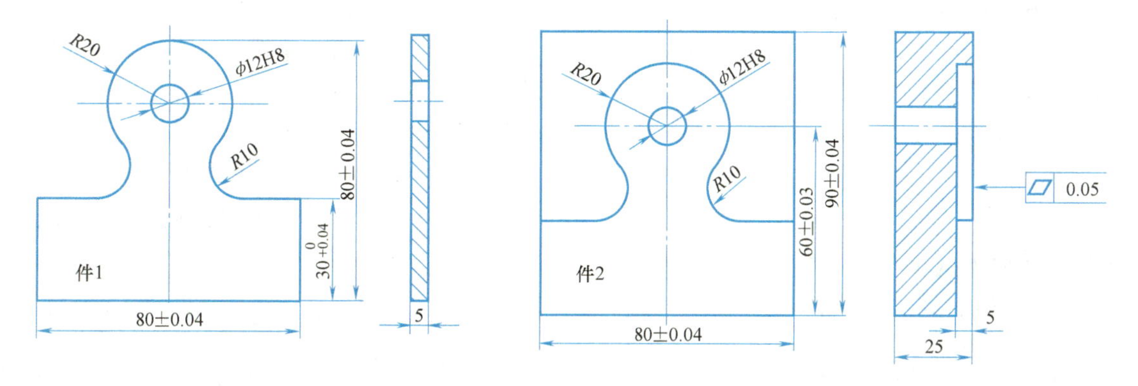

图 6-1　配合件零件

任务分析

本任务要求学生按照图样要求加工出满足公差要求的配合件，难点是选择合理的定位基准以及加工后如何保证配合精度。为此应按照整体原则来保证加工精度：先加工件 1（凸件），并与件 2（凹件）进行试配，以便修整件 2 以达到各项配合精度；为了使配合件配合后外形能吻合，配合件的外形不要加工到尺寸，等加工完配合面后让两个配合件合到一起再加工外形到尺寸。

案例体验

加工如图 6-2 所示的配合件，材料为硬铝。要求填写数控加工刀具卡和数控加工工序卡，编写程序并在数控铣床上完成零件加工。ϕ50mm 的圆不加工。

1. 零件图样分析

本项目需完成配合件的加工，配合件由两件组成，件 1 和件 2 的配合精度要求较高。毛坯材料为 45 钢，ϕ50mm 圆已加工到尺寸。

2. 工艺方案

1）工艺分析。先加工件 1，后加工件 2，工序按照先粗后精划分，通过调用不同的刀具

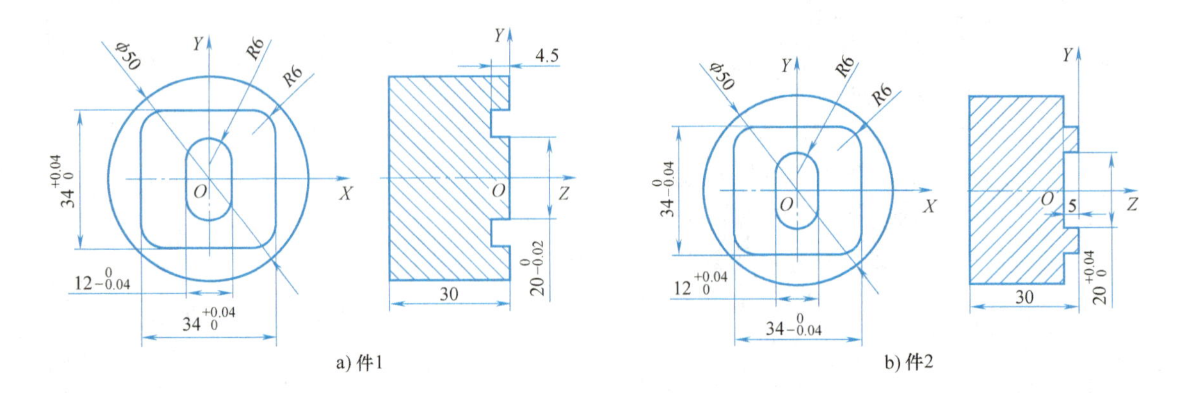

图 6-2 配合件加工案例零件

半径补偿值，实现使用同一程序完成粗、精加工。本例在刀具轨迹的处理上主要有两个特点：一是下刀时采用斜插式下刀，避免在下刀时对刀具的损伤和机床的振动；二是采用圆弧切入、切出工件，使表面没有明显的接刀痕，保证工件的表面质量。

件 1 的加工方案：铣上表面→粗铣槽和中间凸台→精铣槽和中间凸台。

件 2 的加工方案：铣上表面→粗铣凸台→精铣凸台→粗铣凹槽→精铣凹槽。

2）准备毛坯。毛坯为 ϕ50mm 圆柱体。因工件形状简单、规则，可直接用自定心卡盘在数控铣床上找正并夹紧。

3）选择刀具。数控加工刀具卡见表 6-1。

表 6-1 数控加工刀具卡

编号：6.2

<table>
<tr><td>零件名称</td><td colspan="2">配合件加工案例零件</td><td>零件图号</td><td>6-2</td><td>工序卡编号</td><td>6.2</td><td>工艺员</td><td></td></tr>
<tr><td rowspan="2">工步编号</td><td rowspan="2">刀具编号</td><td rowspan="2">刀具规格和名称</td><td rowspan="2">刀具长度偏置号</td><td colspan="2">刀具半径补偿</td><td colspan="2" rowspan="2">加工内容</td><td rowspan="2">备注</td></tr>
<tr><td>补偿号</td><td>补偿值</td></tr>
<tr><td>1</td><td>T01</td><td>ϕ20mm 立铣刀</td><td></td><td></td><td></td><td colspan="2">铣件 1 的上表面</td><td></td></tr>
<tr><td>2</td><td>T02</td><td>ϕ6mm 立铣刀</td><td></td><td></td><td></td><td colspan="2">粗铣件 1 的槽和中间凸台</td><td></td></tr>
<tr><td>3</td><td>T02</td><td>ϕ6mm 立铣刀</td><td></td><td></td><td></td><td colspan="2">精铣件 1 的槽和中间凸台</td><td></td></tr>
<tr><td>4</td><td>T01</td><td>ϕ20mm 立铣刀</td><td></td><td></td><td></td><td colspan="2">铣件 2 的上表面</td><td></td></tr>
<tr><td>5</td><td>T01</td><td>ϕ20mm 立铣刀</td><td></td><td></td><td></td><td colspan="2">粗铣件 2 的凸台</td><td></td></tr>
<tr><td>6</td><td>T01</td><td>ϕ20mm 立铣刀</td><td></td><td></td><td></td><td colspan="2">精铣件 2 的凸台</td><td></td></tr>
<tr><td>7</td><td>T03</td><td>ϕ10mm 立铣刀</td><td></td><td></td><td></td><td colspan="2">粗铣件 2 的凹槽</td><td></td></tr>
<tr><td>8</td><td>T03</td><td>ϕ10mm 立铣刀</td><td></td><td></td><td></td><td colspan="2">精铣件 2 的凹槽</td><td></td></tr>
</table>

4）选择切削用量。各工序切削用量的选择见数控加工工序卡（表 6-2）。

5）填写数控加工工序卡。数控加工工序卡见表 6-2。

3. 程序编制

工件坐标系原点设定在工件上表面的中心处。数控加工程序单见表 6-3 和表 6-4。

表 6-2 数控加工工序卡 编号：6.2

零件名称	配合件加工案例零件	零件图号	6-2	工序名称					
零件材料	铝合金	材料硬度		使用设备	HASS TM-1 系统数控铣床				
使用夹具	机用虎钳	装夹方法	机用虎钳						
程序号	O0501 O0502	日期	年 月 日	工艺员					
工步描述									
工步编号	工步内容	刀具号	刀具长度补偿号	刀具规格	主轴转速/(r/min)	进给速度/(mm/mim)	切削深度/mm	加工余量/mm	备注
1	铣件 1 的上表面	T01		ϕ20mm 立铣刀	600	60			
2	粗铣件 1 的槽和中间凸台	T02		ϕ6mm 立铣刀	700	50			
3	精铣件 1 的槽和中间凸台	T02		ϕ6mm 立铣刀	700	50			
4	铣件 2 的上表面	T01		ϕ20mm 立铣刀	600	60			
5	粗铣件 2 的凸台	T01		ϕ20mm 立铣刀	600	150			
6	精铣件 2 的凸台	T01		ϕ20mm 立铣刀	600	150			
7	粗铣件 2 的凹槽	T03		ϕ10mm 立铣刀	600	50			
8	精铣削件 2 的凹槽	T03		ϕ10mm 立铣刀	600	50			

表 6-3 O0501 数控加工程序单 编号：6.2

零件名称	配合件件 1	零件图号	6-2a	工序卡编号	6.2	编程员	
程序段号	指令码		备注				
主程序 O0501;							
N10	G90 G54 G00 X-40.0 Y16.0 T01;		ϕ20mm 立铣刀铣削工件上表面				
N20	S600 M03;						
N30	G43 Z50.0 H01;						
N40	Z5.0;						
N50	G01 Z0 F60;						
N60	X25.0;						
N70	Y0;						
N80	X-25;						
N90	Y-16;						
N100	X35.0;						
N110	G00 G91 G28 Y0 Z0;						
N120	M05;						
N130	M00;		换 ϕ6mm 立铣刀，铣槽及中间凸台				
N140	M03 S700;						
N150	G90 G54 G00 X-11.5 Y-13.5;						

（续）

零件名称	配合件件 1	零件图号	6-2a	工序卡编号	6.2	编程员	
程序段号	指令码			备注			
主程序　O0501;							
N160	G43 Z50.0 H02;						
N170	Z5.0;						
N220	G01 Z0 F50;						
N230	Z-1.3 Y13.5;			斜插式下刀，*Z* 向留 0.2mm 余量			
N240	Z-2.3 Y-13.5;						
N250	Z-3.3 Y13.5;						
N260	Z-4.3 Y-13.5;						
N270	Y13.5;			去除凹槽的大部分余量，*Z* 向留 0.2mm 的余量			
N280	X11.5;						
N290	Y-13.5;						
N300	X-11.5 Z-4.5;						
N310	D01 M98 P2000;			调用子程序，粗加工凹槽和凸台，留 0.15mm 的精加工余量（D01 = 3.15mm）			
	G0 Z100.0 M05						
N320	M01;			暂停测量尺寸			
	G0 Z10.0						
	G01 Z-4.5						
N330	D02 M98 P2000;			调用子程序，精加工凹槽和凸台（D02 = 3.0mm）			
N340	D03 M98 P2000;			清除残留面积（D03 = 5.5mm）			
N350	G00 G91 G28 Y0 Z0;						
N360	M05;						
N370	M30;						
子程序 O2000;（加工凹槽和中间凸台）							
N10	G90 G41 G01 Y5.5;			设置刀补			
N20	G03 X-17.0 Y0 R5.5;			圆弧切入环形槽左侧			
N30	G01 Y-11.0;（铣削环形槽）			铣凹槽			
N40	G03 X-11.0 Y-17.0 R6.0;						
N50	G01 X11.0;						
N60	G03 X17.0 Y-11.0 R6.0;						
N70	G01 Y11.0;						
N80	G03 X11.0 Y17.0 R6.0;			圆弧切出环形槽，切入凸台左侧			
N90	G01 X-11.0;			铣凸台			
N100	G03 X-17.0 Y11.0 R6.0;						
N110	G01 Y0;						
N120	G03 X-6.0 Y0 R5.5;						

（续）

零件名称	配合件件 1	零件图号	6-2a	工序卡编号	6.2	编程员	
程序段号	指令码			备注			
子程序 O2000;(加工凹槽和中间凸台)							
N130	G01 Y4.0;			铣凸台			
N140	G02 X6.0 Y4.0 R6.0;						
N150	G01 Y-4.0;						
N160	G02 X-6.0 Y-4.0 R6.0;						
N170	G01 Y0;						
N220	G03 X-11.5 Y5.5 R5.5;						
N230	G01 G40 Y0;						
N240	M99;						

表 6-4　O0502 数控加工程序单　　编号：6.2

零件名称	配合件件 2	零件图号	6-2b	工序卡编号	6.2	编程员	
程序段号	指令码			备注			
主程序 O0502;							
N10	G90 G54 G00 X-40.0 Y16.0　T01			ϕ20mm 立铣刀,移动至下刀点			
N20	S600 M03;			起动主轴			
N30	G43 Z50.0 H01;			设置刀具长度补偿			
N40	Z5.0;			下刀至安全高度			
N50	G01 Z0 F60;			铣削工件上表面			
N60	X25.0;						
N70	Y0;						
N80	X-25;						
N90	Y-16;						
N100	X35.0						
N110	G00 G91 G28 Y0 Z0;						
N120	M05;						
N130	M00;			换 ϕ20mm 立铣刀,铣削 34mm×34mm 的凸台			
N140	G90 G54 G00 X0 Y-37.0;			移动至下刀点			
N150	S600 M03;			起动主轴			
N160	G43 Z50.0 H03;			设置刀具长度补偿			
N170	Z5.0;			快速移动到安全高度			
N220	G01 Z-4.8 F150;			Z 向留 0.2mm 余量			
N230	D01 M98 P3000;			调用子程序,粗加工 34mm×34mm 的凸台(D01=10.2mm)			
N240	G00 Z50.0 ;			抬刀至 Z50.0			
N250	M01;			暂停,测量工件			
N260	Z5.0;			快速下刀至安全高度			

（续）

<table>
<tr><td>零件名称</td><td>配合件件2</td><td>零件图号</td><td>6-2b</td><td>工序卡编号</td><td>6.2</td><td>编程员</td><td></td></tr>
<tr><td>程序段号</td><td colspan="3">指令码</td><td colspan="4">备注</td></tr>
<tr><td colspan="8">主程序 O0502；</td></tr>
<tr><td>N270</td><td colspan="3">G01 Z-5.0 F150；</td><td colspan="4">下刀</td></tr>
<tr><td>N280</td><td colspan="3">D02 M98 P3000；</td><td colspan="4" rowspan="2">调用子程序，精加工 34mm×34mm 的凸台（D02=10mm）</td></tr>
<tr><td>N290</td><td colspan="3">G00 G91 G28 Y0 Z0；</td></tr>
<tr><td>N300</td><td colspan="3">M00；</td><td colspan="4">换 ϕ10mm 立铣刀，铣削 12mm 槽</td></tr>
<tr><td>N310</td><td colspan="3">G90 G54 G00 X0 Y4.0 S600 M03 T03；</td><td colspan="4">移至下刀点</td></tr>
<tr><td>N320</td><td colspan="3">G43 Z50.0 H04；</td><td colspan="4">设置刀具长度补偿</td></tr>
<tr><td>N330</td><td colspan="3">Z5.0；</td><td colspan="4">快速下刀至安全高度</td></tr>
<tr><td>N340</td><td colspan="3">G01 Z0.1 F50；</td><td colspan="4" rowspan="6">斜插式下刀，Z 向留 0.1mm 余量</td></tr>
<tr><td>N350</td><td colspan="3">Z-0.9 Y-4.0；</td></tr>
<tr><td>N360</td><td colspan="3">Z-1.9 Y4.0；</td></tr>
<tr><td>N370</td><td colspan="3">Z-2.9 Y-4.0；</td></tr>
<tr><td>N380</td><td colspan="3">Z-3.9 Y4.0；</td></tr>
<tr><td>N390</td><td colspan="3">Z-4.9 Y-4.0；</td></tr>
<tr><td>N400</td><td colspan="3">D03 M98 P4000；</td><td colspan="4">调用子程序，粗加工凹槽（D03=5.1mm）</td></tr>
<tr><td>N410</td><td colspan="3">G00 Z50.0 ；</td><td colspan="4">抬刀至 Z50.0</td></tr>
<tr><td>N420</td><td colspan="3">M01；</td><td colspan="4">测量工件</td></tr>
<tr><td>N430</td><td colspan="3">Z5.0；</td><td colspan="4">下刀至安全高度</td></tr>
<tr><td>N440</td><td colspan="3">G01 Z-5.0 F50；</td><td colspan="4">下刀至 Z-5.0</td></tr>
<tr><td>N450</td><td colspan="3">D04 M98 P4000；（D07=5.0）</td><td colspan="4" rowspan="2">调用子程序，精加工凹槽（D04=5.1mm）
Z 向回参考点</td></tr>
<tr><td>N460</td><td colspan="3">G91 G28 Y0 Z0 ；</td></tr>
<tr><td>N470</td><td colspan="3">M30；</td><td colspan="4">程序结束</td></tr>
<tr><td colspan="8">子程序 O3000；（铣 34mm×34mm 的凸台）</td></tr>
<tr><td>N10</td><td colspan="3">G41 G01 X20.0 F50；</td><td colspan="4">设置刀补</td></tr>
<tr><td>N20</td><td colspan="3">G03 X0 Y-17.0 R20.0；</td><td colspan="4">圆弧切入</td></tr>
<tr><td>N30</td><td colspan="3">G01 X-11.0（铣凸台）</td><td colspan="4" rowspan="10">铣削凸台</td></tr>
<tr><td>N40</td><td colspan="3">G02 X-17.0 Y-11.0 R6.0；</td></tr>
<tr><td>N50</td><td colspan="3">G01 Y11.0；</td></tr>
<tr><td>N60</td><td colspan="3">G02 X-11.0 Y17.0 R6.0；</td></tr>
<tr><td>N70</td><td colspan="3">G01 X11.0；</td></tr>
<tr><td>N80</td><td colspan="3">G02 X17.0 Y11.0 R6.0；</td></tr>
<tr><td>N90</td><td colspan="3">G01Y-11.0；</td></tr>
<tr><td>N100</td><td colspan="3">G02 X11.0 Y-17.0 R6.0；</td></tr>
<tr><td>N110</td><td colspan="3">G01 X0；</td></tr>
<tr><td>N120</td><td colspan="3">G03 X-20.0 Y-37.0 R20.0</td></tr>
</table>

（续）

零件名称	配合件件2	零件图号	6-2b	工序卡编号	6.2	编程员	
程序段号	指令码			备注			
子程序 O3000；（铣 34mm×34mm 的凸台）							
N130	G00 G40 X0；			铣削凸台			
N140	M99；						
子程序 O4000；（铣 12mm 槽）							
N10	G41 G01 Y6.0 F50；			设置刀补			
N20	G03 X-6.0 Y0 R6.0；			圆弧切入			
N30	G01 Y-4.0；			铣削 12mm 凹槽			
N40	G03 X6.0Y-4.0 I6.0 J0；						
N50	G01Y4.0；						
N60	G03X-6.0 Y4.0 I-6.0 J0；						
N70	G01 Y0；						
N80	G03 X0 Y-6.0 R6.0；						
N90	G40 G01 Y0；						
N100	M99；						

4. 零件加工

1）开机，回参考点。

2）调校自定心卡盘并固定。

3）正确安装毛坯和刀具。

4）对刀，设置工件坐标系 G54 原点和刀具长度补偿参数 H01、H02、H03、H04。

5）输入程序。

6）模拟加工。

7）自动加工（单段运行）。

8）检测零件。

任务实施

1. 实训目的

1）合理拟订工艺方案并编程。

2）熟练进行机用虎钳的校正、工件和刀具的装卸。

3）熟练设置工件坐标系原点偏置参数。

4）熟练设置和调整刀具长度补偿参数。

5）熟练操作数控铣床完成零件的加工。

2. 实训内容

完成图 6-1 所示配合件的编程与加工。

3. 实训要求

1）仔细分析零件图样，明确图样的加工要求。

2）合理选用切削用量，拟订加工工艺，选择加工刀具。

3）正确找正机用虎钳，安装工件和刀具。

4）手工对刀操作，将工件坐标系原点偏置参数和刀具长度补偿参数录入机床。

5）手工编程，模拟并铣削加工零件。

6）讨论分析零件的加工质量，对不足之处提出改进意见。

4. 实训时间

每组 5 小时。

任务拓展

加工图 6-3 所示配合零件。材料为 45 钢，件 1 毛坯为 200mm×200mm×30mm，件 2 毛坯尺寸为 200mm×200mm×25mm。

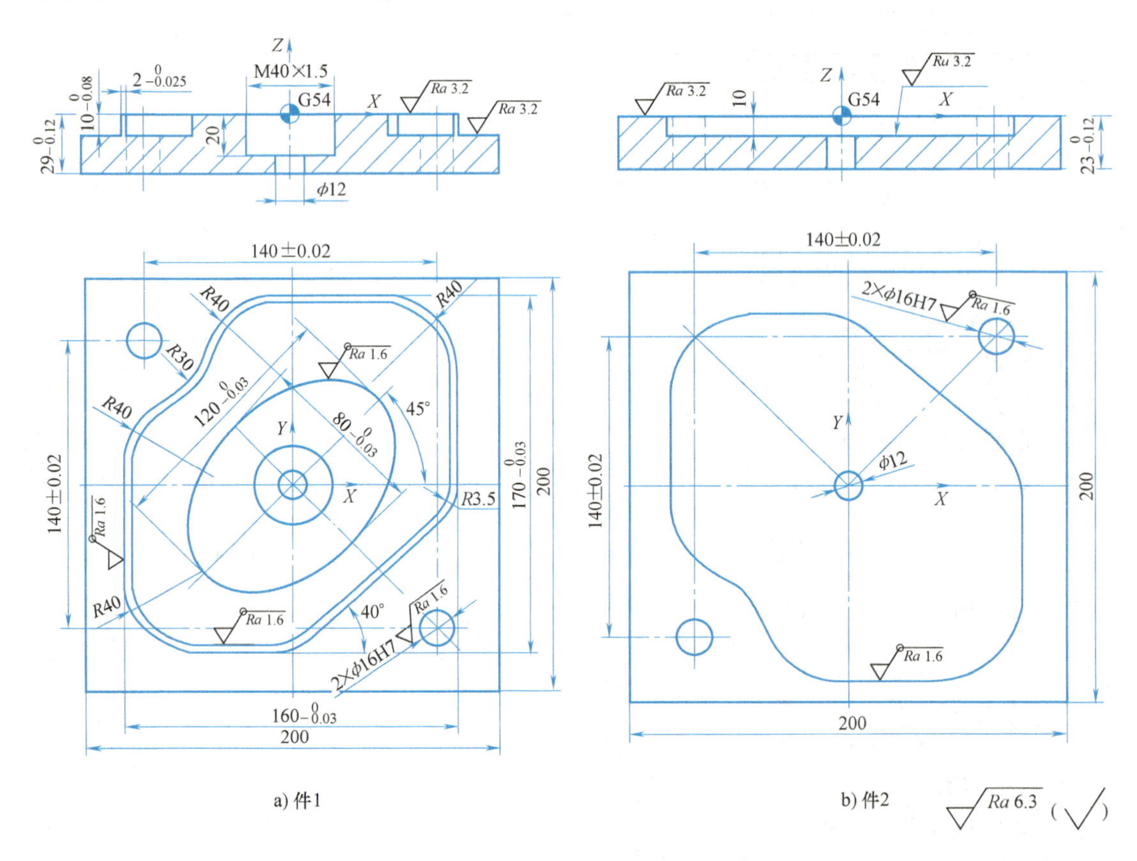

图 6-3　拓展加工零件

项目7

模板数控铣削的编程与加工

学习目标

1. 学会分析复杂零件的加工工艺，合理选用刀具和切削用量。
2. 综合运用编程基本知识编制较复杂零件的加工程序。

任务布置

如图 7-1 所示的模板零件，毛坯尺寸为 64mm×64mm×10mm，材料为 45 钢，外形已经加工到尺寸。完成该零件的加工工艺分析、程序编制和铣削加工。

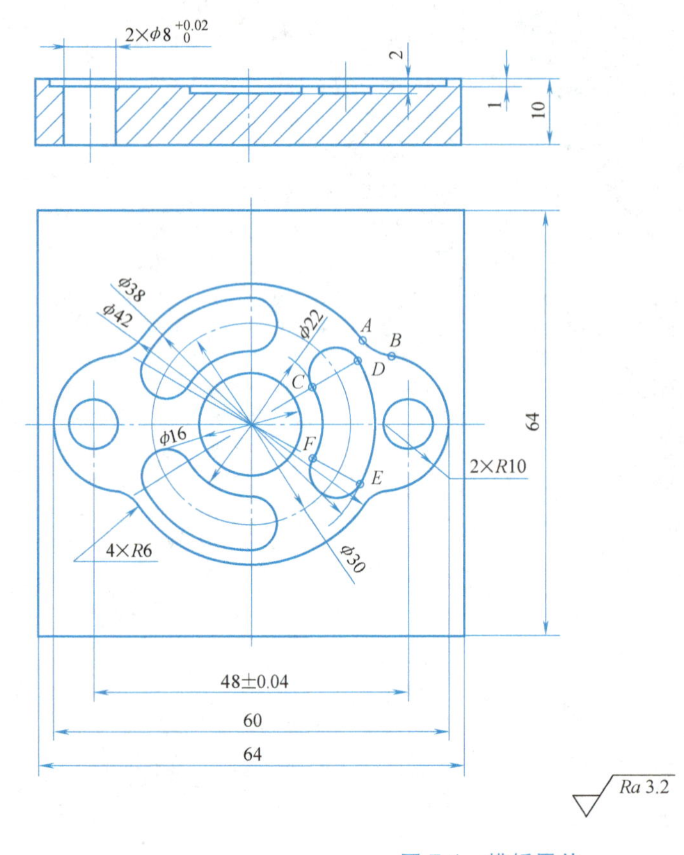

图 7-1 模板零件

任务分析

本任务要求学生在熟练操作数控铣床，掌握系统常用指令使用方法的基础上，综合运用各种铣削加工方法和指令，完成较复杂零件的编程与加工。

本任务中，零件毛坯尺寸为 64mm×64mm×10mm，材料为 45 钢，外形尺寸已经加工到位。加工内容有：

1）两个 R10mm 圆弧和两个 R21mm 圆弧由四个 R6mm 圆弧连接组成的型腔，深度为 1mm；

2）三个均布于 ϕ30mm 圆上、宽度为 8mm 的腰形槽，深度为 2mm；

3）一个直径为 $\phi16$mm、深为 2mm 的圆形型腔；

4）两个直径为 $\phi8^{+0.02}_{0}$mm 的通孔。所有加工表面粗糙度值要求为 $Ra3.2\mu m$。

案例体验

加工如图 7-2 所示的模板零件，工件材料为 45 钢，外形已经加工到尺寸。完成该零件的加工工艺分析、程序编制和铣削加工。

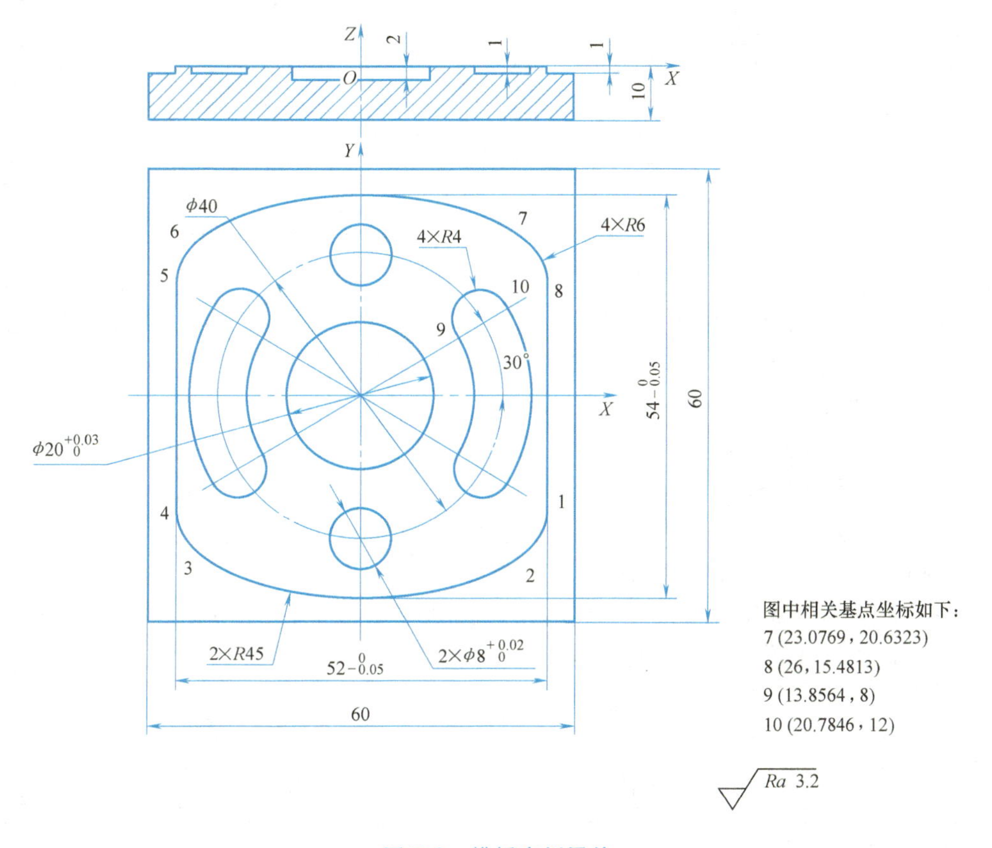

图 7-2 模板案例零件

1. 案例分析

（1）图样分析 如图 7-2 所示，该零件毛坯尺寸为 60mm×60mm×10mm，材料为 45 钢，外形尺寸已经加工到位。加工内容有：一个由两个 $R45$mm 的圆弧、四个 $R6$mm 圆弧及两段直线组成（外形尺寸为 $52^{0}_{-0.05}$mm×$54^{0}_{-0.05}$mm）、深度为 1mm 的台阶；两个水平布置于 $\phi40$mm 圆上、宽度为 8mm、深度为 1mm 的腰形槽；一个直径为 $\phi20^{+0.03}_{0}$mm、深度为 2mm 的圆形型腔；两个直径为 $\phi8^{+0.02}_{0}$mm 的通孔。全部表面粗糙度值为 $Ra3.2\mu m$。

（2）工艺分析 该零件结构简单，轮廓清晰。按照先面后孔、先外后内、自上而下、先粗后精的工艺安排原则，兼顾换刀次数少，走刀路线短等提高工作效率的方法，确定加工顺序为：凸台→型腔→腰形槽→通孔。

1）准备毛坯。毛坯材料为 45 钢。所有外表面已经加工完毕，且形状相对简单、规则，可直接用机用虎钳在数控铣床（或加工中心）上找正并夹紧。

2）选择刀具。该工件为钢件，宜采用硬质合金涂层刀具。数控加工刀具卡见表 7-1。

表 7-1　数控加工刀具卡　　编号：7.2

零件名称	模板案例零件		零件图号	7-2	工序卡编号	7.2	工艺员
工步编号	刀具编号	刀具规格和名称	刀具长度补偿号	刀具半径补偿		加工内容	备注
				补偿号	补偿值		
1	T01	ϕ12mm 键槽铣刀	H01	D01			
2	T02	ϕ6mm 键槽铣刀	H02	D02			
3	T03	ϕ7.8mm 麻花钻	H03				
4	T04	ϕ8H8(mm) 铰刀	H04				
5	T05	ϕ20mm 精镗刀	H05				

3）选择切削用量。切削用量包括切削速度、进给量和切削深度。在数控铣削编程时，首先要结合工艺方案选择主轴转速和进给量，方法与在普通机床上加工时相似，可通过计算或查《金属切削工艺手册》得到，也可根据经验数据给定。

本案例中，所有轮廓表面粗糙度值为 $Ra3.2\mu m$。

铣台阶选用 ϕ12mm 的键槽铣刀或立铣刀，主轴转速 1000r/min，进给速度 100mm/mim。

铣腰形槽选用 ϕ6mm 的键槽铣刀，主轴转速 1500r/min，进给速度 100mm/mim。

粗铣圆形型腔选用 ϕ12mm 的键槽铣刀，主轴转速 1000r/min，进给速度 100mm/mim。

2×ϕ8mm 的孔采用先钻后铰的方法，在 MDI 方式下进行。

精镗 ϕ20mm 的孔选用 ϕ20mm 的精镗刀，主轴转速 1800r/min，进给速度 150mm/mim。

4）填写数控加工工序卡。本案例零件数控加工工序卡见表 7-2。

表 7-2　数控加工工序卡　　编号：7.2

零件名称		模板案例零件		零件图号	7-2		工序名称		平面轮廓加工	
零件材料		45 钢		材料硬度			使用设备		HASS TM-1 系统数控铣床	
使用夹具		机用虎钳		装夹方法						
程序号		O7001		日期	年　月　日			工艺员		
刀具选用及切削参数选择表										
工步编号	工步内容	刀具号	刀具偏置/补偿号		刀具规格	主轴转速/(r/min)	进给速度/(mm/mim)	切削深度(背吃刀量)/mm	加工余量/mm	备注
1	铣台阶	T01	H01	D01	ϕ12mm	1000	100	1	0.2	
2	铣腰形槽	T02	H02	D02	ϕ6mm	1500	100	1	0.2	
3	钻孔	T03	H03		ϕ7.8mm	800	200	3.9	0	
4	铰孔	T04	H04		ϕ8H8(mm)	150	300	4	0	
5	粗铣 ϕ20mm 型腔	T01	H01	D01	ϕ12mm	1000	100	2	0.5	
6	精铣 ϕ20mm 型腔	T05	H05		ϕ20mm	1800	150	0.5	0	

2. 编制程序

（1）工件坐标系原点的选择　设定工件坐标原点 *O* 为毛坯上表面中心点处。按要求测量各刀具的长度补偿值并设置到刀具补偿参数中（对应刀具长度补偿号码为 H）。

（2）数学处理　各个刀位点的（*X*，*Y*）坐标在图样中已经给出。

（3）加工轨迹　外轮廓加工轨迹按 1 点→2 点→3 点→4 点→5 点→6 点→7 点→8 点→1 点的轨迹完成。

（4）编制加工程序　根据拟订的工艺方案编制加工程序（手工编制）。数控加工程序单见表 7-3。

表 7-3　O7001 数控加工程序单　　编号：7.2

零件名称	模板案例零件	零件图号	7-2	工序卡编号	7.2	编程员	
程序段号	指令码			备注			
N10	G54 G90 G00 X40.0 Y0.0 S1000 M03;			设置 G54 工件坐标系，主轴正转 1000r/min，刀具快速移动到点(40,0)上方			
N20	G43 H01 Z50.0;			快速下刀至 Z50.0 调用 H01 刀具长度补偿值			
N30	G00 Z2.0 M08;			快速下刀至 Z2.0，打开切削液			
N40	G1 Z-1.0 F300;			下刀，铣削凸台			
N50	G41 X26.0 Y-15.4813 D1 F100;			执行左刀补，运动到 1 点			
N60	G2 X23.0769 Y-20.6323 R6.0;			圆弧插补到 2 点			
N70	X-23.0769 R45.0 ;			圆弧插补到 3 点			
N80	X-26.0 Y-15.4813 R6.0;			圆弧插补到 4 点			
N90	G1 Y15.4813;			直线插补到 5 点			
N100	G2 X-23.0769 Y20.6323 R6.0;			圆弧插补到 6 点			
N110	X23.0769 R45;			圆弧插补到 7 点			
N120	X26.0 Y15.4813 R6.0;			圆弧插补到 8 点			
N130	G1 Y-15.4813;			直线插补到 1 点			
N140	G00 Z50.0;			抬刀			
N150	G40 X0 Y0;			取消刀补，刀具定位			
N160	G1 Z-2.0 F30;			下刀，粗铣 ϕ20mm 的型腔			
N170	X-3.5 F100;						
N180	G2 I-3.5 J0;						
N190	G0 Z50.0;						
N200	X0 Y0;						
N210	G98 Z0;			*Z* 轴回参考点			
N220	T02;			换 2 号刀(ϕ6mm 铣刀)			
N230	M03 S1500;						
N240	G43 H02 Z50.0;			执行 2 号长度补偿			
N250	G00 Z2.0 M08;						
N260	G41 G1 X22.0 Y13.0 D2 F300;			左刀补，铣削右边腰形槽			

（续）

零件名称	模板案例零件	零件图号	7-2	工序卡编号	7.2	编程员	
程序段号	指令码			备注			
N270	X20.7846 Y12.0;			定位到点 10			
N280	Z-1.0 F50;			下刀			
N290	G2 Y-12.0 R24.0 F100;						
N300	X13.8564 Y-8.0 R4.0;						
N310	G3 Y8.0 R16.0;						
N320	G2 X20.7846 Y12.0 R4.0;						
N330	G0 Z50.0;			抬刀			
N340	X-13.8564 Y8.0;			定位，铣削左边腰形槽			
N350	Z2.0;			快速下刀			
N360	G1 Z-1.0 F50;			慢速下刀			
N370	G3 Y-8.0 R16.0 F100;						
N380	G2 X-20.7846 Y-12.0 R4.0;						
N390	Y12.0 R24.0;						
N400	X-13.8564 Y8.0 R4.0;						
N410	G0 Z50.0;			抬刀			
N420	G40 X0 Y0;			取消半径补偿			
N430	Z2.0;						
N440	G98 Z0;						
N450	M05 M9;			主轴停，关闭切削液			
N460	M30;						

注：钻孔，铰孔，精铣 ϕ20mm 型腔在 MDI 方式下完成。

3. 零件加工

1）开机，回参考点。

2）调校机用虎钳钳口方向与机床 X 轴平行，控制误差在±0.01mm 以内，并固定机用虎钳。

3）正确安装毛坯和刀具。

4）对刀，设置工件坐标系原点 G54 和刀具偏置参数 H01～H05 和刀具半径补偿参数 D01～D05。

5）输入程序。

6）模拟加工。

7）自动加工（单段运行）。

8）检测零件。

相关知识

截至 2017 年 6 月，人力资源和社会保障部对国家职业资格进行了整合，把车工、数控车工、铣工、数控铣工以及加工中心操作工整合为铣工和车工，虽然取消了数控车工、数控铣工以及加工中心操作工这些职业资格，但相应的数控内容在车工和铣工中都有要求，本书只对数控铣工的要求加以说明。

数控铣工（中级）的基本要求

1. 职业道德

1.1 职业道德基本知识内容

1）遵守国家法律、法规和有关规定；

2）具有高度的责任心、爱岗敬业、团结合作；

3）严格执行相关标准、工作程序与规范、工艺文件和安全操作规程；

4）学习新知识新技能、勇于开拓和创新；

5）爱护设备、系统及工具、夹具、量具；

6）着装整洁，符合规定；保持工作环境清洁有序，文明生产。

1.2 基础知识

1.2.1 基础理论知识

1）机械制图；

2）工程材料及金属热处理知识；

3）机电控制知识；

4）计算机基础知识；

5）专业英语基础。

1.2.2 机械加工基础知识

1）机械原理；

2）常用设备知识（分类、用途、基本结构及维护保养方法）；

3）常用金属切削刀具知识；

4）典型零件加工工艺知识；

5）设备润滑和切削液的使用方法；

6）工具、夹具、量具的使用与维护知识；

7）铣工、镗工基本操作知识。

1.2.3 安全文明生产与环境保护知识

1）安全操作与劳动保护知识；

2）文明生产知识；

3）环境保护知识。

1.2.4 质量管理知识

1）企业的质量方针；

2）岗位质量要求；

3）岗位质量保证措施与责任。

1.2.5 相关法律、法规知识

1）劳动法的相关知识；

2）环境保护法的相关知识；

3）知识产权保护法的相关知识。

2. 工作要求

2.1 加工准备

2.1.1 读图与绘图

(1) 技能要求

1) 能读懂中等复杂程度(如凸轮、壳体、板状、支架)的零件图;

2) 能绘制有沟槽、台阶、斜面、曲面的简单零件图;

3) 能读懂分度头尾座、弹簧夹头套筒、可转位铣刀结构等简单机构的装配图。

(2) 相关知识

1) 简单零件图的画法;

2) 零件三视图、局部视图和剖视图的画法;

3) 复杂零件的表达方法。

2.1.2 制订加工工艺

(1) 技能要求

1) 能读懂复杂零件的铣削加工工艺文件;

2) 能编制由直线、圆弧等构成的二维轮廓零件的铣削加工工艺文件。

(2) 相关知识

1) 数控加工工艺知识;

2) 数控加工工艺文件的制定方法。

2.1.3 零件定位与装夹

(1) 技能要求

1) 能使用铣削加工常用夹具(如压板、机用虎钳等)装夹零件;

2) 能够选择定位基准,并找正零件。

(2) 相关知识

1) 常用夹具的使用方法;

2) 定位与夹紧的原理和方法;

3) 零件找正的方法。

2.1.4 刀具准备

(1) 技能要求

1) 能够根据数控加工工艺文件,选择、安装和调整数控铣床常用刀具;

2) 能根据数控铣床特性、零件材料、加工精度、工作效率等选择刀具和刀具几何参数,并确定数控加工需要的切削参数和切削用量;

3) 能够利用数控铣床的功能,借助通用量具或对刀仪测量刀具的半径及长度;

4) 能选择、安装和使用刀柄;

5) 能够刃磨常用刀具。

(2) 相关知识

1) 金属切削与刀具磨损知识;

2) 数控铣床常用刀具的种类、结构、材料和特点;

3) 数控铣床、零件材料、加工精度和工作效率对刀具的要求;

4) 刀具长度补偿、半径补偿等刀具参数的设置知识;

5) 刀柄的分类和使用方法;

6）刀具刃磨的方法。

2.2　数控编程

2.2.1　手工编程

（1）技能要求

1）能编制由直线、圆弧组成的二维轮廓数控加工程序；

2）能够运用固定循环、子程序进行零件的加工程序编制。

（2）相关知识

1）数控编程知识；

2）直线插补和圆弧插补的原理；

3）基点的计算方法。

2.2.2　计算机辅助编程

（1）技能要求

1）能够使用 CAD/CAM 软件绘制简单零件图；

2）能够利用 CAD/CAM 软件完成简单平面轮廓的铣削程序。

（2）相关知识

1）CAD/CAM 软件的使用方法；

2）平面轮廓的绘图与加工代码生成方法。

2.3　数控铣床操作

2.3.1　操作面板

（1）技能要求

1）能够按照操作规程起动及停止机床；

2）能使用操作面板上的常用功能键（如回零、手动、MDI、修调等）。

（2）相关知识

1）数控铣床操作说明书；

2）数控铣床操作面板的使用方法。

2.3.2　程序输入与编辑

（1）技能要求

1）能够通过各种途径（如 DNC、网络）输入加工程序；

2）能够通过操作面板输入和编辑加工程序。

（2）相关知识

1）数控加工程序的输入方法；

2）数控加工程序的编辑方法。

2.3.3　对刀

（1）技能要求

1）能进行对刀并确定相关坐标系；

2）能设置刀具参数。

（2）相关知识

1）对刀的方法 、坐标系的知识；

2）建立刀具参数表或文件的方法。

2.3.4 程序调试与运行

(1) 技能要求 能够进行程序检验、单步执行、空运行并完成零件试切。

(2) 相关知识 程序调试的方法。

2.3.5 参数设置

(1) 技能要求 能够通过操作面板输入有关参数。

(2) 相关知识 数控系统中相关参数的输入方法。

2.4 零件加工

2.4.1 平面加工

(1) 技能要求 能够运用数控加工程序进行平面、垂直面、斜面、阶梯面等的铣削加工，并达到如下要求：

1) 尺寸公差等级达 IT7 级；

2) 几何公差等级达 8 级；

3) 表面粗糙度值达 *Ra*3.2μm。

(2) 相关知识 平面铣削的基本知识、刀具端刃的切削特点。

2.4.2 轮廓加工

(1) 技能要求 能够运用数控加工程序进行由直线、圆弧组成的平面轮廓的铣削加工，并达到如下要求：

1) 尺寸公差等级达 IT8 级；

2) 几何公差等级达 8 级；

3) 表面粗糙度值达 *Ra*3.2μm 。

(2) 相关知识 平面轮廓铣削的基本知识、刀具侧刃的切削特点。

2.4.3 曲面加工

(1) 技能要求 能够运用数控加工程序进行圆锥面、圆柱面等简单曲面的铣削加工，并达到如下要求：

1) 尺寸公差等级达 IT8 级；

2) 几何公差等级达 8 级；

3) 表面粗糙度值达 *Ra*3.2μm。

(2) 相关知识

1) 曲面铣削的基本知识；

2) 球头立铣具的切削特点。

2.4.4 孔类加工

(1) 技能要求 能够运用数控加工程序进行孔加工，并达到如下要求：

1) 尺寸公差等级达 IT7 级；

2) 几何公差等级达 8 级；

3) 表面粗糙度值达 *Ra*3.2μm。

(2) 相关知识 麻花钻、扩孔钻、丝锥、镗刀及铰刀的加工方法。

2.4.5 槽类加工

(1) 技能要求 能够运用数控加工程序进行槽、键槽的加工，并达到如下要求：

1) 尺寸公差等级达 IT8；

2）几何公差等级达 8 级；

3）表面粗糙度值达 $Ra3.2\mu m$。

（2）相关知识　槽、键槽的加工方法。

2.4.6　精度检验

（1）技能要求　能够使用常用量具进行零件的精度检验。

（2）相关知识　常用量具的使用方法，零件精度检验及测量方法。

2.5　维护与故障诊断

2.5.1　机床日常维护

（1）技能要求　能够根据说明书完成数控铣床的定期及不定期维护保养，包括：机械、电气、气压、液压、数控系统的检查和日常保养等。

（2）相关知识

1）数控铣床说明书；

2）数控铣床日常保养方法；

3）数控铣床操作规程；

4）数控系统（进口、国产数控系统）说明书。

2.5.2　机床故障诊断

（1）技能要求　能读懂数控系统的报警信息，能发现数控铣床的一般故障。

（2）相关知识　数控系统的报警信息，机床的故障诊断方法。

2.5.3　机床精度检查

（1）技能要求　能进行机床水平的检查。

（2）相关知识　水平仪的使用方法、机床垫铁的调整方法。

任务实施

1. 任务实施内容

完成图 7-1 所示任务零件的加工。填写数控加工刀具卡和数控加工工序卡，编写该零件的加工程序并在数控铣床上完成零件加工。

2. 上机实训时间

每组 3 小时。

3. 实训报告

1）填写零件的数控加工刀具卡、数控加工工序卡和数控加工程序单。

2）总结本次加工的经验与不足。

补充知识

数控铣工/加工中心操作工（中级、高级）理论题样题

一、单项选择题

1. 关于麻花钻，错误的描述是（　　）。

A. 直径大于 20mm 时，刀柄一般做成莫氏锥柄

B. 标准麻花钻的顶角为 118°

C. 为了保证钻孔时钻头的定心作用，应修磨麻花钻的横刃

D. 麻花钻适宜用硬质合金材料制造

2. 下列刀具材料中，适宜制作形状复杂机动刀具的材料是（　　）。

A. 合金工具钢　　B. 高速工具钢　　C. 硬质合金　　D. 人造聚晶金刚石

3. YT15 硬质合金，其中数字表示（　　）含量的质量分数。

A. 碳化钨　　B. 钴　　C. 钛　　D. 碳化钛

4. 刀具磨钝标准通常按照（　　）的磨损值制订标准。

A. 前面　　B. 后面　　C. 前角　　D. 后角

5. 关于 CVD 涂层，（　　）描述是不正确的。

A. CVD 表示化学气相沉积

B. CVD 是在 700~1050℃ 高温的环境下通过化学反应获得的

C. CVD 涂层具有高耐磨性

D. CVD 对高速工具钢有极强的黏附性

6. 下面情况下，对铣刀前角的选择错误的是（　　）。

A. 加工脆性材料时，切削力集中在刃口处，为防止崩刃，通常选取大的负前角

B. 切削塑性材料通常选择较大的前角

C. 切削塑料较切削 20 钢应选择更大的前角

D. 精加工适当增大前角有利于提高加工表面质量

7. 面铣刀（　　）的主要作用是减小副切削刃与已加工表面的摩擦，其大小将影响副切削刃对已加工表面的修光作用。

A. 前角　　B. 后角　　C. 主偏角　　D. 副偏角

8. 铣削薄壁零件的面铣刀的主偏角应选（　　）。

A. 45°　　B. 60°　　C. 75°　　D. 90°

9. 采用金刚石涂层的刀具不能加工（　　）零件。

A. 钛合金　　B. 黄铜　　C. 铝合金　　D. 碳素钢

10. 数控刀具的特点是（　　）。

A. 刀柄及刀具切入的位置和方向的要求不高

B. 刀片和刀柄高度的通用化、规则化和系列化

C. 整个数控工具系统自动换刀系统的优化程度不高

D. 对刀具柄的转位、装拆和重复精度的要求不高

11. 铣削平面宽度为 80mm 的工件，可选用（　　）mm 的铣刀。

A. ϕ20　　B. ϕ50　　C. ϕ90　　D. ϕ120

12. 在加工表面、刀具都不变的情况下，所连续完成的那部分工艺过程称为（　　）。

A. 工步　　B. 工序　　C. 工位　　D. 进给

13. 一般情况下，单件小批生产模具零件的工序安排多为（　　）。

A. 工序分散　　B. 工序集中　　C. 集散兼有　　D. 因地制宜

14. 加工中心带有刀库和自动换刀装置，能自动更换刀具对工件进行（　　）加工。

A. 多工序　　B. 单工序　　C. 多工艺　　D. 单工艺

15. 在以下工序顺序安排中，（　　）不是合理的安排。

A. 上道工序的加工不影响下道工序的定位与夹紧

B. 先进行外形加工工序，后进行内型腔加工工序

C. 以相同定位、夹紧方式或同一把刀具加工的工序，最好连续进行

D. 在同一次装夹中进行的多道工序，应先安排对工件刚性破坏较小的工序

16. 选择定位基准时，应尽量与工件的（　　）一致。

A. 工艺基准　　B. 测量基准　　C. 起始基准　　D. 设计基准

17. 关于粗基准的选择和使用，以下叙述不正确的是（　　）。

A. 选工件上不需加工的表面作粗基准

B. 粗基准只能用一次

C. 当工件表面均需加工，应选加工余量最大的坯料表面作粗基准

D. 当工件所有表面都要加工，应选用加工余量最小的毛坯表面作粗基准

18. 尺寸链中，当其他尺寸确定后，新产生的一个环是（　　）。

A. 增环　　B. 减环　　C. 增环或减环　　D. 封闭环

19. 以下铣削加工中，（　　）是不正确的。

A. ϕ100mm 的孔，常采用的加工方法是镗孔

B. 高精度孔粗镗后，待工件上的切削热达到热平衡后再进行精镗

C. 加工内轮廓时，铣刀半径应小于或等于零件凹形轮廓处的最小曲率半径

D. 加工孔系时，为了提高效率，要以最短的刀具路径安排孔的加工顺序

20. 铣螺旋槽时，必须使工件做等速转动的同时，再做（　　）移动。

A. 匀速直线　　B. 变速直线　　C. 匀速曲线　　D. 变速曲线

21. 在铣削铸铁等脆性金属时，一般（　　）。

A. 加以冷却为主的切削液　　B. 加以润滑为主的切削液

C. 不加切削液　　D. 压缩空气冷却

22. 在切削加工过程中为提高工件表面质量，精加工时应选用（　　）进行冷却。

A. 切削油　　B. 水溶液　　C. 乳化液　　D. 煤油

23. 用硬质合金铣刀切削难加工材料，通常可采用（　　）。

A. 水溶性切削液　　B. 大黏度的切削液　　C. 煤油　　D. 油类极压切削液

24. 用压缩空气把小油滴送进轴承空隙中以达到冷却润滑的目的润滑方式称为（　　）。

A. 油气润滑方式　　B. 喷注润滑方式

C. 突入滚道式润滑方式　　D. 回流润滑方式

25. 使用切削液的费用占总成本制造的（　　）。

A. 10%~17%　　B. 7%~10%　　C. 5%~7%　　D. 3%~5%

26. 在高强度材料上钻孔时，可采用（　　）为切削液。

A. 乳化液　　B. 水　　C. 煤油　　D. 硫化切削油

27. 铣削曲面时，（　　）是不合适的。

A. 在保证不过切的前提下，用平头铣刀进行粗加工，提高效率

B. 用球头立铣刀最适合对较平缓的曲面进行精加工

C. 进行曲面精加工时，最合理的方案是球头立铣刀环切法

D. 多轴加工中，球头立铣刀倾斜切削可以提高切削效率及提高曲面的表面质量

28. 铣削比较平缓的曲面时，表面粗糙度的质量不会很高。这是因为（　　）而造

成的。

A. 行距不够密　　B. 步距太小

C. 球头立铣刀切削刃不太锋利　　D. 球头立铣刀尖部的切削速度几乎为零

29. 在铣削一个凹槽的拐角时，很容易产生过切。为避免这种现象的产生，通常采用的措施是（　　）。

A. 降低进给速度　　B. 提高主轴转速　　C. 提高进给速度　　D. 提高刀具的刚性

30. 数控铣床的基本控制轴数是（　　）。

A. 单轴　　B. 二轴　　C. 三轴　　D. 四轴

31. 曲率变化不大，精度要求不高的曲面轮廓，宜采用（　　）。

A. 四轴联动加工　　B. 三轴联动加工　　C. 两轴半加工　　D. 两轴联动加工

32. 下面不属于数控系统 RS-232 接口波特率的是（　　）。

A. 1000　　B. 2400　　C. 19200　　D. 38400

33. 按（　　）键就可以自加工。

A. SINGLE+运行　　B. BLANK+运行　　C. AUTO+运行　　D. RUN+运行

34. 数控机床的切削液开关在 COOLANTON 位置时，是由（　　）控制切削液的开关。

A. 关闭　　B. 程序　　C. 手动　　D. M08

35. 关于 MACHINELOCK 键的功能，错误的描述是（　　）。

A. 锁定机床　　B. 用于试运行程序　　C. 锁定进给功能　　D. 坐标值显示不变

36. 数控零件加工程序的输入必须在（　　）工作方式下进行。

A. 手动方式　　B. 手动输入方式　　C. 自动方式　　D. 编辑方式

37. 通常 CNC 系统将零件加工程序输入后，存放在（　　）。

A. RAM 中　　B. ROM 中　　C. PROM 中　　D. EPROM 中

38. 数控机床在开机后，必须进行回零操作，使各坐标轴回到（　　）。

A. 机床参考点　　B. 编程原点　　C. 工件零点　　D. 机床原点

39. 在正确使用刀具半径补偿指令情况下，当所用刀具与理想刀具半径出现偏差时，可将偏差值输入到（　　）。

A. 长度补偿形状值　　B. 长度、半径磨损补偿值

C. 半径补偿形状值　　D. 半径补偿磨损值

40. 数控机床首件试切时应使用（　　）键。

A. 空运行　　B. 机床锁住　　C. 跳转　　D. 单段

41. 执行程序终了的单节 M02，再执行程序的操作方法为（　　）。

A. 按启动按钮　　B. 按紧急停止按钮，再按启动按钮

C. 按重置（RESET）按钮，再按启动按钮　D. 启动按钮连续按两次

42. 数控铣床执行自动（AUTO）操作时，程序中的 F 值，可配合下列旋钮（　　）进行调节。

A. FEED OVERRIDE　　B. RAPID OVERRIDE

C. LOAD　　D. SPINDLE OVERRIDE

43. 要使机床单步运行，在（　　）键按下时才有效。

A. DRN　　B. DNC　　C. SBK　　D. RESET

44. 自动加工过程中，程序暂停后继续加工，按下列（　　）键。

A. FEED HOLD　　B. CYCLE START　　C. AUTO　　D. RESET

45. 在 CRT/MDI 面板的功能键中，用于报警显示的键是（　　）。

A. DGNOS　　B. ALARM　　C. PARAM　　D. SYSTEM

46. 在机床执行自动方式下按进给暂停键，（　　）会立即停止，一般在编程出错或将要碰撞时按此键。

A. 计算机　　B. 控制系统　　C. 参数运算　　D. 进给运动

47. 数控系统“辅助功能锁住”常用于（　　）。

A. 梯形图运行　　B. 参数校验　　C. 程序编辑　　D. 程序校验

48. 数控机床的准停功能主要用于（　　）。

A. 换刀和加工中　　B. 退刀　　C. 换刀和让刀　　D. 测量工件时

49. 在数控程序传输参数中“9600 E 7 1”，分别代表（　　）。

A. 波特率、数据位、停止位、奇偶校验　　B. 数据位、停止位、波特率、奇偶校验

C. 波特率、奇偶校验、数据位、停止位　　D. 数据位、奇偶校验、波特率、停止位

50. 在程序运行过程中，如果按下进给保持按钮，运转的主轴将（　　）。

A. 停止运转　　B. 保持运转　　C. 重新启动　　D. 反向运转

51. 程序编制中首件试切的作用是（　　）。

A. 检验零件图样的正确性

B. 检验零件工艺方案的正确性

C. 检验程序的正确性，并检查是否满足加工精度要求

D. 检验数控程序的逻辑性

52. 根据切屑的粗细及材质情况，及时清除（　　）中的切屑，以防止切削液回路堵塞。

A. 开关和喷嘴　　B. 冷凝器及热交换器

C. 注油口和吸入阀　　D. 一级（或二级）过滤网及过滤罩

53. 数控机床如长期不用时最重要的日常维护工作是（　　）。

A. 清洁　　B. 干燥　　C. 通电　　D. 切断电源

54. 数控系统后备电池失效将导致（　　）。

A. 数控系统无显示　　B. 加工程序无法编辑

C. 全部参数丢失　　D. PLC 程序无法运行

55. 将电气设备的中性点接地的接地方式通常称为（　　）。

A. 工作接地　　B. 保护接地　　C. 工作接零　　D. 保护接零

56. 由直线和圆弧组成的平面轮廓，编程时数值计算的主要任务是求各（　　）坐标。

A. 节点　　B. 基点　　C. 交点　　D. 切点

57. 数控编程时，应首先设定（　　）。

A. 机床原点　　B. 机床参考点　　C. 机床坐标系　　D. 工件坐标系

58. （　　）是用来指定机床的运动形式的。

A. 辅助功能　　B. 准备功能　　C. 刀具功能　　D. 主轴功能

59. 圆弧的圆心位置以增量表示，下列指令正确的是（　　）。

A. G91 G02 X_ Y_　　B. G90 G02 X_ Y_

C. G02 X_ Y_ I_ J_　　D. G02 X_ Y_ R_

60. 当以脉冲当量作为编程单位时，执行指令“G01 U1000;”刀具移动（　　）mm。

A. 1　　B. 1000　　C. 0.001　　D. 0.1

61. 半径补偿仅能在规定的坐标平面内进行，使用平面选择指令 G18 可选择（　　）为补偿平面。

A. *XOY* 平面　　B. *ZOX* 平面　　C. *YOZ* 平面　　D. 任何平面

62. 刀具半径补偿功能为模态指令，数控系统初始状态是（　　）。

A. G41　　B. G42　　C. G40　　D. 由操作者指定

63. （　　）为刀具半径补偿撤销。使用该指令后，使刀具半径补偿指令无效。

A. G40　　B. G41　　C. G42　　D. G43

64. （　　）为左偏刀具半径补偿，是指沿着刀具运动方向向前看（假设工件不动），刀具位于零件左侧的刀具半径补偿。

A. G39　　B. G40　　C. G41　　D. G42

65. 数控系统准备功能中，正方向刀具长度补偿的指令是（　　）。

A. G41　　B. G42　　C. G43　　D. G44

66. 英制输入的指令是（　　）。

A. G20（FANUC 系统）/G70（西门子系统）

B. G21（FANUC 系统）/G71（西门子系统）

C. G32（FANUC 系统）/G33（西门子系统）

D. G98（FANUC 系统）/G94（西门子系统）

67. 在偏置值设置 G55 栏中的数值是（　　）。

A. 工件坐标系的原点相对机床坐标系原点偏移值

B. 刀具的长度偏差值

C. 工件坐标系的原点

D. 工件坐标系相对对刀点的偏移值

68. 程序段前加符号“/”表示（　　）。

A. 程序停止　　B. 程序暂停　　C. 程序跳跃　　D. 单段运行

69. 数控系统中，（　　）用于控制机床各种功能开关。

A. S 代码　　B. T 代码　　C. M 代码　　D. H 代码

70. 主程序结束，程序返回至开始状态，其指令为（　　）。

A. M00　　B. M02　　C. M05　　D. M30

71. 辅助功能 M03 代码表示（　　）。

A. 程序停止　　B. 切削液开

C. 主轴停止　　D. 主轴顺时针方向转动

72. 程序中的主轴功能，也称为（　　）。

A. G 指令　　B. M 指令　　C. T 指令　　D. S 指令

73. M06 表示（　　）。

A. 刀具锁紧状态指令　　B. 主轴定位指令

C. 换刀指令　　D. 刀具交换错误警示灯指令

74. T0305 中的前两位数字 03 的含义（　　）。

A. 刀具号　　B. 刀偏号　　C. 刀具长度补偿　　D. 刀补号

75. （　　）是为安全进刀切削而规定的一个平面。

A. 初始平面　　B. R 平面　　C. 孔底平面　　D. 零件表面

76. 进给功能又称（　　）功能。

A. F　　B. M　　C. S　　D. T

77. 辅助功能 M 可分为两类：控制机床动作和控制程序执行。下列各项 M 指令中，控制机床动作的是（　　）。

A. M00　　B. M01　　C. M02　　D. M03

78. （　　）指令是主程序结束指令。

A. M02　　B. M00　　C. M03　　D. M30

79. 批量加工过程中，若需检测工件或排屑，可用（　　）指令实现。

A. M01　　B. M00　　C. M02　　D. M04

80. M00 与 M01 最大的区别是（　　）。

A. M00 可用于计划停止，而 M01 不能

B. M01 可以使切削液停止，M00 不能

C. M01 要配合面板上的“选择停止”使用，而 M00 不用配合

D. M00 要配合面板上的“选择停止”使用，而 M01 不用配合

81. 数控铣床的孔加工固定循环功能，使用一个程序段就可以完成（　　）加工的全部动作。

A. 环形排列孔　　B. 矩形排列槽　　C. 线性排列孔　　D. 一个孔

82. 采用固定循环编程，可以（　　）。

A. 加快切削速度，提高加工质量　　B. 缩短程序的长度，减少程序所占内存

C. 减少换刀次数，提高切削速度　　D. 减少吃刀深度，保证加工质量

83. 关于固定循环编程，以下说法不正确的是（　　）。

A. 固定循环是预先设定好的一系列连续加工动作

B. 利用固定循环编程，可大大缩短程序的长度，减少程序所占内存

C. 利用固定循环编程，可以减少加工时的换刀次数，提高加工效率

D. 固定循环编程，可分为单一形状与多重（复合）固定循环两种类型

84. 在程序中同样轨迹的加工部分，只需制作一段程序，把它称为（　　），其余相同的加工部分通过调用该程序即可。

A. 循环程序　　B. 轨迹程序　　C. 代码程序　　D. 子程序

85. 在现代数控系统中都有子程序功能，并且子程序（　　）嵌套。

A. 只能有一层　　B. 可以有限层　　C. 可以无限层　　D. 不能

86. 用户宏程序就是（　　）。

A. 由准备功能指令编写的子程序，主程序需要时可使用调用子程序的方式随时调用

B. 使用宏指令编写的程序，程序中除使用常用准备功能指令外，还使用了用户宏指令实现变量运算、判断、转移等功能。

C. 工件加工源程序，通过数控装置运算、判断处理后，转变成工件的加工程序，由主程序随时调用。

D. 一种循环程序，可以反复使用许多次。

87. 关于宏程序的特点描述正确的是（　　）。

A. 提高加工质量　　B. 只适合于简单工件编程

C. 可用于加工不规则形状零件　　D. 无子程序调用语句

88. 宏程序的（　　）起到控制程序流向作用。

A. 控制指令　　B. 程序字　　C. 运算指令　　D. 赋值

89. 在沿 X 轴为常量的二次曲面铣削加工中，刀具半径补偿可以在（　　）工作平面内用“G41”或“G42”实现。

A. G17　　B. G18　　C. G19　　D. G17 或 G18

90. 加工 $\phi100^{+0.03}_{0}$mm 的孔，通常最后一道工序采用的加工方法是（　　）。

A. 钻孔　　B. 扩孔　　C. 镗孔　　D. 铰孔

二、判断题（以下说法正确的在括号中填“T”，错误的填“F”）

1. （　　）孔的形状精度主要有圆度和圆柱度。

2. （　　）表面粗糙度参数 Ra 值越大，表示表面粗糙度要求越高；Ra 值越小，表示表面粗糙度要求越低。

3. （　　）精加工时，使用切削液的目的是降低切削温度，起冷却作用。

4. （　　）指令“G02 X　Y　R;”不能用于编写整圆的插补程序。

5. （　　）所有的 F、S、T 代码均为模态代码。

6. （　　）在加工中心上，可以同时预置多个工件坐标系。

7. （　　）在 FANUC 系统中，指令“T0101;”和指令“T0201;”中，使用的刀具补偿值是同一刀补存储器中的补偿值。

8. （　　）手工编程比较适合批量较大、形状简单、计算方便、轮廓由直线或圆弧组成的零件的编程加工。

9. （　　）数控车床和数控铣床上，系统配备的固定循环功能主要用于孔加工。

10. （　　）用 G04 指令可达到减小加工表面粗糙度值的目的。

11. （　　）不同的数控机床可能选用不同的数控系统，但数控加工程序指令都是相同的。

12. （　　）顺时针圆弧插补（G02）和逆时针圆弧插补（G03）的判别方向是：沿着第三轴的坐标轴负方向向正方向看去，顺时针方向为 G02，逆时针方向为 G03。

13. （　　）M99 与 M30 指令的功能是一致的，它们都能使机床停止一切动作。

14. （　　）零件只要是对称几何形状的，均可采用镜像加工功能。

15. （　　）控制指令 IF［<条件表达式>］GOTO n 表示若条件成立，则转向段号为 n+2 的程序段。

16. （　　）后置处理的主要任务是把 CAM 软件前置处理生成的刀轨和工参信息文件，转换成特定机床控制器可接受的特定格式的数控代码文件——NC 程序。

17. （　　）AutoCAD 软件是一种较为常用的自动化编程软件。

18. （　　）编写曲面加工程序时，步长越小越好。

19. （　　）计算机辅助编程生成的刀具轨迹就是数控加工程序。

20.（　　）计算机辅助编程系统能够根据零件几何模型自动生成加工程序。

数控铣工/加工中心操作工（中级、高级）理论题样题答案

一、单项选择题

1. D　2. B　3. D　4. B　5. D　6. A　7. D　8. D　9. D　10. B　11. D　12. A　13. B　14. A　15. B　16. D　17. C　18. D　19. D　20. A　21. C　22. A　23. D　24. A　25. A　26. D　27. B　28. D　29. A　30. C　31. C　32. A　33. C　34. C　35. D　36. D　37. A　38. A　39. D　40. D　41. C　42. A　43. C　44. B　45. B　46. D　47. D　48. C　49. C　50. B　51. C　52. D　53. C　54. C　55. C　56. B　57. D　58. B　59. C　60. A　61. B　62. C　63. A　64. C　65. C　66. A　67. A　68. C　69. C　70. D　71. D　72. D　73. C　74. A　75. A　76. A　77. D　78. D　79. A　80. C　81. D　82. B　83. C　84. D　85. B　86. B　87. C　88. A　89. C　90. C

二、判断题（以下说法正确的在括号中填“T”，错误的填“F”）

1. T　2. F　3. F　4. T　5. T　6. T　7. T　8. T　9. F　10. T　11. F　12. F　13. F　14. F　15. F　16. T　17. F　18. F　19. F　20. F

任务拓展

如图7-3所示凸模板零件，毛坯为100mm×100mm×25mm的45钢，外形已经加工到尺寸，该零件的工、量、刀具清单见表7-4，评分标准参照表7-5。完成该零件的加工工艺分析、程序编制和切削加工。

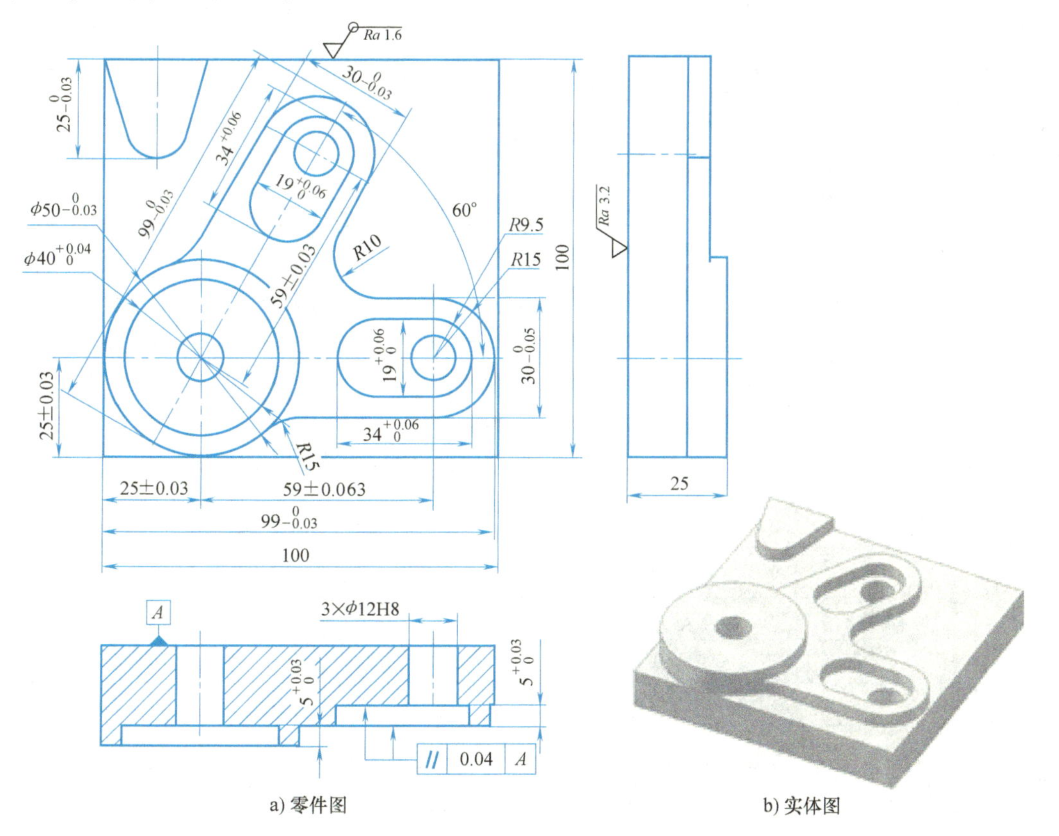

a) 零件图　　b) 实体图

图7-3　凸模板的编程与加工

表 7-4　工具、量具、刀具清单

序号	名　称	规　格	数量	备注
1	游标卡尺	0~150mm(读数值为 0.02mm)	1	
2	万能量角器	0~320°(读数值为 2′)	1	
3	千分尺	0~25mm,25~50mm,50~75mm(读数值为 0.01mm)	各 1	
4	内径百分表	18~35mm(读数值为 0.01mm)	1	
5	内径千分尺	25~50mm(读数值为 0.01mm)	1	
6	卡规	ϕ10H8	1	
7	深度游标卡尺	0~150mm(读数值为 0.02mm)	1	
8	深度千分尺	0~25mm(读数值为 0.01mm)	1	
9	百分表、磁性表座	0~10mm(读数值为 0.01mm)	各 1	
10	半径样板	R15~25mm	各 1	
11	塞尺	0.02~1mm	1 副	
12	钻头	中心钻,ϕ8mm、ϕ20mm 等	1	
13	机用铰刀	ϕ10H8	各 1	
14	立铣刀	ϕ12mm,ϕ14mm,ϕ16mm	各 1	
15	面铣刀	ϕ60mm(R 型面铣刀片)	1	
16	刀柄、夹头	以上刀具相关刀柄,钻夹头,弹簧夹	若干	
17	夹具	精密机用虎钳及垫铁	各 1	
18	毛坯	100mm×100mm×25mm 的 45 钢	1	
19	其他	常用加工中心机床辅具	若干	

表 7-5　凸模板加工评分表

工件编号				总得分			
项目与配分		序号	技术要求(单位:mm)	配分	评分标准	检测记录	得分
工件加工(80%)	外形轮廓	1	$99_{-0.03}^{0}$	2×4	超差全扣		
		2	$30_{-0.03}^{0}$	2×4	超差全扣		
		3	$25_{0.03}^{0}$	4	超差全扣		
		4	$\phi50_{-0.03}^{0}$	4	每错一处扣 3 分		
		5	平行度 0.04	4	每错一处扣 3 分		
		6	侧面 Ra 1.6μm	4	每错一处扣 1 分		
		7	底面 Ra 3.2μm	2	每错一处扣 1 分		
		8	R15、R10、60°	6	每错一处扣 2 分		
	内轮廓与孔	9	$\phi40_{0}^{+0.04}$	4	超差全扣		
		10	孔距 59±0.03	2×2	超差全扣		
		11	25±0.03	2×2	超差全扣		
		12	$19_{0}^{+0.06}$	4	超差全扣		

（续）

工件编号				总得分			
项目与配分		序号	技术要求 （单位：mm）	配分	评分标准	检测记录	得分
工件加工 （80%）	内轮廓与孔	13	$34^{+0.06}_{0}$	2×4	每错一处扣2分		
		14	孔径 ϕ12H8	2×3	每错一处扣2分		
		15	$5^{+0.03}_{0}$	2×2	每错一处扣2分		
	其他	16	工件按时完成	3	未按时完成全扣		
		17	工件无缺陷	3	缺陷一处扣3分		
程序与工艺（10%）		18	程序正确合理	5	每错一处扣2分		
		19	加工工序卡	5	不合理每处扣2分		
机床操作（10%）		20	机床操作规范	5	出错一次扣2分		
		21	工件、刀具装夹	5	出错一次扣2分		
安全文明生产 （倒扣分）		22	安全操作	倒扣	安全事故停止操作或酌扣5~30分		
		23	机床整理	倒扣			

附录

附录 A HAAS 系统数控铣床控制面板按键功能总览

RESET 复位
POWER UP RESTART 通电回零
TOOL CHANGER RESTORE 刀库恢复
F1
F2
F3
F4
TOOL OFFSET MEASURE 刀具偏置
NEXT TOOL 下一把刀
TOOL RELEASE 刀具松开
PART ZERO SET G54设置

CHIP FWD 排屑器正转
+B +A
+Z
−Y
CLNT UP 冷却管向上
CHIP STOP 排屑器停转
+X
JOG LOCK
−X
CLNT DOWN 冷却管向下
CHIP REV 排屑器反转
+Y
−Z
−A −B
AUX CLNT 辅助

OVERRIDES
10 FEED RATE
100% FEED RATE F修调
+10 FEED RATE
HAND CNTRL FEED 手轮控制进给
−10 SPINDLE
100% SPINDLE S修调
+10 SPINDLE
HAND CNTRL SPIN 手轮控制主轴
CW 主轴正转
STOP 主轴停
CCW 主轴反转
SPINDLE
5% RAPID
25% RAPID
50% RAPID
100% RAPID
G00进给

DISPLAY
PRGRM CONVRS 程序显示
POSIT 坐标显示
OFFSET 偏置
CURNT COMDS 指令信息
ALARM MESGS 报警信息
PARAM DGNOS 参数诊断
SETNG GRAPH 图形模拟
HELP CALC 帮助

CURSOR
HOME 光标到头
PAGE UP 上翻页
END 光标到尾
PAGE DOWN 下翻页

EDIT 编辑
MEM 存储器
MDI DNC 手动
HAND JOG 手轮
ZERO RET 回零
LIST PROG 程序清单
INSERT 插入
SINGLE BLOCK 单段
COOLNT 切削液开关
.0001 .1
ALTER 替换
DRY RUN 空运行
ORIENT SPINDLE 主轴锁定
.001 1.
DELETE 删除
OPTION STOP M01选停
ATC FWD 刀库正转
.01 10.
UNDO 撤销
BLOCK DELETE 段删除
ATC REV 刀库反转
.1 100.
ALL AXES 所有轴
SELECT PROG 选择程序
ORIGIN 清零
SEND RS232 串口发送
SINGL AXIS 单轴
RECV RS232 串口接收
HOME G28 G28
ERASE PROG 清除程序号

SHIFT A B C D E
F G H I J K
L M N O P Q
R S T U V W
X Y Z
/ EOB ;
[(
])

& 7
@ 8
: 9
% 4
$ 5
! 6
* 1
' 2
? 3
\+ —
= 0
\# .
CANCEL 删除
SPACE 空格
WRITE ENTER 回车

附录 B　数控加工工序卡

编号：

零件名称		零件图号		工序名称			
零件材料		材料硬度		使用设备			
使用夹具		装夹方法					
程序号		日期	年　　月　　日		工艺员		
工步描述							
工步编号	工步内容	刀具编号	刀具规格/mm	主轴转速/(r/min)	进给速度/(mm/mim)	背吃刀量/mm	备注

附录 C　数控加工刀具卡

编号：

零件名称		零件图号		工序卡编号		工艺员	
工步编号	刀具编号	刀具规格/mm		刀具补偿号	加工内容		备注

附录 D　数控加工程序单

编号：

<table>
<tr><td colspan="2">零件名称</td><td></td><td>零件图号</td><td></td><td>工序卡编号</td><td></td><td>编程员</td><td></td></tr>
<tr><td>程序段号</td><td colspan="4">指令码</td><td colspan="4">备注</td></tr>
<tr><td></td><td colspan="4"></td><td colspan="4"></td></tr>
<tr><td></td><td colspan="4"></td><td colspan="4"></td></tr>
<tr><td></td><td colspan="4"></td><td colspan="4"></td></tr>
<tr><td></td><td colspan="4"></td><td colspan="4"></td></tr>
<tr><td></td><td colspan="4"></td><td colspan="4"></td></tr>
<tr><td></td><td colspan="4"></td><td colspan="4"></td></tr>
<tr><td></td><td colspan="4"></td><td colspan="4"></td></tr>
<tr><td></td><td colspan="4"></td><td colspan="4"></td></tr>
<tr><td></td><td colspan="4"></td><td colspan="4"></td></tr>
<tr><td></td><td colspan="4"></td><td colspan="4"></td></tr>
<tr><td></td><td colspan="4"></td><td colspan="4"></td></tr>
<tr><td></td><td colspan="4"></td><td colspan="4"></td></tr>
<tr><td></td><td colspan="4"></td><td colspan="4"></td></tr>
<tr><td></td><td colspan="4"></td><td colspan="4"></td></tr>
<tr><td></td><td colspan="4"></td><td colspan="4"></td></tr>
<tr><td></td><td colspan="4"></td><td colspan="4"></td></tr>
</table>

参考文献

[1] 王颖，张亚萍. 数控铣床编程与操作实训教程［M］. 上海：上海交通大学出版社，2010.

[2] 吴明友. 数控铣床（FANUC）考工实训教程［M］. 北京：化学工业出版社，2006.

[3] 胡相斌. 数控加工实训教程［M］. 西安：西安电子科技大学出版社，2007.

[4] 顾京. 数控机床加工程序编制［M］. 3版. 北京：机械工业出版社，2006.

[5] 张安全. 数控加工与编程［M］. 北京：中国轻工业出版社，2005.

[6] 张英伟. 数控铣削编程与加工技术［M］. 2版. 北京：电子工业出版社，2009.

[7] 徐宏海，谢富春. 数控铣床［M］. 北京：化学工业出版社，2003.

[8] 秦启书. 数控编程与操作［M］. 西安：西安电子科技大学出版社，2006.

[9] 胡如祥. 数控加工与编程操作［M］. 大连：大连理工大学出版社，2006.

[10] 王启仲. 金属切削原理与刀具［M］. 北京：机械工业出版社，2008.

[11] 陈海荣. 数控铣削中顺铣与逆铣的判断方法与选用技巧［J］. 中国电子商务. 2010（11）：145-145.

[12] 熊熙. 数控加工职业资格认证强化实训（数控铣削模块）［M］. 北京：高等教育出版社，2005.

[13] 吴燕翔. 模具平面铣削刀具的选择方法［J］. 模具制造，2008（7）：73-74.

[14] 朱明松，王翔. 数控铣床编程与操作项目教程［M］. 2版. 北京：机械工业出版社，2016.

[15] 黄金龙. 数控铣床编程与实训［M］. 北京：科学出版社，2009.

[16] 曹成，等. 高级数控技工必备技能与典型实例——数控铣加工篇［M］. 北京：电子工业出版社，2008.

[17] 徐衡. FANUC系统数控铣床加工中心编程与维护［M］. 北京：电子工业出版社，2008.

[18] 解海滨. 数控加工技术实训［M］. 北京：机械工业出版社，2008.

[19] 张思弟，贺曙新. 数控编程加工技术［M］. 2版. 北京：化学工业出版社，2011.

[20] 吴光明. 数控铣/加工中心编程与操作技能鉴定［M］. 北京：国防工业出版社，2008.

[21] 人力资源和社会保障部教材办公室. 数控铣床加工中心加工技术（教师用书）［M］. 北京：中国劳动社会保障出版社，2010.

[22] 中国就业培训技术指导中心. 数控铣工（高级）［M］. 北京：中国劳动社会保障出版社，2008.

[23] 王吉连，王吉庆. 数控铣削编程与加工［M］. 北京：外语教学与研究出版社，2011.